家装建材选购与现场施工技能

全

图

解

王红军 贺 鹏 编著

U0321703

中国铁道出版社
CHINA RAILWAY PUBLISHING HOUSE

内 容 简 介

本书首先分析了家庭装修中的各种烦心事：装修质量问题、如何看装修报价、是否需要监理、哪些地方必须买质量较高的产品等。详细总结了装修中需要的各种材料具体的选购方法和装修施工技巧等内容。

以家装现场实操及图解的方式讲解，包含大量的实操内容，方便读者快速了解和掌握装修材料选购方法和施工技巧。

图文并茂，强调动手能力和实用技能的培养，结合图解有助于增加实践经验。适合于从事家装行业的人员和业主阅读和参考。

图书在版编目（CIP）数据

家装建材选购与现场施工技能全图解/王红军，贺鹏编著. —北京：中国铁道出版社，2018.9
ISBN 978-7-113-24832-1

Ⅰ.①家… Ⅱ.①王… ②贺… Ⅲ.①住宅-室内装修-装修材料-图解②住宅-室内装修-工程施工-图解
Ⅳ.①TU56-64②TU767-64

中国版本图书馆CIP数据核字（2018）第179336号

书　　名：家装建材选购与现场施工技能全图解
作　　者：王红军　贺　鹏　编著

责任编辑：荆　波　　**读者热线电话：**010-63560056
责任印制：赵星辰　　**封面设计：**MXK DESIGN STUDIO

出版发行：中国铁道出版社（100054，北京市西城区右安门西街8号）
印　　刷：中国铁道出版社印刷厂
版　　次：2018年9月第1版　2018年9月第1次印刷
开　　本：880 mm×1 230 mm　1/32　印张：9.625　字数：350千
书　　号：ISBN 978-7-113-24832-1
定　　价：49.80元

前　言

一、为什么写这本书

装修从哪里开始，先做哪个后做哪个，都有什么工序，什么产品更好，什么产品性价比更高，装修公司都有哪些方面存在问题，各个装修工序的工作内容是什么，需要注意什么要点，这些问题让面临装修的用户很头疼，因为装修实在是一项复杂的工程，涉及的装修项目、材料、工序、工艺很多，还有很多隐蔽工程，因此装修时总会遇到各种各样的问题。

为了让大家装修时少花冤枉钱，本书总结了装修中各个施工环节要注意的问题和施工方法，装修材料的选购及哪些材料不能图省钱，必须买好产品。也许本书不经意的一句话就可以解决让你困惑的问题，让你少走很多弯路，节省很多时间，省下很多钱。

二、全书学习地图

本书首先分析了家庭装修中的各种烦心事：装修质量问题、如何看装修报价、是否需要监理、哪些地方必须买质量较高的产品等。详细总结了装修中需要的各种材料具体的选购方法和装修施工技巧等内容。

以家装现场实操及图解的方式讲解，包含大量的实操内容，方便初学者快速掌握装修材料选购方法和施工技巧。

三、本书特色

以实用为出发点，以家装现场施工实操为背景，以实操图解的方式，系统讲解装修中遇到的各种问题应如何解决。各种装修材料的选购方法、装修施工要点和施工方法等。

结合家装现场施工实操照片，并配合文字表达，既生动形象，又简单易懂，让读者一看就懂，并能按照图例指导进行实际操作。

四、读者定位

图文并茂，强调动手能力和实用技能的培养，结合图解有助于增加实践经验。本书适合于从事家装行业的人员和业主阅读和参考，也适合装修从业自学者使用，也可作为中、高等职业技术教育水电工等专业师生的选修参考。

五、全书结构安排与内容简介

内容结构的安排基本遵循装修施工流程和施工顺序。

涵盖装修中存在问题的总结、瓦工和木工工作内容详解、水电材料选购与施工要点、卫生间材料选购与施工要点、暖气片和地暖选购技巧与施工要点、地面材料选购技巧与施工要点、墙面材料选购技巧与施工要点、门窗选购技巧与施工要点、灯具选购技巧和施工要点、厨房材料选购技巧和施工要点等。

六、即扫即看现场视频

深入装修施工工地，精心拍摄了15段现场施工视频，以二维码的形式嵌入书中相应章节，读者可实现即扫即看。

七、附赠整体下载包

为方便不同网络环境的读者使用，我们把此次拍摄的19段现场视频整体打包，以二维码和下载网址的形式放到本书前勒口中，读者可下载全部视频，以便随时观看。

八、作者团队

本书由王红军、贺鹏编著，另外还有王红明、韩海英、付新起、韩佶洋、多国华、多国明、李传波、杨辉、连俊英、孙丽萍、张军、刘继任、齐叶红、刘冲、王红丽、高宏泽、屈晓强、程金伟、陶晶、多孟琦、王伟伟等参与了本书的编写。由于作者水平有限，书中难免有疏漏和不足之处，恳请业界同人及读者朋友提出宝贵意见和真诚批评。

九、感谢

一本书的出版，从选题到出版，要经历很多的环节，在此感谢中国铁道出版社以及负责本书的荆波编辑和其他没有见面的编辑，不辞辛苦，为本书的出版所做的大量工作。

编 者

2018年7月

目　录

第 1 章

装修中的那些坑

人生大致在做两类事，一类是工作为社会创造价值，一类是消费让社会为我服务。简单讲就是挣钱和花钱。挣钱是辛苦的，而花钱往往是愉悦的。但是，有一件花钱的事情例外，这个花钱的事情伴随着痛苦、麻烦、被欺骗和大量时间精力的浪费，这个事情就是——装修。

1.1 装修为什么这么苦

凡事总有其本质，我们在把握了事物本质以后，对于事物的各种变化就会了如指掌，处理起来就会游刃有余。那么装修为什么这么苦呢？只有装修过的人才知道，如图1-1所示。

讨说法
装修合同

原因一：商家逃避服务、宰客户、讹诈客户，导致装修用户，苦不堪言。装修是非常需要服务支持的大宗消费行为，但是多数商家不重视服务。为啥？因为大部分人一辈子有可能只装修一次，商家从客户身上获取收益是一次性的。

第三方
监理
装修公司

原因二：由于家装领域监理环节的缺少，为了装修质量，很多业主迫不得已做起监理的工作。这能不累，能不苦吗？况且家庭装修流程长，环节多。

用户也不会高价聘请第三方监理。因此往往施工有问题时，经常会被掩盖，最后导致施工质量一般。有些业主也知道没有监理活儿肯定干不好。

图1-1 装修为什么这么苦

业主
装饰公司
施工队

原因三：转包导致装修质量无法保证，苦了用户。转包是家庭装修企业的商业模式。装修行业普遍采用转包制，装修公司接到活儿以后转包给包工头，工头接到了单子以后，把工作转包给木工、油漆工、瓦工和水电工，地板商家卖出地板以后，转包给地板铺装队。

另外，装修有淡旺季之分，为了降低成本，一般装修公司都不养工人，工人流动性大。在这种情况下，装修公司给工人培训就是给他人做嫁衣裳，是一个赔本的买卖，因此谁都不愿意培训工人。于是，越不培训，工人的技术和服务越差，装修质量就得不到保证。

天哪！比预算多出一倍！
账单

原因四：实际花费总是比预算多，总被讹诈，用户能不苦吗？家庭装修行业有太多的信息不对称性，伤害客户太容易。好多装修公司的设计师底薪很低，奇怪吗？底薪这么低还能留住人才。后来发现设计师靠销售装修产品和服务的提成获得收入。

为了利于销售，他们通常的手段就是利用信息的不对称性欺骗消费者——当你开始装修以后，凡是需要多花钱的项目，他们保证强烈建议你用，同时还伴随着如果不这样以后出了问题我不负责之类的言论。

图1–1　装修为什么这么苦（续）

1.2　装修公司和施工队哪个更靠谱

1.2.1　找装修公司还是施工队

找装修公司还是找装修队？相信很多装修过的人都纠结过。而且一般没有装修过的人想的一定是要找个装修公司，理由很简单，公司大有保障，心里踏实。而装修过的人大多会说，装修公司没有什么用，没有提供任何有价值的服务。到底哪个更靠谱呢？如图1-2所示。

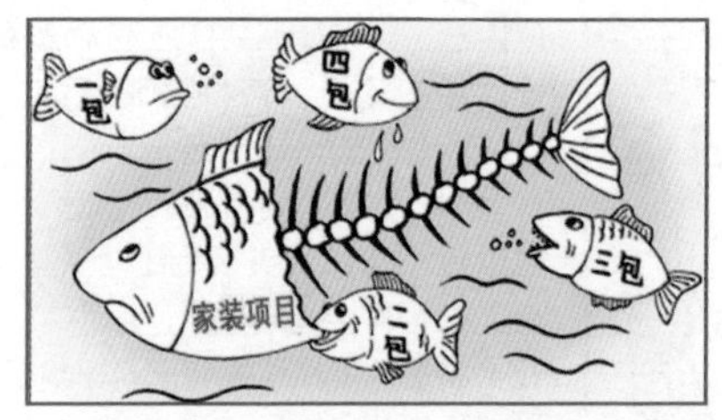
一包
四包
三包
二包
家装项目

（1）装修施工服务普遍采用转包制，装修公司负责打广告，招客户。用户签合同后，以60%~70%的装修款转包给装修工长。装修工长再包给各工种的工人。

（2）开始装修后，你会发现只需跟工长打交道就行，装修公司没有什么用。你家所有装修细节都是你和你的工长协调。发现了吗？因为你找了装修公司多花了钱，反而让你失去了选择装修工长和装修工人的权利。别以为穿着公司制服的工人就是公司的员工，他们只是穿着公司制服的流动工人。

（3）在签合同的时候，业主对合同的细节是很在意的，但实际情况是实际干活的工人是转包来的，多数根本就没有看到过装修公司的合同，实际施工是按照自己的通常做法来做，和合同中的要求根本无关。

一个门需要用几
颗钉子都写上!!
装修
合同

（4）装修质量的保障不是来自装修公司的名气，而是来自对过程的严格控制。所以装修时不要偷懒，要勤于监督。

图1–2　装修公司和施工队哪个更靠谱

找装修公司
找装修队

（5）如果能找到靠谱的装修工长，个人觉得找施工队是比找装修公司要好的，前提是要找到好的装修工长。因为在家庭装修市场没有任何一个活儿不是施工队做的。施工队接装修公司的活儿就是正规队伍，自己私下接活儿就是马路队伍。

图1-2　装修公司和施工队哪个更靠谱（续）

1.2.2　如何找到一个比较好的装修队

既然选择好的装修施工队，那如何找到一个比较好的装修施工队呢？如图1-3所示。

❶ 首先在马路边上是找不到好的装修工长的，那里只有工人。要找到好的装修工长，就要自己在小区里和周边小区去找正在装修的房子，然后看到活做得漂亮的，可以向施工的工人要工长的电话，一般他们都乐意给你。

❷ 选择工长，最重要的是：你看他是不是一个讲信用的、厚道的人，是不是与人为善，装修出现问题是不是好商量，可以从他的客户那里了解。总之，人品第一。说方案的时候，用数字说话。差的工长一般油嘴滑舌，说的一套，做的一套。施工时总是想方设法增加施工项目。

❸ 在选择工长以前，必须看他做的工地实际情况如何。这是不能省的。注意，是看正在施工的装修现场而不是装好的样板间。样板间是看不出好坏的，而且是不是工长亲自装的都不能确定。

图1-3　如何找到一个比较好的装修队

1.2.3 教你几个看工地的简单方法

看工地可以从侧面鉴别装修施工队的好坏，如图1-4所示。

施工现场干净整洁，好工人有清理工地的习惯，因为在干净整洁的工地上工作，施工效率才是最高的。

问问工人工长叫什么，是哪里人？这个可以证明你去的就是工长自己的工地。

好的工人以自己的手艺为荣，当你在现场的时候，你提出问题，工人能否眉飞色舞的向你讲解他的手艺如何好？你不一定能听懂，但你能从这些讲解中体会工人的自豪感。有自豪感的一定是好工人。

施工队是否有实力，从他们使用的工具上也能窥见一斑。目前装饰工程电动化程度很高，一般有实力的施工队为了提高质量和效率，都使用电汽泵、射钉枪等工具。因此业主从工人使用的工具上即可判断出施工队是否具有相应的素质。

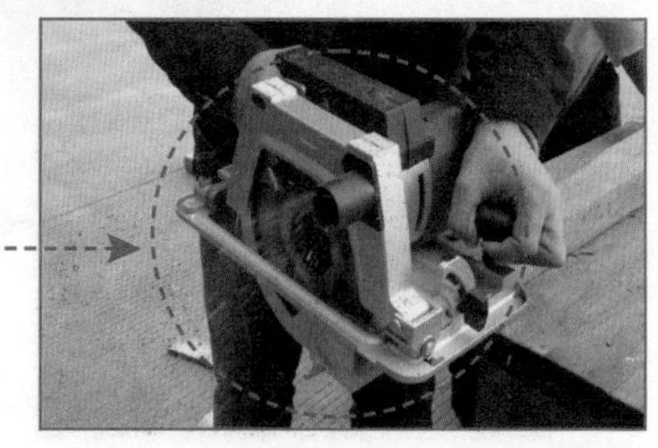

图1-4 如何看工长的工地

好的工人更有尊严感。每天上班的时候干干净净的，到工地换工作服，下班再干干净净的下班。而且手艺好的工人工资高，不会住在工地的。

图1–4　如何看工长的工地（续）

1.2.4　选择装修施工队后如何付款

选择装修施工队后，如何付款是个令人头疼的问题。具体如何做，如图1-5所示。

先装修
后付款

（1）先付款肯定不可以：如果先付装修款，主动权就落到工长手里了，如果发现装修质量不好，在处理纠纷的过程中，业主会非常被动。

（2）完全完工后付款：这样做并不现实。装修工程是一笔不小的支出，一般包工头不可能负担得起。如果真有人这么说，那也一定是个噱头，你要注意了。

（3）应该采用分阶段后付款方式：分阶段后付款是双方都能接受的付款方式，3331的付款方式在网上广为流传并得到大多数业主和包工头的认同。

具体方法就是：（1）包工头运输材料到场，业主付装修款的30%；（2）工程过半，业主付装修款的30%；（3）工程完工，业主付装修款的30%或者35%；（4）工程完工以后一年，业主付装修款的10%或者5%。这部分就相当于是装修质量保证金。

图1–5　选择装修施工队后如何付款

1.3 监理是个什么鬼

监理就是进行监视、督查，并纠正问题的存在工种。监理具体提供哪些服务？如图1-6所示。

装修监理师

（1）家装监理是工程监理市场细分化后的产物。目前市场上有两种家装监理：一种是独立运作的第三方公司的监理；一种是装修公司内部的监理。

（2）家装监理应该在找装修公司或装修队之前就找好，主要是监理可以帮你审核工程报价，设计图、预算表、施工工艺等。另外，在装修过程中，监理会审核监督材料价格、品牌、质量，装修阶段验收，竣工验收等。而且施工中如果出现问题，监理可以要求马上更正。

装修猫腻
家装监理

家装监理

（3）不推荐使用装修公司内部监理，相比第三方监理，内部监理更像是工地巡检，经常会站到装修公司的立场上。

图1–6　监理是什么

1.4 如何比较装修报价

一个房子装修的价格是否合理主要看单项的价格，不能看总报价。这是为什么呢？如图1-7所示。

明天去看看！
100m²精装
全包2.98万？！
工程报价表

（1）看单价不看总价。用户比较装修价格的时候，经常有这样的误区：甲报价2万元，乙报价2.5万元，乙贵些但手艺好，好多人会选择用报价便宜的甲。其实，报价2万元的未必便宜，因为装修的施工量基本是固定的，报价低的通常会少报一些装修项目。

（2）报价低的装修队通常通过漏报、少报工程量来获得价格优势，以价格优势获得合同。在开始施工后，通过不断的增项来增加总装修费。实际结算的时候，还是单价乘以数量来算，到头来，总价一点没少。

我是根据报价的
项目施工，不含
在内的你得另外
增加费用！
烦！烦！烦！
增加这么多项目，
装修又超支了……
增项费用
XXXX元
装修费用
XXXX元
工人
业主

图1-7　如何比较装修报价

1.5 装修中必须买好产品和服务的项目

装修时有些环节和产品的质量非常重要，如图1-8所示。

（1）水电施工：水火无情，这个毋庸多言，同时，水电是隐蔽工程如果装修之后使用时出现问题，维修起来非常麻烦。

图1-8　装修中应该买好产品和服务的项目

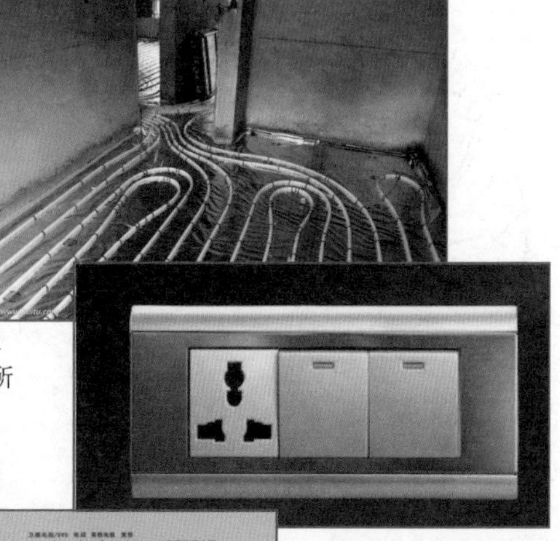

（2）地暖：同样是隐蔽工程，在冬天如果坏了，会直接影响生活质量，而且维修麻烦。

（3）开关插座：多数的火灾都是开关插座引起的，所以应该买质量好的。另外，开关插座自己更换很麻烦，需要用到专业的电工知识。

（4）智能布线：这是技术活，如果将来出现问题，必须得找好的施工单位维修才行。

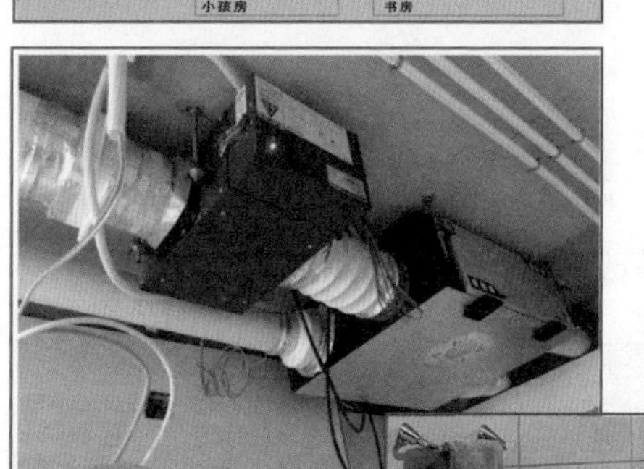

（5）小型中央空调新风换气系统：隐蔽工程，维修难度较大，要买好的。购买的时候应该更注重服务承诺。

（6）卫浴洁具龙头：生活中使用率极高，若出现问题，不但影响生活，而且维修费用很高。

图1–8　装修中应该买好产品和服务的项目（续）

（7）洁具配件：洁具配件和水路相连，如果质量有问题，漏水对你的伤害还是很大的，要买好的。

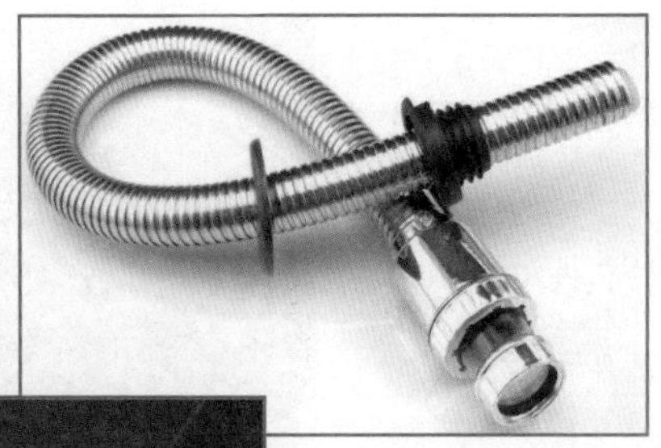

（8）浴霸：主要部件连接电源并有机械结构，质量不好的非常容易坏，维修更换很麻烦，要买好的浴霸。

（9）热水器：如果漏电会有安全隐患，因此必须买好的。

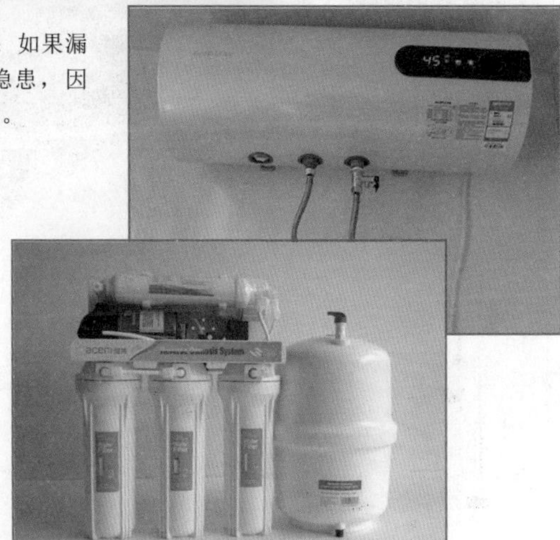

（10）水处理器：水关系到人的健康，应该买好的。

（11）地板：地板产品加工过程中大量使用胶，如果买到不好的产品，对健康非常有害。地板是装修时的大头，要慎重购买。

图1-8 装修中应该买好产品和服务的项目（续）

（12）地毯：用户购买地毯，往往就是一个点缀而已，买地毯要注意环保，便宜的化纤地毯要慎用。另外，北方地区灰尘大，家庭不适合用地毯。

（13）乳胶漆、油漆：乳胶漆、油漆是挥发物，容易产生装修污染（像甲醛等），一定要买好的。

（14）家具：家具是装修支出的最大头，如果将来搬家，家具是可以带走的，不会浪费。不好的家具污染严重，应买最好的。

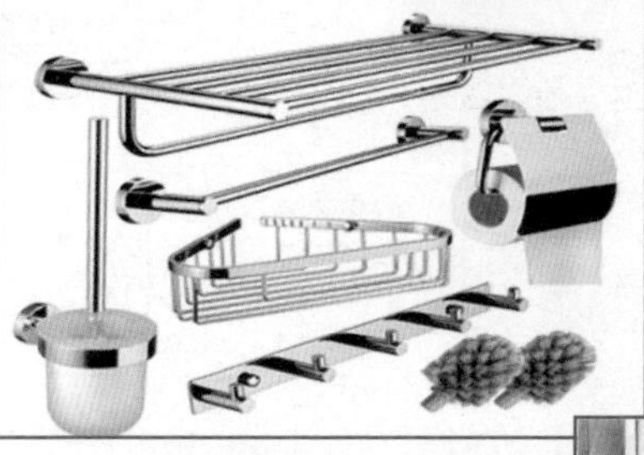

（15）浴室五金挂件：浴室镜、毛巾杆、浴巾架、马桶刷、手纸架等，由于经常接触水，如果质量不好容易掉漆生锈，用不了多长时间又得更换，因此要买好的。

（16）玻璃胶：玻璃胶用量不大，但是质量差的产品会影响到粘合的牢固程度，而且会发霉，影响美观。

图1-8　装修中应该买好产品和服务的项目（续）

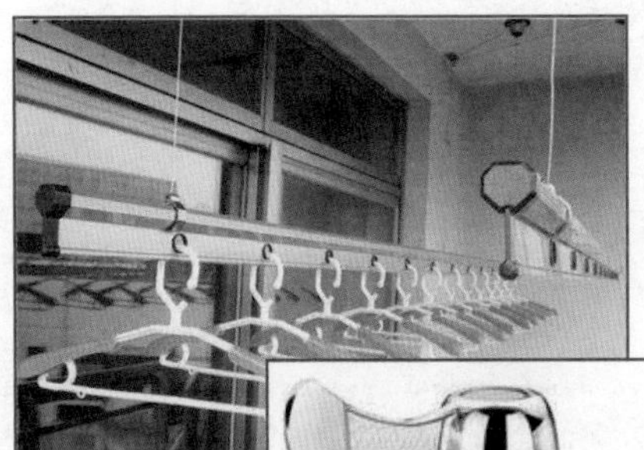

（17）升降晾衣杆：这个也是每周都要用的，安装比较复杂，自己修不了，一共也没有多少钱。

（18）洗衣机龙头：如果买差的，估计1～2年就得更换一次，弄不好，还会让家里“水漫金山”。最好买好的。

（19）腻子粉：这个也是关系到环保问题的，牌子挺多，买好的。

（20）水泥：水泥关系到瓷砖铺贴质量，再好的瓷砖，若水泥有问题，过几年也会掉下来。因此要买好的。

（21）大芯板：把一块一块的小木板用胶粘连起来，在上下贴一次薄板就是大芯板，在装修施工中，大芯板是主要的污染源，尽量少用，要用就到建材超市买好的。或者直接用集成板材代替。

图1–8　装修中应该买好产品和服务的项目（续）

第2章

重点了解：木工与瓦工

木工和瓦工工程是房屋装修的中心工程，水泥等的施工又是隐蔽工程，需要各位业主时时监工查看。而家装木工阶段的工程量比较大，并且关系到整个新房装修的美感和实用性。因此，装修前最好了解一些家装木工和瓦工的知识。

2.1 木工的工作内容

木工在家庭装修中制作的费用占很大比例，而且木工制作的技术含量也较高。现在家装工程中的木工项目具体有哪些？如图2-1所示。

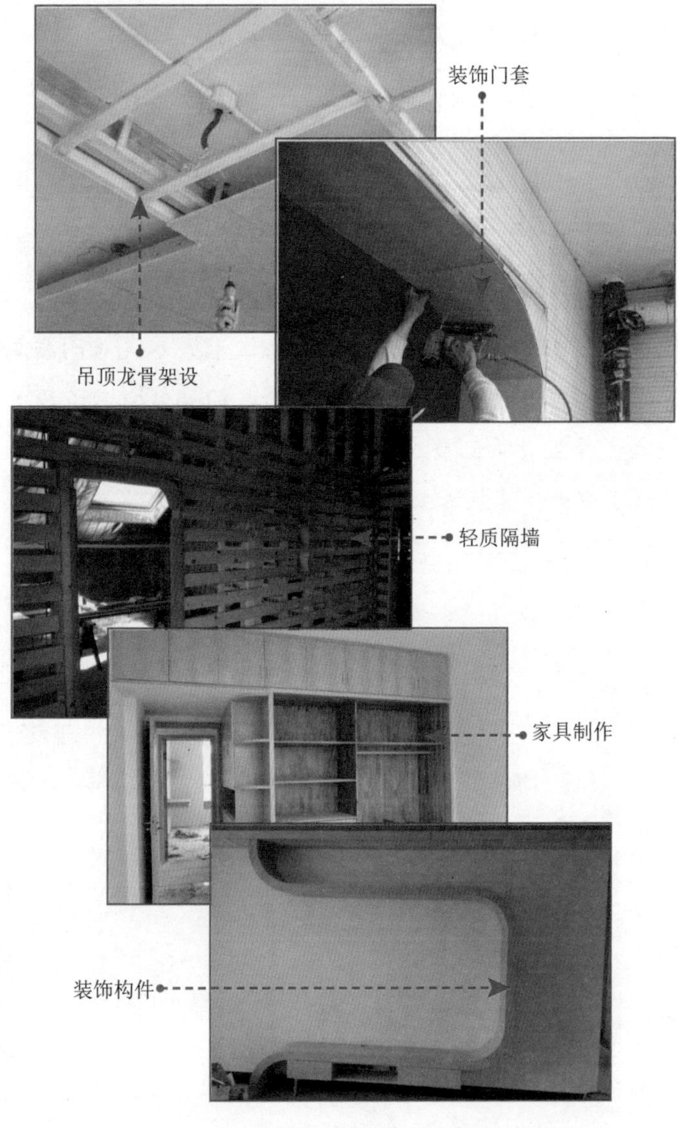
装饰门套
吊顶龙骨架设
轻质隔墙
家具制作
装饰构件

图2-1 木工的工作内容

木地板安装

图2-1　木工的工作内容（续）

2.2 瓦工的工作内容

瓦工也叫泥瓦工，是家庭装修中的重要工程，也是家庭装修的面子工程。在家庭装修施工中，只有瓦工必须全部现场施工，不能被工厂化生产所代替，瓦工是纯手工操作技术要求很高的工种。瓦工的工作内容如图2-2所示。

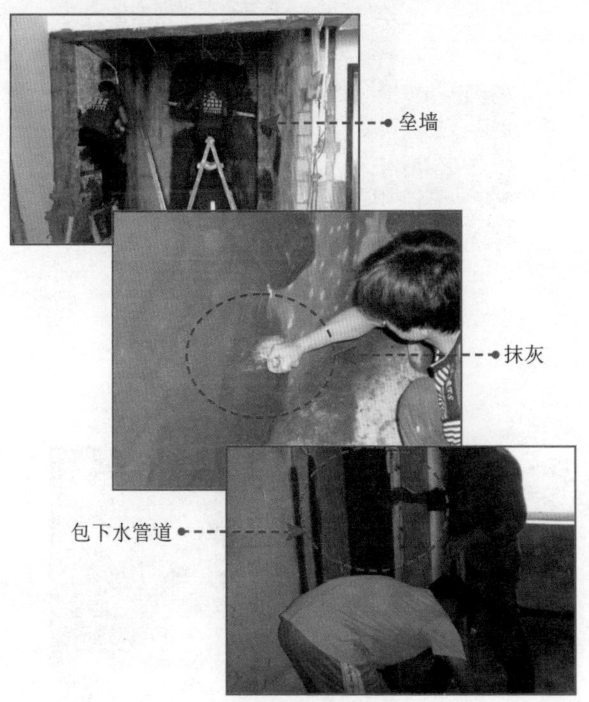
垒墙
抹灰
包下水管道

图2-2　瓦工的工作内容

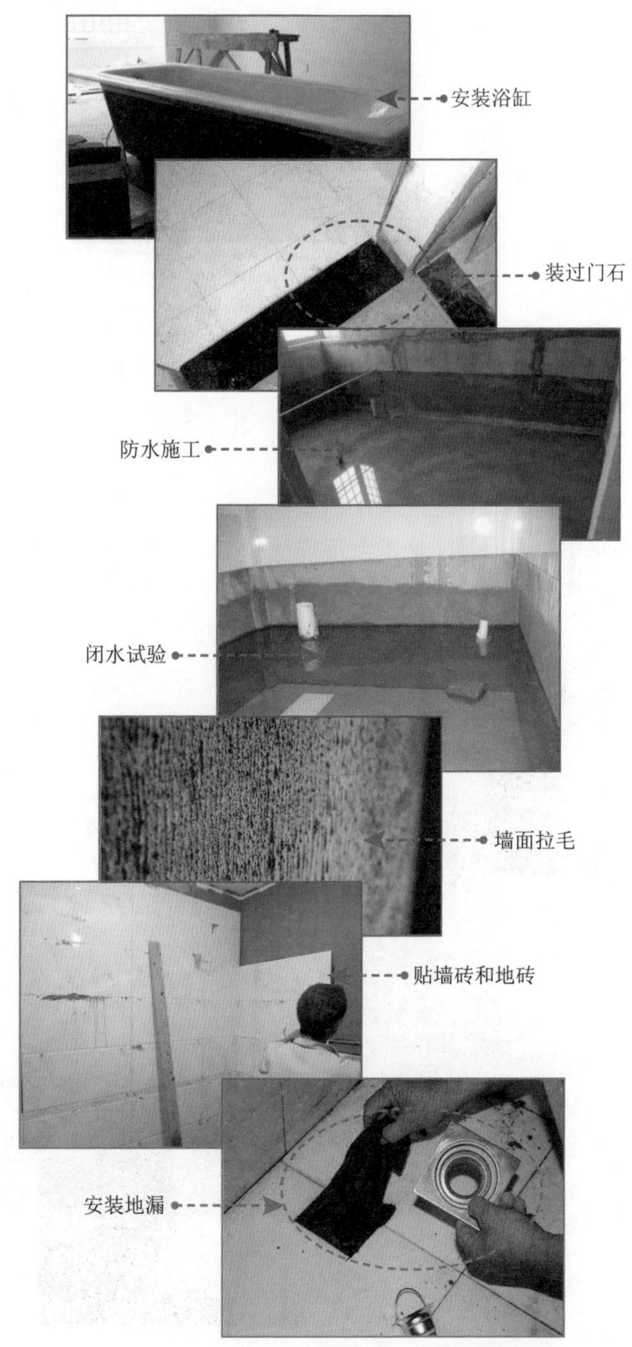
安装浴缸
装过门石
防水施工
闭水试验
墙面拉毛
贴墙砖和地砖
安装地漏

图2-2 瓦工的工作内容

第3章

电路材料的选购与施工

电路改造是家庭装修施工中最容易出现问题和有“猫腻”的环节，也是每一个装修业主疑惑最多的环节，想要电路改造既安全又美观就需要选择正确的装修材料，那么电路改造将会用到哪些材料？电路改造材料怎么选？本章将详细讲解。

3.1 水电工程花费学问很大

常言道："水火无情"，水电出了问题就不是小问题，严重的会造成你难以承担的损失。水电路改造是隐蔽工程，往往是在装修前期就完成了，之后如果出现问题，修补的成本很高。如图3-1所示。

水电施工是装修工程各个环节中利润最大的环节之一，而往往因为水电施工工程量预先不确定，这就给了商家欺瞒消费的机会。这也是为什么很多业主会担心，水电施工给了专业水电公司以后，为什么原来的装修队会放弃装修项目？因为商家少了一大部分主要收入来源。

图3-1　水电改造学问很大

3.1.1 不要稀里糊涂的被人增加施工量

装修中，不要稀里糊涂的被人增加施工量，如图3-2所示。

最近有人问我：我家43平方米，原来估算水电施工支出是8 000元，现在超额了，要到12 000元，是不是增加了节门和配电箱以及多收了安装开关面板的钱？其实，唯一可能的就是废弃原有管线，全部重来了。

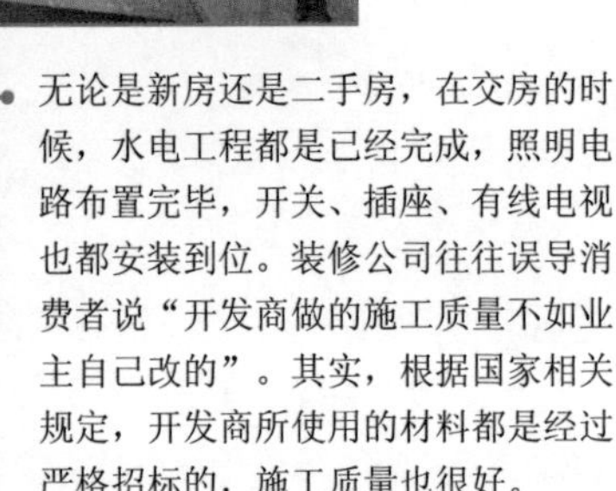

无论是新房还是二手房，在交房的时候，水电工程都是已经完成，照明电路布置完毕，开关、插座、有线电视也都安装到位。装修公司往往误导消费者说"开发商做的施工质量不如业主自己改的"。其实，根据国家相关规定，开发商所使用的材料都是经过严格招标的，施工质量也很好。

图3-2　被增加的施工量

装修时，尽量多使用开发商原有的设施是最明智的选择。只要在原来开发商已有的基础上进行修修补补，其改造施工量应该是非常有限的。

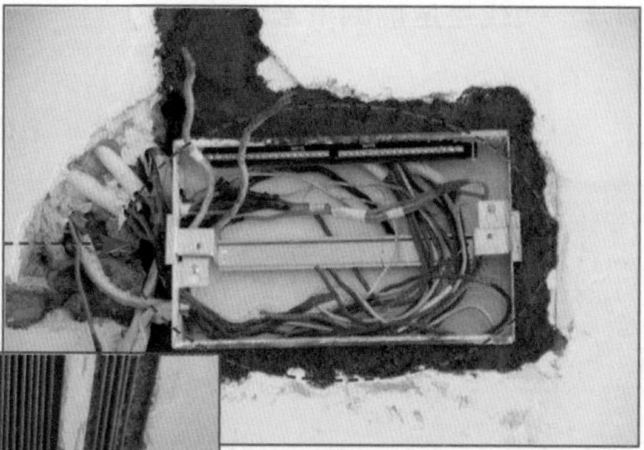

绕线是常用的欺骗业主的方法，很多的施工现场，墙上地上到处都是密密麻麻的电线管，绕来绕去而没有采用亮点直线走线法。另外，一根电线走一根管子，实在太浪费，正常是3根电线走一根管子。

不同粗细的电线可以带多少功率呢？如果用很粗的电线而没有负载是严重浪费，而如果电流很大而电线过细会引起火灾。一般1m²的纯铜电线可承载的最大电流是5A；2.5m²的铜线可承载的最大电流是15A，家中使用最多的是2.5m²的电线；4m²铜线可以承载的最大电流是25A。

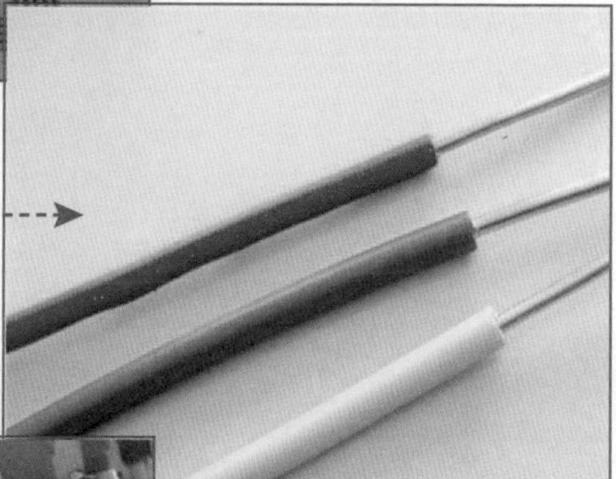

平白无故的增加施工量对装修是画蛇添足，不但费用增加了不少，对装修工程质量也是只有坏处没有好处。看到很多装修工地的墙上、地上满布着各种管线，密密麻麻。这些管线开的槽是对墙面的二次伤害，以后墙面容易出现开裂变形。

图3-2　被增加的施工量（续）

3.1.2 换线还是推倒重来

不管是新房还是二手房，其实在交房的时候，水电工程大多都是已经完成的，装修时，可以修修补补，不一定非要推倒重来。如图3-3所示。

电路施工合格的标准之一是电线要拉得动。因为，电线容易老化，拉得动的目的是可以方便换线而不用“开膛破肚”重新埋电线管。一般换线的活儿，工作量不大，一会儿就可以换完。

现在很多人买的是二手房，如果电线有问题，一般换线就可以解决。但换线要容易得多，费用也低很多。

水电施工行业有一些是通用的标准，比如：管线走竖不走横、照明和动力要分别走回路、水路管线走顶不走地等。管线走竖不走横，就是要让未来做修理工作的工人知道管线的位置，并且避免在有管线的位置钉钉子、打孔等。

照明和动力要分别走回路，这是避免负载不均衡，保证安全的措施。不同粗细的电线可以带多少功率呢？如果用很粗的电线而没有负载是严重浪费，如果电流很大而电线过细会引起火灾。

图3-3 换线还是推倒重来

3.2 电材料之电线电缆

3.2.1 认识电线电缆的规格

电缆是用于传输电（磁）能，信息和实现电（磁）能转换的线材产品。如图3-4所示为电线电缆的规格。

表示电缆的型号：60227IEC01（BV）表示一般用途单芯硬导体无护套铜电缆，其中，BV中的B为用途代号：A表示安装线，B表示绝缘线，R表示软线，ZR表示阻燃型，NH表示耐火型；V为绝缘层代号：V表示PVC塑料，Y表示聚乙烯料；另外，还有导体代号：T表示铜导线，一般省略不写，L表示铝芯导线；护层代号：V表示PVC套，Y表示聚乙烯材料，N表示尼龙护套，P表示铜丝编织屏蔽；特征代号：B表示扁平型、R表示柔软、S表示双绞型。另外，如果型号为BV-90，型号中的数字90表示电缆导体的允许长期最高工作温度为90℃。如果没有数字则表示电缆导体的允许长期最高工作温度为70℃。

家装常用电缆示例：BLV表示铝芯聚氯乙烯绝缘电线，RV表示铜芯聚氯乙烯绝缘安装软线，BVR为铜芯聚氯乙烯绝缘软电缆，BVVB为铜芯聚氯乙烯绝缘聚氯乙烯护套扁型电缆，RVB表示铜芯聚氯乙烯绝缘平型连接线软线。

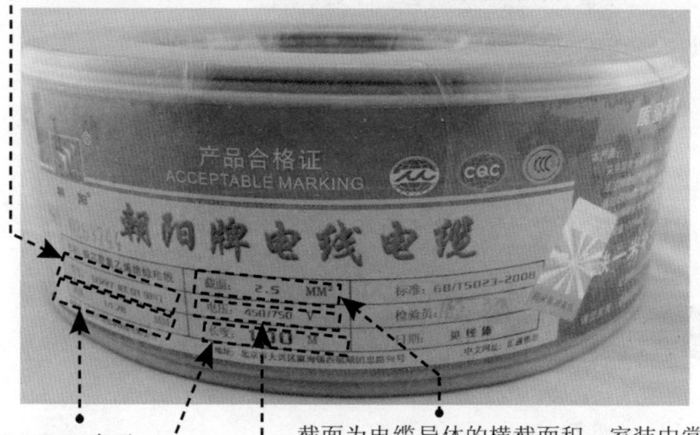
产品合格证
ACCEPTABLE MARKING
CQC
朝阳牌电线电缆

规格：1/1.78MM表示导线为1根，即单芯，导线的直径为1.78mm。

长度：100M表示电线电缆的长度，为100m。

截面为电缆导体的横截面积，家装中常用的导线截面为1.5mm^2、2.5mm^2、4mm^2、6mm^2、10mm^2等几种。一般1mm^2的导线可承受大约5A的电流。在家庭装修中，进户线多采用6~10mm^2的硬电线，照明电线多采用1.5mm^2的电线，灯头线大多采用软性电线。插座一般采用2.5~4mm^2的硬电线，空调电线是根据你选购的空调功率来决定的，基本上选用4~6mm^2的硬电线。

电压为电线电缆适用的额定电压值。450/750V表示分别适用于额定电压450/750V及以下的动力装置、固定布线等之用，其中450V为电缆的额定相电压，750V为电缆的额定线电压。电线电缆使用的额定电压值通常有三种：450/750V、300/500V和300/300V。

图3-4　电线电缆的规格

3.2.2 家装中常用强电电线电缆

家装中常用电线电缆包括：BV电线电缆、BVR电线电缆、BVV电线电缆、BVVB电线电缆、RV电线电缆、RVB电线电缆、RVV电线电缆、RVS电线电缆、RVVB电线电缆等。如图3-5所示。

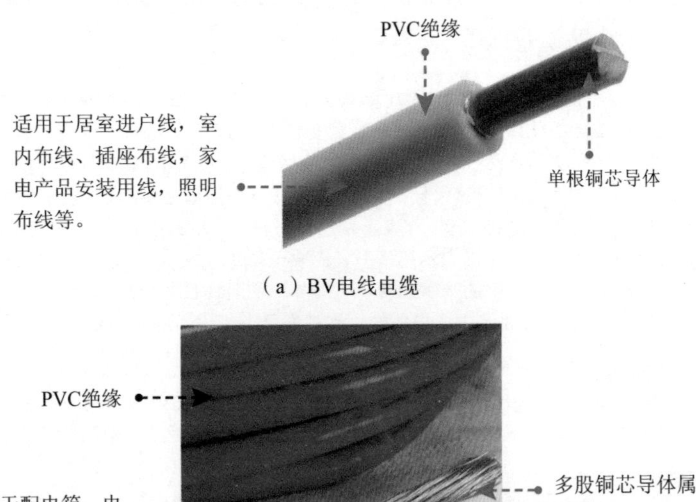
PVC绝缘
适用于居室进户线，室内布线、插座布线，家电产品安装用线，照明布线等。
单根铜芯导体
PVC绝缘
适用于配电箱、电动机、插座布线，照明布线等。
多股铜芯导体属于软线

（a）BV电线电缆

（b）BVR电线电缆

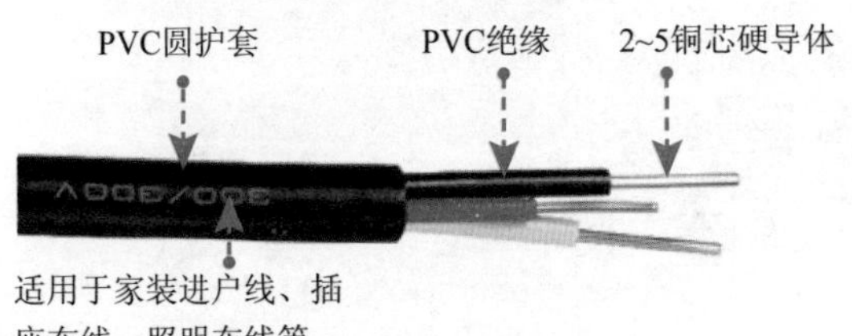
PVC圆护套
PVC绝缘
2~5铜芯硬导体
适用于家装进户线、插座布线、照明布线等。

（c）BVV电线电缆

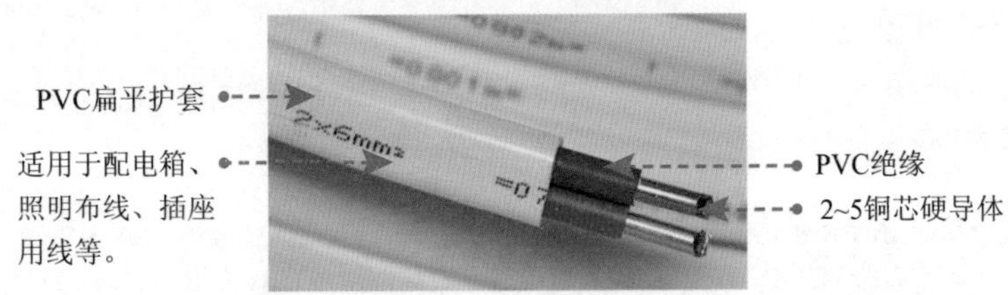
PVC扁平护套
适用于配电箱、照明布线、插座用线等。
PVC绝缘
2~5铜芯硬导体

（d）BVVB电线电缆

图3-5 常用电线电缆

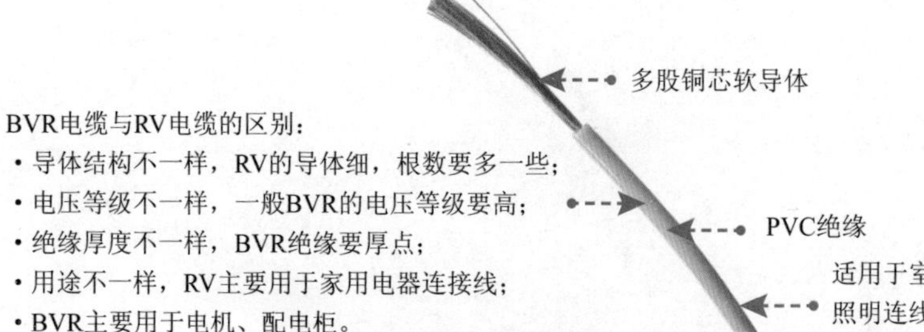
多股铜芯软导体
BVR电缆与RV电缆的区别：
• 导体结构不一样，RV的导体细，根数要多一些；
• 电压等级不一样，一般BVR的电压等级要高；
• 绝缘厚度不一样，BVR绝缘要厚点；
• 用途不一样，RV主要用于家用电器连接线；
• BVR主要用于电机、配电柜。
PVC绝缘
适用于室内电器、
照明连线等。

（e）RV电线电缆

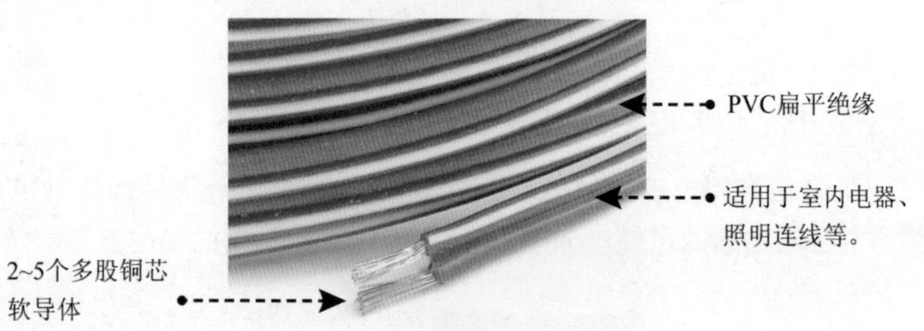
PVC扁平绝缘
适用于室内电器、
照明连线等。
2~5个多股铜芯
软导体

（f）RVB电线电缆

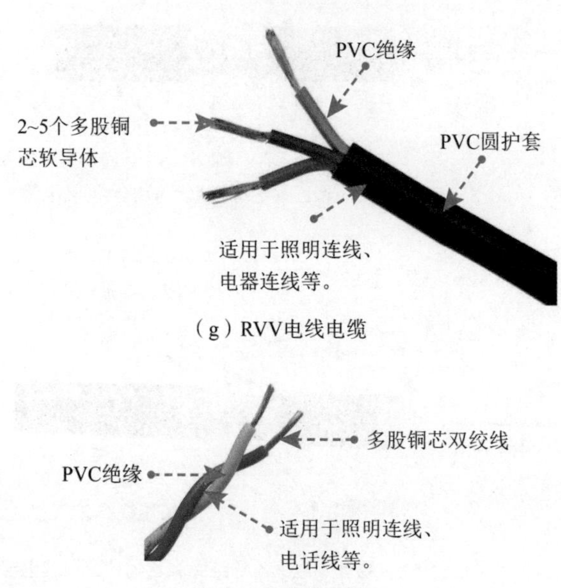
PVC绝缘
2~5个多股铜
芯软导体
PVC圆护套
适用于照明连线、
电器连线等。
多股铜芯双绞线
PVC绝缘
适用于照明连线、
电话线等。

（g）RVV电线电缆

（h）RVS电线电缆

图3-5　常用电线电缆（续）

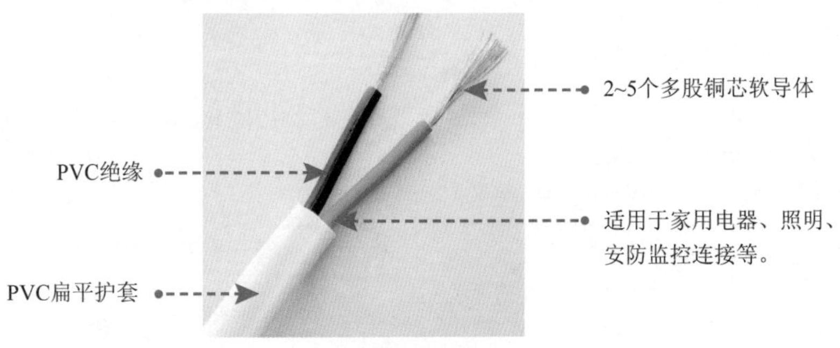
2~5个多股铜芯软导体
PVC绝缘
适用于家用电器、照明、安防监控连接等。
PVC扁平护套

（i）RVVB电线电缆

图3–5 常用电线电缆（续）

3.2.3 家装中常用弱电电线电缆

弱电线缆是指用于安防通信、有线电视、网络、音/视频传输、电话通信及相关弱电传输用途的电缆。如图3-6所示为家装中常用的弱电电缆。

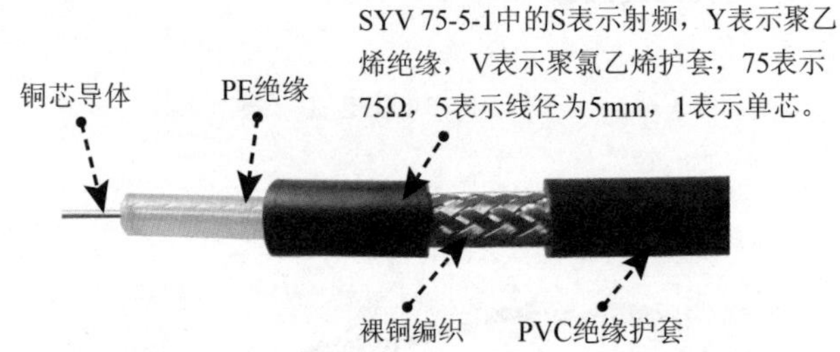
SYV 75-5-1中的S表示射频，Y表示聚乙烯绝缘，V表示聚氯乙烯护套，75表示75Ω，5表示线径为5mm，1表示单芯。
铜芯导体
PE绝缘
裸铜编织
PVC绝缘护套

（a）SYV 75-5-1实芯聚乙烯绝缘聚氯乙烯护套同轴电缆

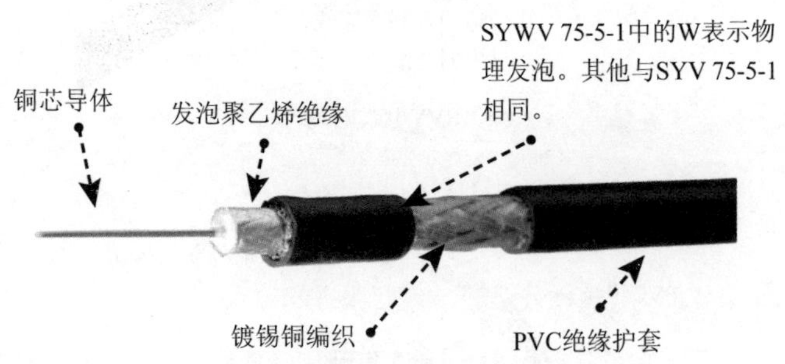
SYWV 75-5-1中的W表示物理发泡。其他与SYV 75-5-1相同。
铜芯导体
发泡聚乙烯绝缘
镀锡铜编织
PVC绝缘护套

（b）SYWV 75-5-1物理发泡聚乙烯绝缘聚乙烯护套同轴电缆

图3–6 家装中常用的弱电电缆

RG系列电缆属于物理发泡聚乙烯绝缘接入网电缆，用于同轴光纤混合网（HFC）中传输数据模拟信号，常用的同轴电缆有下列几种：RG-8或RG-11：50Ω；RG-58：50Ω；RG-59：75Ω；RG-62：93Ω。

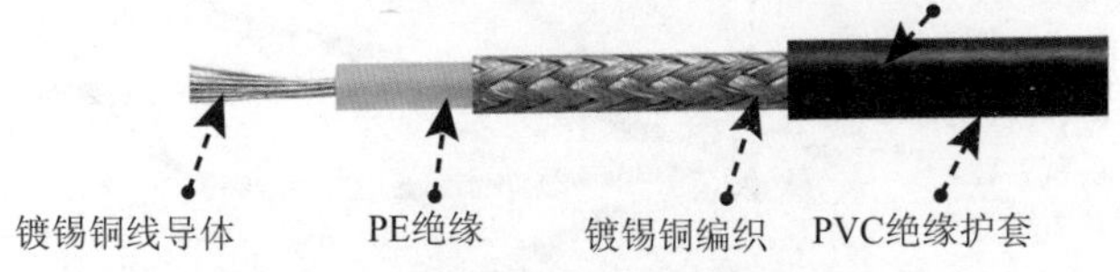
镀锡铜线导体
PE绝缘
镀锡铜编织
PVC绝缘护套

（c）RG-58 50Ω系列同轴电缆

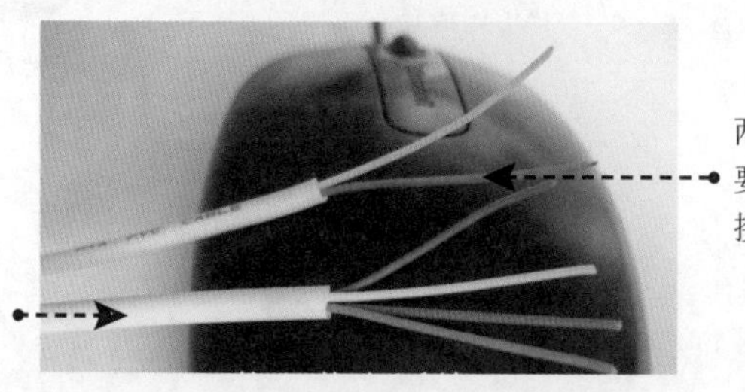
四芯电话线主要适用于室内外电话安装，需要连接程控电话交换机的线路及数字电话必须适用四芯电话线。
两芯电话线主要用来直接连接电话机。

（d）2×1/0.5电话线和4×1/0.5电话线

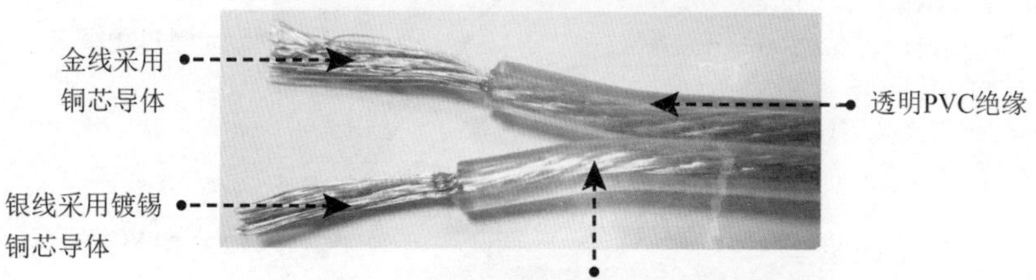
金线采用铜芯导体
透明PVC绝缘
银线采用镀锡铜芯导体
音箱线的规格主要有：50、100、150芯等，主要用来连接功放机和音箱。

（e）音箱线

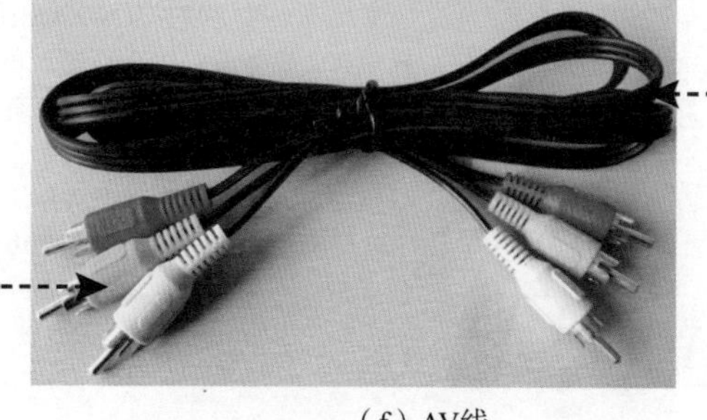
AV线能有效排除外来电磁干扰，并能有效地传输信号，通常用作音响设备，家用影视设备音频和视频信号连接。
AV线的两端通常都是莲花头（RCA头）

（f）AV线

图3-6　家装中常用的弱电电缆（续）

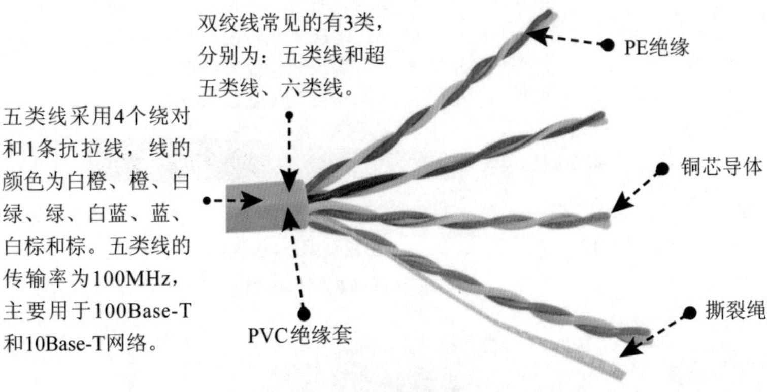
双绞线常见的有3类，分别为：五类线和超五类线、六类线。
五类线采用4个绕对和1条抗拉线，线的颜色为白橙、橙、白绿、绿、白蓝、蓝、白棕和棕。五类线的传输率为100MHz，主要用于100Base-T和10Base-T网络。
PE绝缘
铜芯导体
撕裂绳
PVC绝缘套

（g）五类非屏蔽双绞线

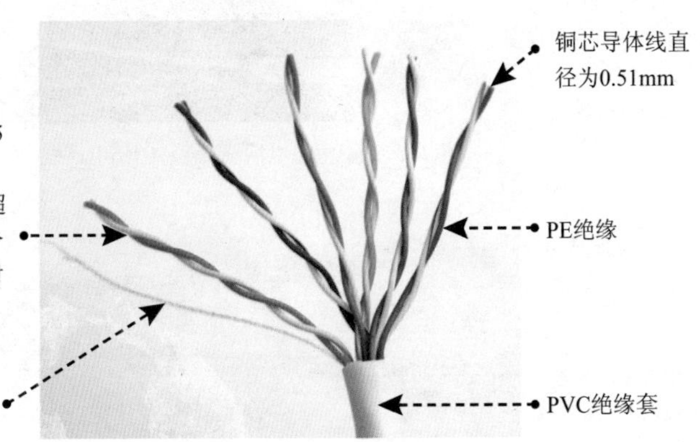
超五类线具有衰减小，串扰少，具有更高的衰减，更小的时延误差，性能得到很大提高。超5类线主要用于千兆位以太网（1000Mbit/s）。超五类双绞线也是采用4个绕对和1条抗拉线，线对的颜色与五类双绞线完全相同。
铜芯导体线直径为0.51mm
PE绝缘
撕裂绳
PVC绝缘套

（h）超五类非屏蔽双绞线

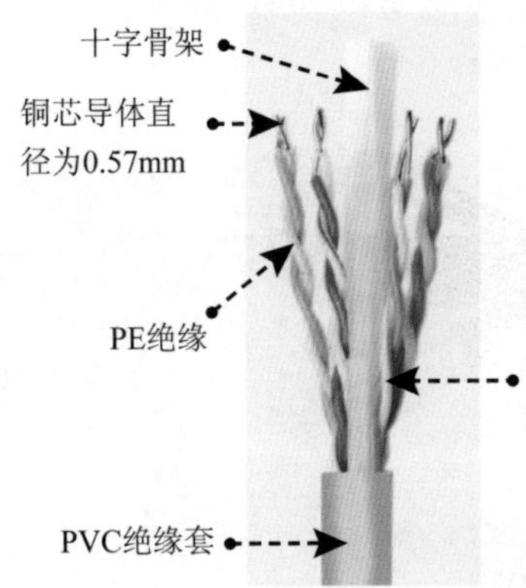
十字骨架
铜芯导体直径为0.57mm
PE绝缘
PVC绝缘套
六类非屏蔽双绞线的各项参数都有大幅提高，带宽也扩展至250MHz或更高。六类双绞线在外形上和结构上与五类或超五类双绞线都有一定的差别，不仅增加了绝缘的十字骨架，将双绞线的四对线分别置于十字骨架的四个凹槽内，提高电缆的平衡特性和串扰衰减。

（i）六类非屏蔽双绞线

图3-6　家装中常用的弱电电缆（续）

3.3 电材料之开关插座面板

3.3.1 开关的种类

开关是用来接通和断开电路的元件，如图3-7所示。

在家装中，开关就是安装在墙壁上使用的电器开关，是用来接通和断开电路中使用的灯具等电器，有时可以为了美观而使其还有装饰的功能。

图3-7　开关

在家装中，常用的开关主要有：旋转开关、翘板开关等。如图3-8所示。

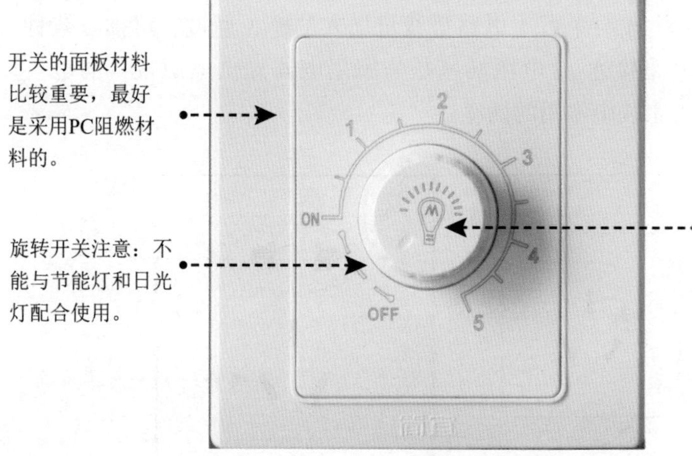
1
2
3
4
5
ON
OFF

开关的面板材料比较重要，最好是采用PC阻燃材料的。

旋转开关注意：不能与节能灯和日光灯配合使用。

旋转开关是以旋转手柄来控制主触点通断的一种开关。旋转开关不但有开关的功能，还能调节灯光的强弱。

（a）旋转开关

图3-8　家装中常用开关

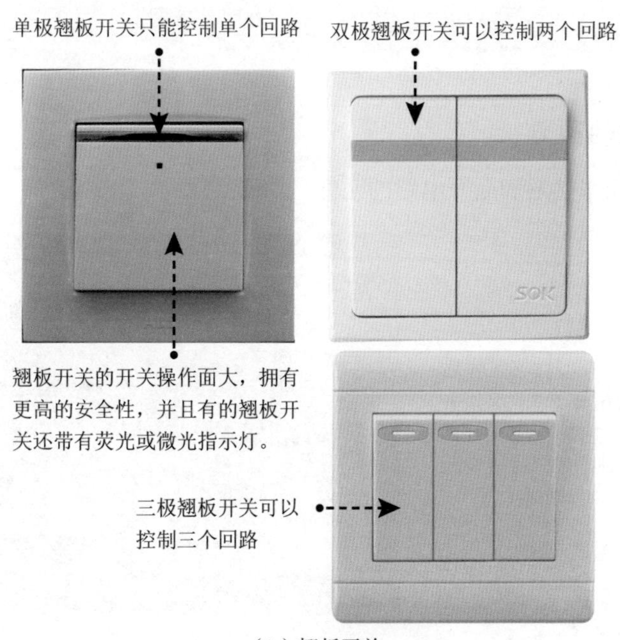
单极翘板开关只能控制单个回路
双极翘板开关可以控制两个回路
SOK
翘板开关的开关操作面大，拥有更高的安全性，并且有的翘板开关还带有荧光或微光指示灯。
三极翘板开关可以控制三个回路

（b）翘板开关

图3-8　家装中常用开关（续）

3.3.2　强电插座

插座是指有一个或一个以上电路接线可插入的座，通过它可插入各种接线，便于与其他电路接通。电源插座是为家用电器提供电源接口的电气设备。如图3-9所示为家装中常用的插座。

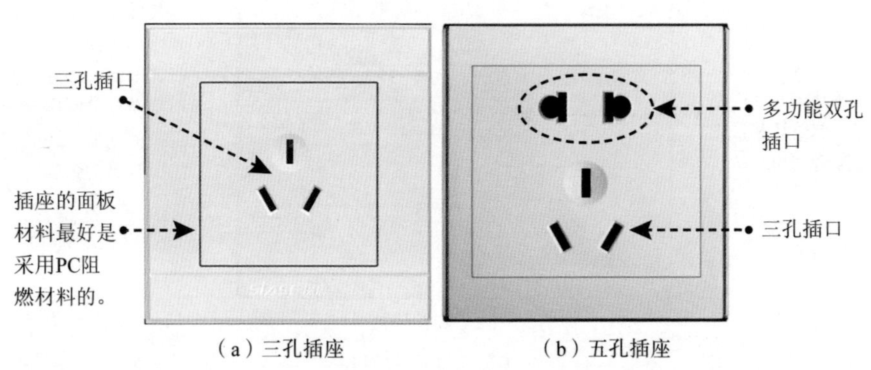
三孔插口
插座的面板材料最好是采用PC阻燃材料的。
多功能双孔插口
三孔插口

（a）三孔插座　　（b）五孔插座

图3-9　强电插座

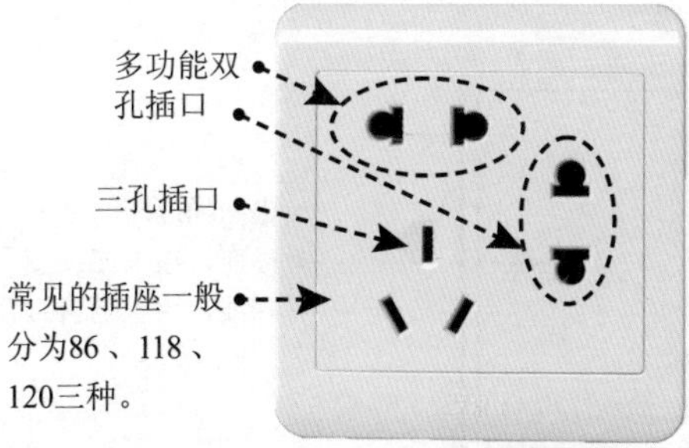

多功能双孔插口
三孔插口
常见的插座一般分为86、118、120三种。

（c）七孔插座

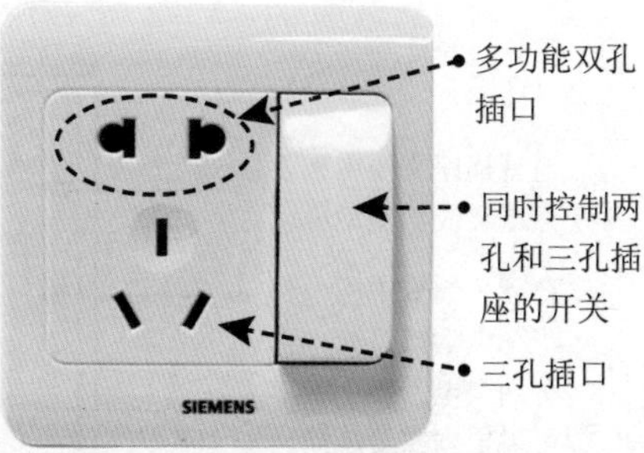

多功能双孔插口
同时控制两孔和三孔插座的开关
三孔插口
SIEMENS

（d）带一开关双控的五孔插座

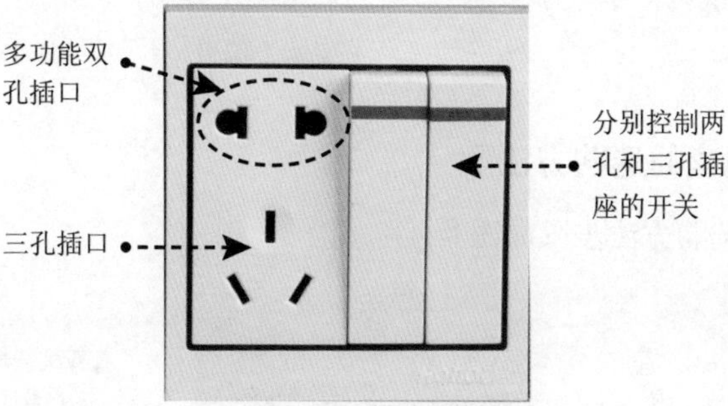

多功能双孔插口
分别控制两孔和三孔插座的开关
三孔插口

（e）带二开关双控的五孔插座

图3-9　强电插座（续）

3.3.3　弱电插座

家装中常见的弱电插座主要有：电视插座、电话插座、电脑插座（网络插座）等。如图3-10所示。

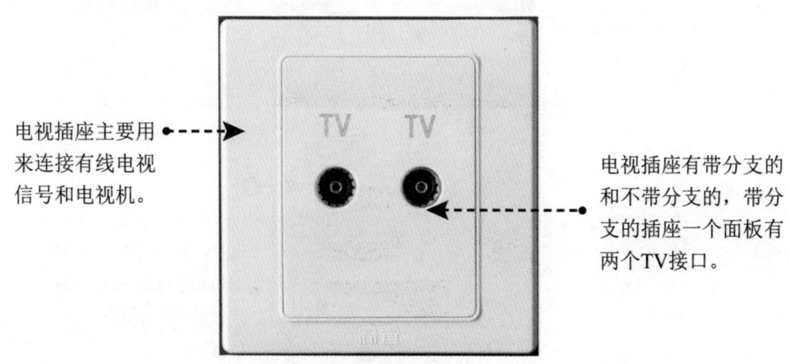
电视插座主要用来连接有线电视信号和电视机。
TV
TV
电视插座有带分支的和不带分支的，带分支的插座一个面板有两个TV接口。

图3-10　弱电插座

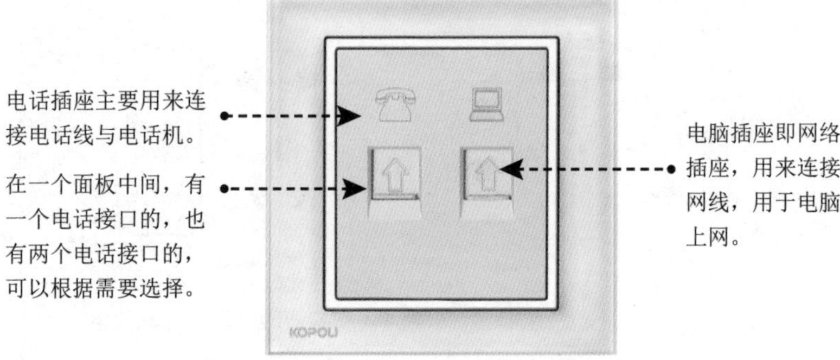
电话插座主要用来连接电话线与电话机。
在一个面板中间，有一个电话接口的，也有两个电话接口的，可以根据需要选择。
电脑插座即网络插座，用来连接网线，用于电脑上网。
KOPOU

图3-10　弱电插座（续）

3.3.4　开关插座的选购方法

开关插座选购方法步骤如图3-11所示。

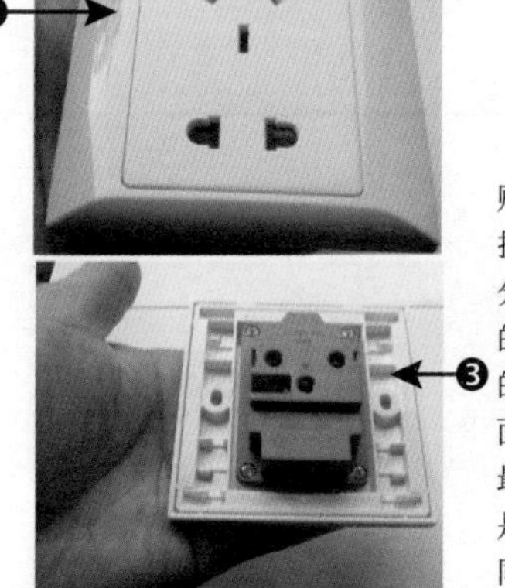

❶ 看开关插座额定电流：开关尽量选大电流开关，一般空调、热水器的插座选择额定电流为16A，连接电器较多的插座也尽量选择16A的，一般的插座可以考虑选择10A的。

❷ 看开关插座外壳材料：好的开关插座都选用优质PC材料，阻燃性能好，抗冲击，耐高温，不易变色。正面面板和背面的底座都会采用PC材料。

❸ 购买开关插座时还应掂量一下单个开关的分量。因为只有里部的铜片厚，单个产品的重量才会大，而里面的铜片是开关插座最关键的部分，如果是薄的铜片将不会有同样的重量和品质。

图3-11　开关插座选购方法

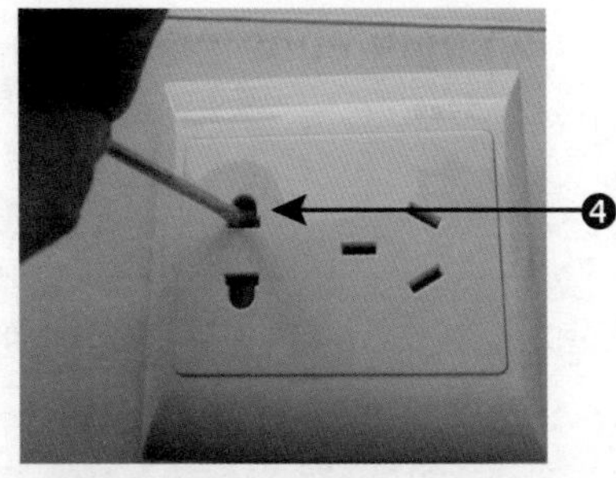

❹ 看保护门：好的插座保护门单插一个孔应该是打不开的，只有两个孔一起插才能顶开保护门。挑选插座的时候，建议用螺丝刀或小钥匙插两孔的一边和三孔下边的任意一孔。插得进去就是单边保护门。

❺ 看铜片材料：如果是紫红色，说明插口内材料为锡磷青铜，这样的插座质量一般都比较好，如果里面铜片是明黄色，说明采用的是黄铜，黄铜没有弹性，质地偏软，使用时间长了，导电性能就会有所下降。

❻ 看五孔插座二三插孔之间的距离：有些产品设计不到位，二孔插口和三孔插口距离比较近，插头插了三孔插口，因为插头太大，把地方占了，二孔插口就成了摆设。

❼ 看开关的触点：触点就是开关过程中导电零件的接触点。触点一要看大小（越大越好），二要看材料。触点材料主要有二种：银合金、纯银。银合金是目前比较理想的触点材料，导电性能，硬度比较好，也不容易氧化生锈，纯银材料则容易氧化，性能大打折扣，也不持久。

❽ 看开关结构：目前较通用的开关结构有两种：滑板式和摆杆式。滑板式开关声音雄厚，手感优雅舒适；摆杆式声音清脆，有稍许金属撞击声，在消灭电弧及使用寿命方面比滑板式结构稳定，技术成熟。

图3-11　开关插座选购方法（续）

看开关压线：双孔压板接线较螺钉压线更安全。因前者增加导线与电器件接触面积，耐氧化，不易发生松动、接触不良等故障；而后者螺钉在紧固时容易压伤导线，接触面积小，使电件易氧化、老化，导致接触不良。目前好的产品均采用双孔压板接线方式。

9

选购开关时用手试一下：用食指、拇指分别按面盖对角线端点，一端按住不动，另一端用力按压，面盖松动、下陷的产品质量较差，反之则质量可信。

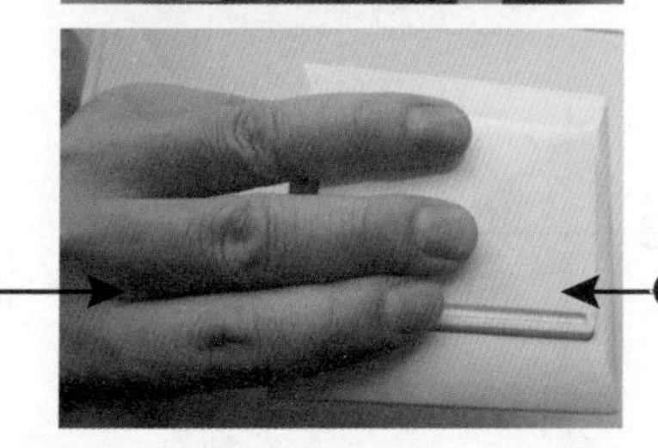
10
11

用手尝试开关一下，弹簧强度大，手感一定是清脆有力，若手感涩滞的，一定是弹簧强度不足或结构不佳，会导致分断不干脆，电弧较强，危险性大。

图3-11 开关插座选购方法（续）

3.4 电材料之配电电器

家用配电电器主要是使家中电路发生故障时准确动作、可靠工作，使电器不会被损坏。常用的家用配电电器主要有：带漏电空气开关和断路器。如图3-12所示。

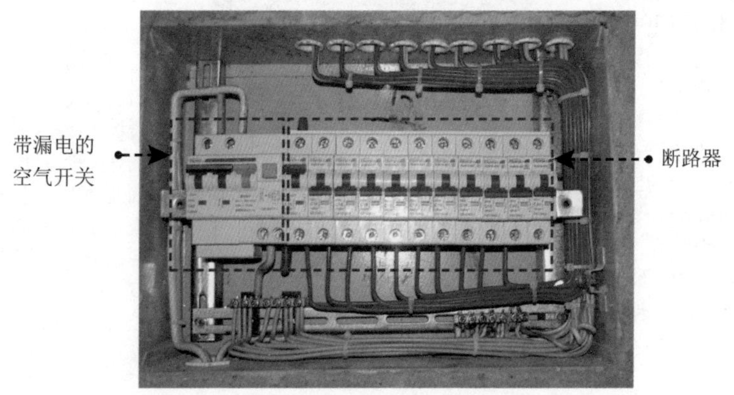
带漏电的空气开关
断路器

图3-12 配电电器

3.4.1 空气开关

空气开关又称为空气断路器，是断路器的一种。带漏电空气开关是指带漏电保护功能的空气开关，如图3-13所示。

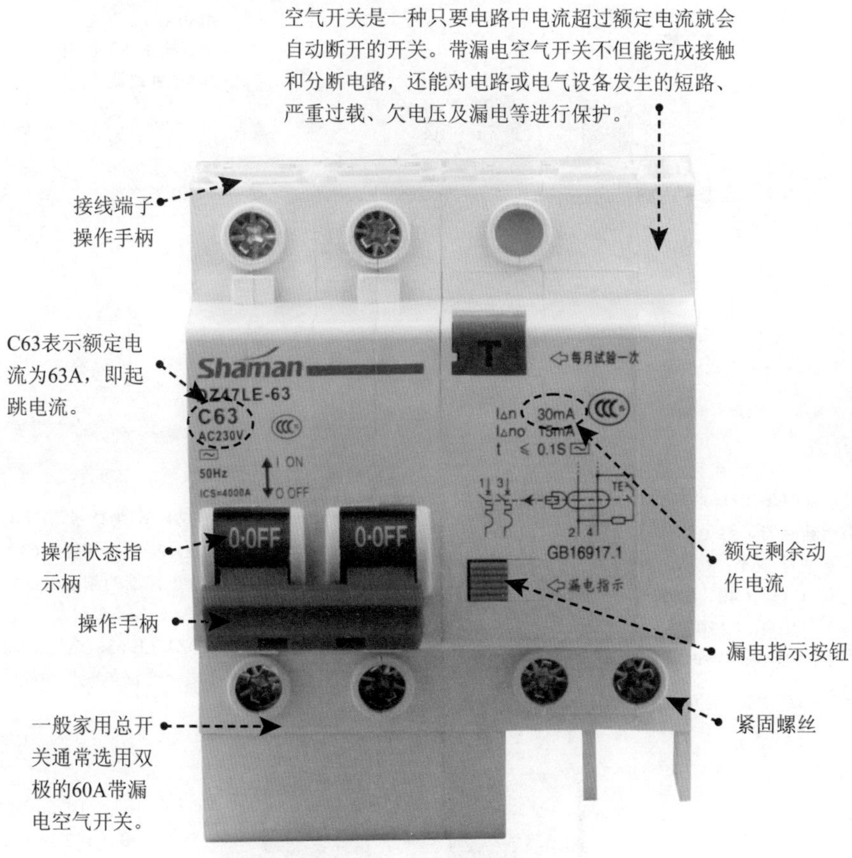

空气开关是一种只要电路中电流超过额定电流就会自动断开的开关。带漏电空气开关不但能完成接触和分断电路，还能对电路或电气设备发生的短路、严重过载、欠电压及漏电等进行保护。

接线端子
操作手柄

C63表示额定电流为63A，即起跳电流。

操作状态指示柄

操作手柄

一般家用总开关通常选用双极的60A带漏电空气开关。

额定剩余动作电流

漏电指示按钮

紧固螺丝

图3-13 带漏电空气开关

3.4.2 断路器

断路器又称自动开关，它是一种既有手动开关作用，又能自动进行失压、欠压、过载和短路保护的电器。如图3-14所示。

断路器从工作原理上就是一个开关，起到接通或切断电路的作用。

额定电流

单极断路器

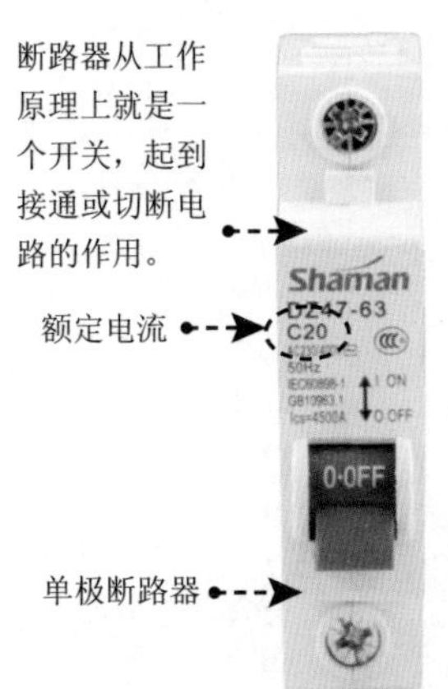
Shaman
DZ47-63
C20
50Hz
I ON
O OFF
0-OFF

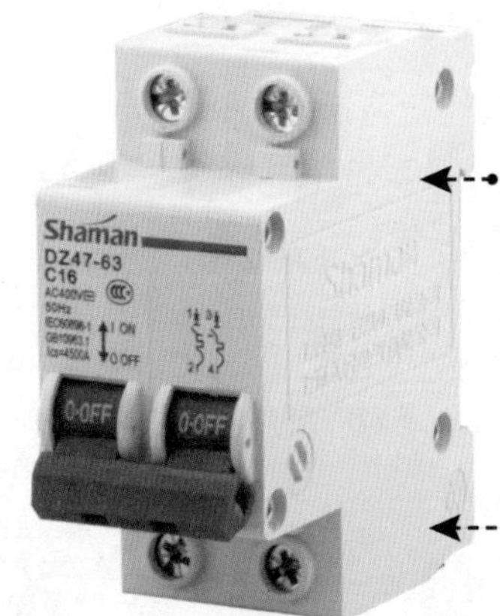
Shaman
DZ47-63
C16
50Hz
I ON
O OFF
0-OFF
0-OFF

一般家用断路器中，照明开关使用16A的断路器、空调开关使用40A的断路器、普通插座开关使用30A的断路器、厨卫插座开关使用30A的断路器。

双极断路器

目前家庭使用DZ系列的小型断路器，常见的有以下型号/规格：C16、C25、C32、C40、C60、C80、C100、C120等，其中C32表示起跳电流为32A。

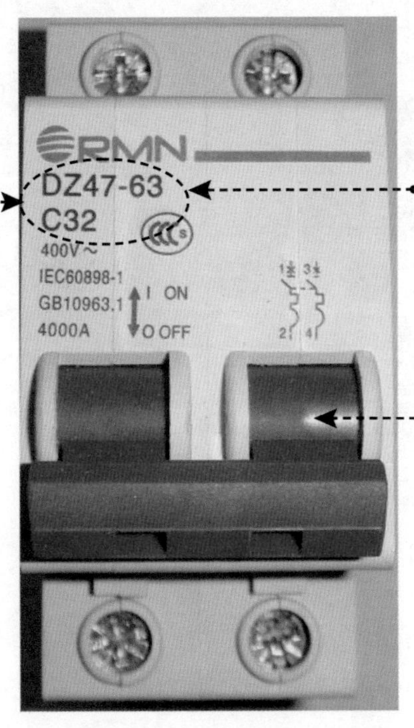
RMN
DZ47-63
C32
400V~
IEC60898-1
GB10963.1
4000A
I ON
O OFF

DZ47-63为型号，DZ47表示微型断路器，63表示断路器的额定电流为63A，如果型号是DZ47LE-63，这里的LE表示带漏电脱扣功能。

家装中通常1.5mm^{2}线配C10的开关，2.5mm^{2}线配C16或C20的开关，4mm^{2}线配C25的开关，6mm^{2}线配C32的开关。

图3-14　断路器

3.5 电材料之管材

3.5.1 PVC电工套管

目前家装中使用的电工管材主要是PVC套管（PVC-U套管），如图3-15所示。

PVC管（PVC-U管）的主要成分为聚氯乙烯树脂，它具有较好的抗拉、抗压强度、拉伸性、阻燃性，具有优异的耐酸、耐碱、耐腐蚀性，不受潮湿水分和土壤酸碱度的影响。

图3-15 PVC电工套管

PVC套管常见规格如图3-16所示。

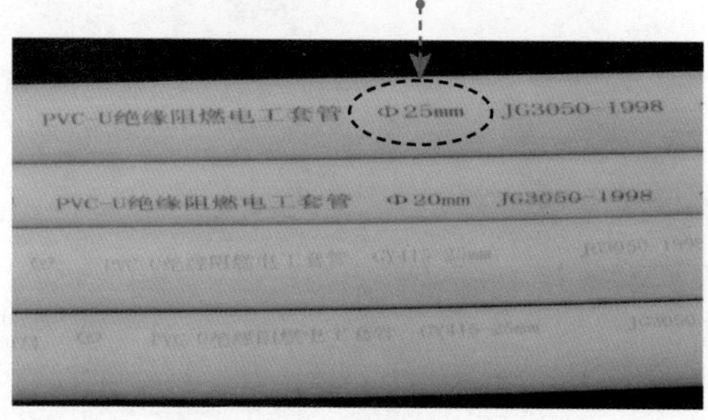
PVC电工套管的常见规格主要有：公称外径16、20、25、32、40、50、63等，单位是mm。
PVC-U绝缘阻燃电工套管 Φ25mm JG3050-1998
PVC-U绝缘阻燃电工套管 Φ20mm JG3050-1998

图3-16 PVC套管常见规格

3.5.2 电工套管配件

家装中常用的PVC电工套管配件主要有：锁扣、直接、管卡、接线盒和灯头盒等，如图3-17所示。

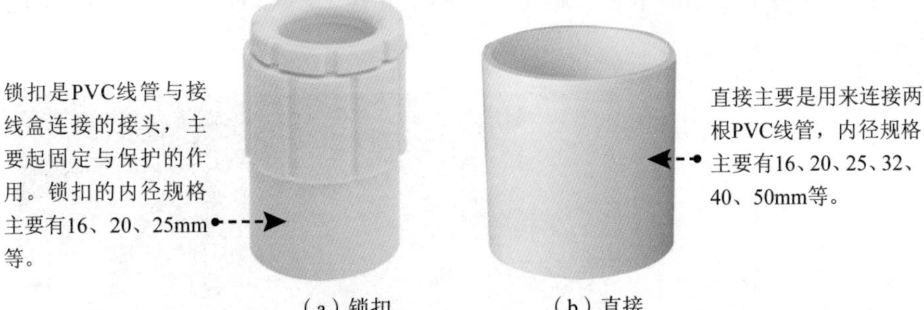
锁扣是PVC线管与接线盒连接的接头，主要起固定与保护的作用。锁扣的内径规格主要有16、20、25mm等。
直接主要是用来连接两根PVC线管，内径规格主要有16、20、25、32、40、50mm等。

（a）锁扣　　（b）直接

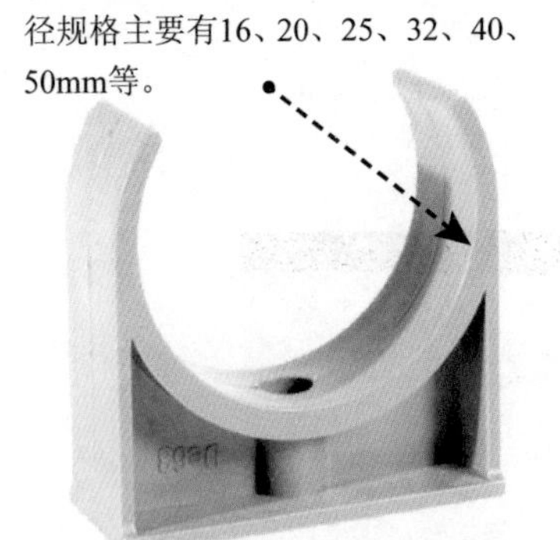
管卡主要用来固定PVC线管，其内径规格主要有16、20、25、32、40、50mm等。

（c）管卡

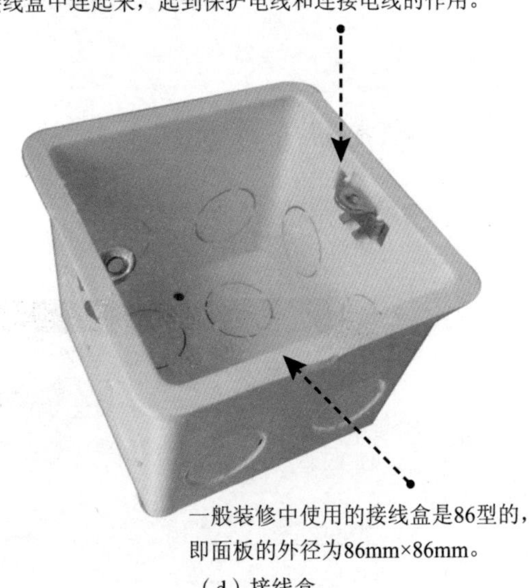
在家装中，接线盒主要用在电线的接头部位或转弯部位的过渡使用，电线管与接线盒连接，线管里面的电线在接线盒中连起来，起到保护电线和连接电线的作用。
一般装修中使用的接线盒是86型的，即面板的外径为86mm×86mm。

（d）接线盒

图3-17　电工套管配件

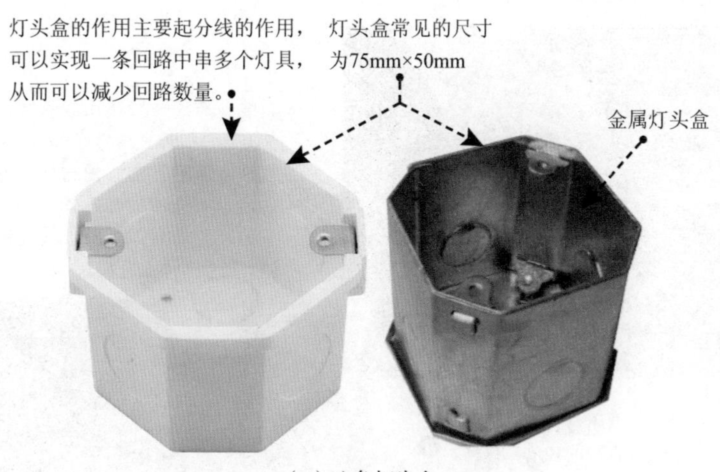
灯头盒的作用主要起分线的作用，可以实现一条回路中串多个灯具，从而可以减少回路数量。
灯头盒常见的尺寸为75mm×50mm
金属灯头盒

（e）八角灯头盒

图3-17　电工套管配件（续）

3.6 电路施工准则

3.6.1　家装电工施工准则

电的施工原则是："走顶不走地，顶不能走，考虑走墙，墙也不能走，才考虑走地"，具体操作步骤如图3-18所示。

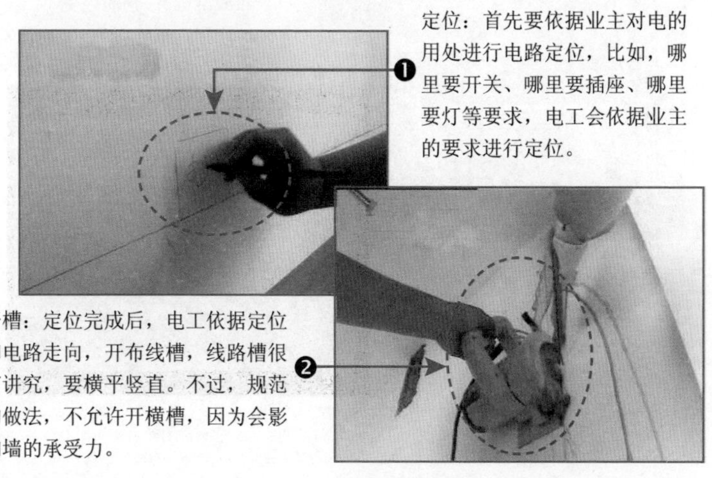
定位：首先要依据业主对电的用处进行电路定位，比如，哪里要开关、哪里要插座、哪里要灯等要求，电工会依据业主的要求进行定位。
❶
开槽：定位完成后，电工依据定位和电路走向，开布线槽，线路槽很有讲究，要横平竖直。不过，规范的做法，不允许开横槽，因为会影响墙的承受力。
❷

图3-18　电路施工准则

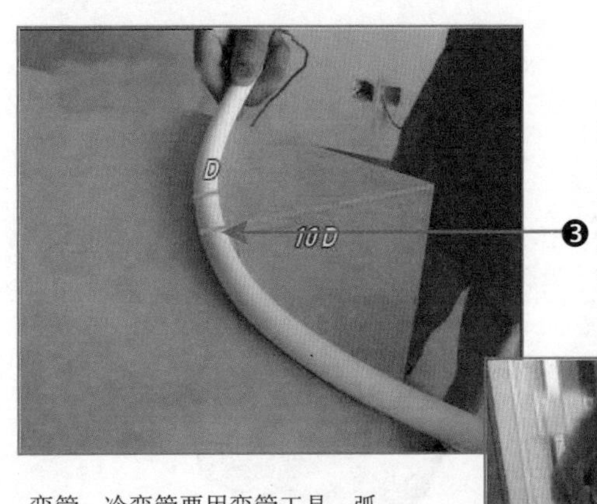
D
10D

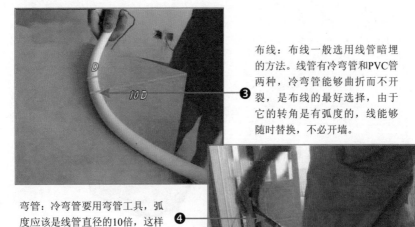

❸ 布线：布线一般选用线管暗埋的方法。线管有冷弯管和PVC管两种，冷弯管能够曲折而不开裂，是布线的最好选择，由于它的转角是有弧度的，线能够随时替换，不必开墙。

❹ 弯管：冷弯管要用弯管工具，弧度应该是线管直径的10倍，这样穿线或拆线，才会顺利。

图3-18 电路施工准则（续）

3.6.2 布线要遵从的准则

布线要遵从的准则如图3-19所示。

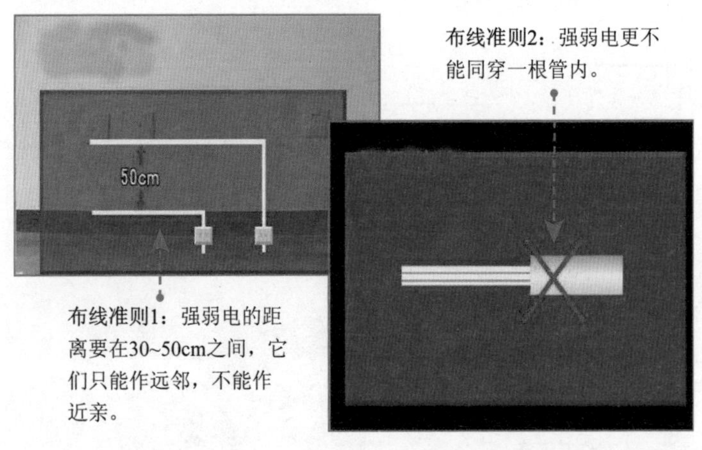
布线准则2：强弱电更不能同穿一根管内。
50cm
布线准则1：强弱电的距离要在30~50cm之间，它们只能作远邻，不能作近亲。

图3-19 布线的准则

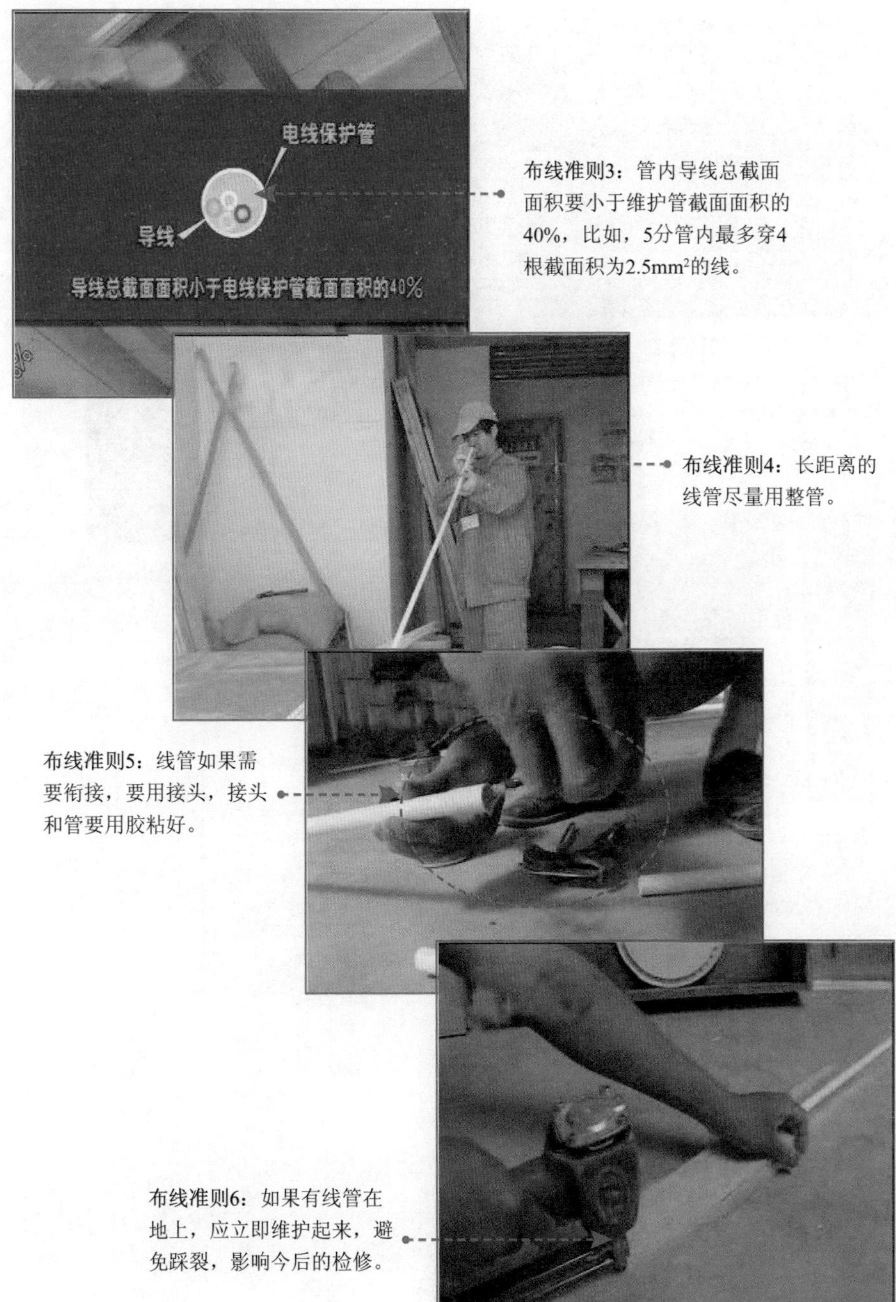
电线保护管
导线
导线总截面面积小于电线保护管截面面积的40%
布线准则3：管内导线总截面面积要小于维护管截面面积的40%，比如，5分管内最多穿4根截面积为2.5mm²的线。
布线准则4：长距离的线管尽量用整管。
布线准则5：线管如果需要衔接，要用接头，接头和管要用胶粘好。
布线准则6：如果有线管在地上，应立即维护起来，避免踩裂，影响今后的检修。

图3-19　布线的准则（续）

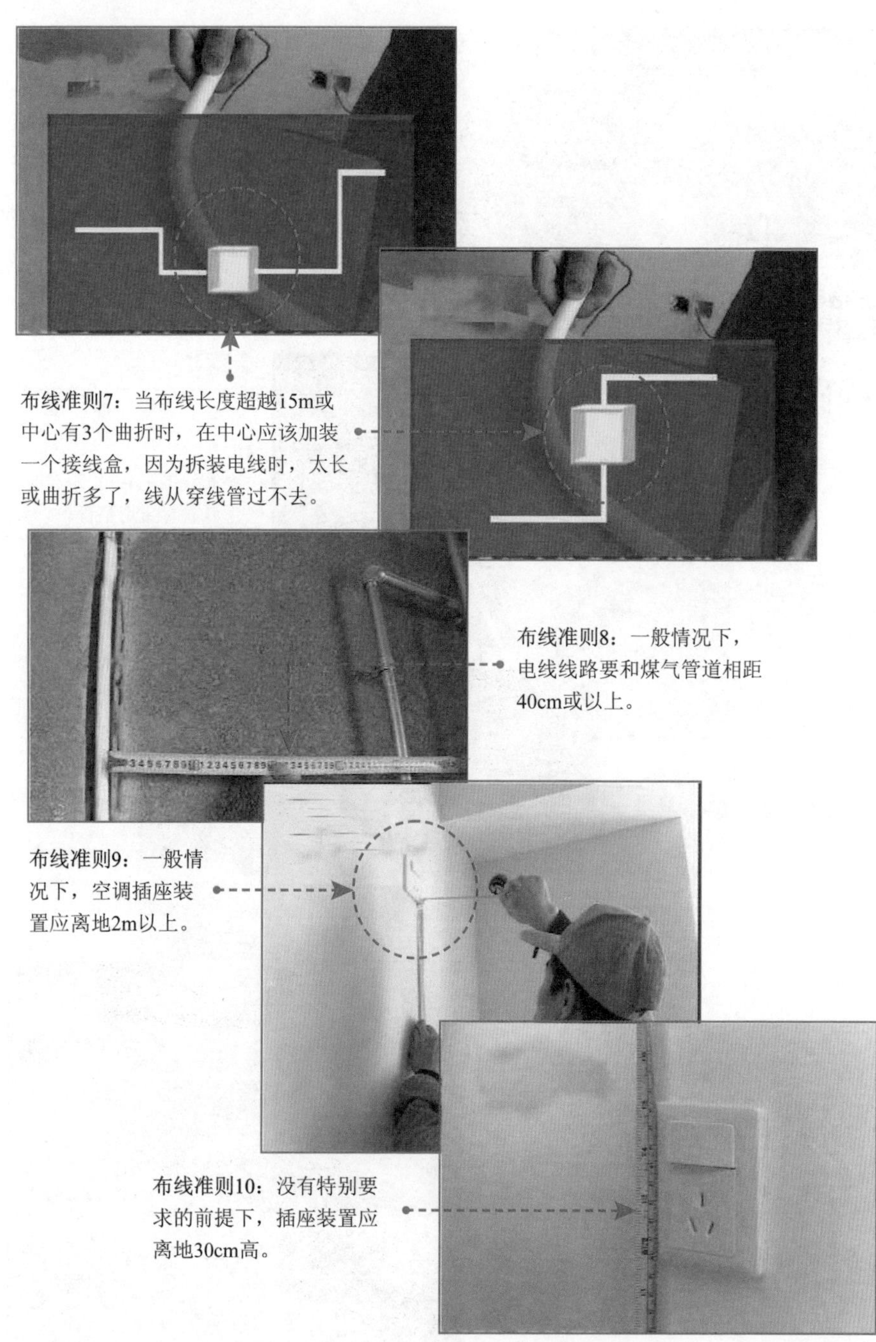
布线准则7：当布线长度超越i5m或中心有3个曲折时，在中心应该加装一个接线盒，因为拆装电线时，太长或曲折多了，线从穿线管过不去。
布线准则8：一般情况下，电线线路要和煤气管道相距40cm或以上。
布线准则9：一般情况下，空调插座装置应离地2m以上。
布线准则10：没有特别要求的前提下，插座装置应离地30cm高。

图3-19　布线的准则（续）

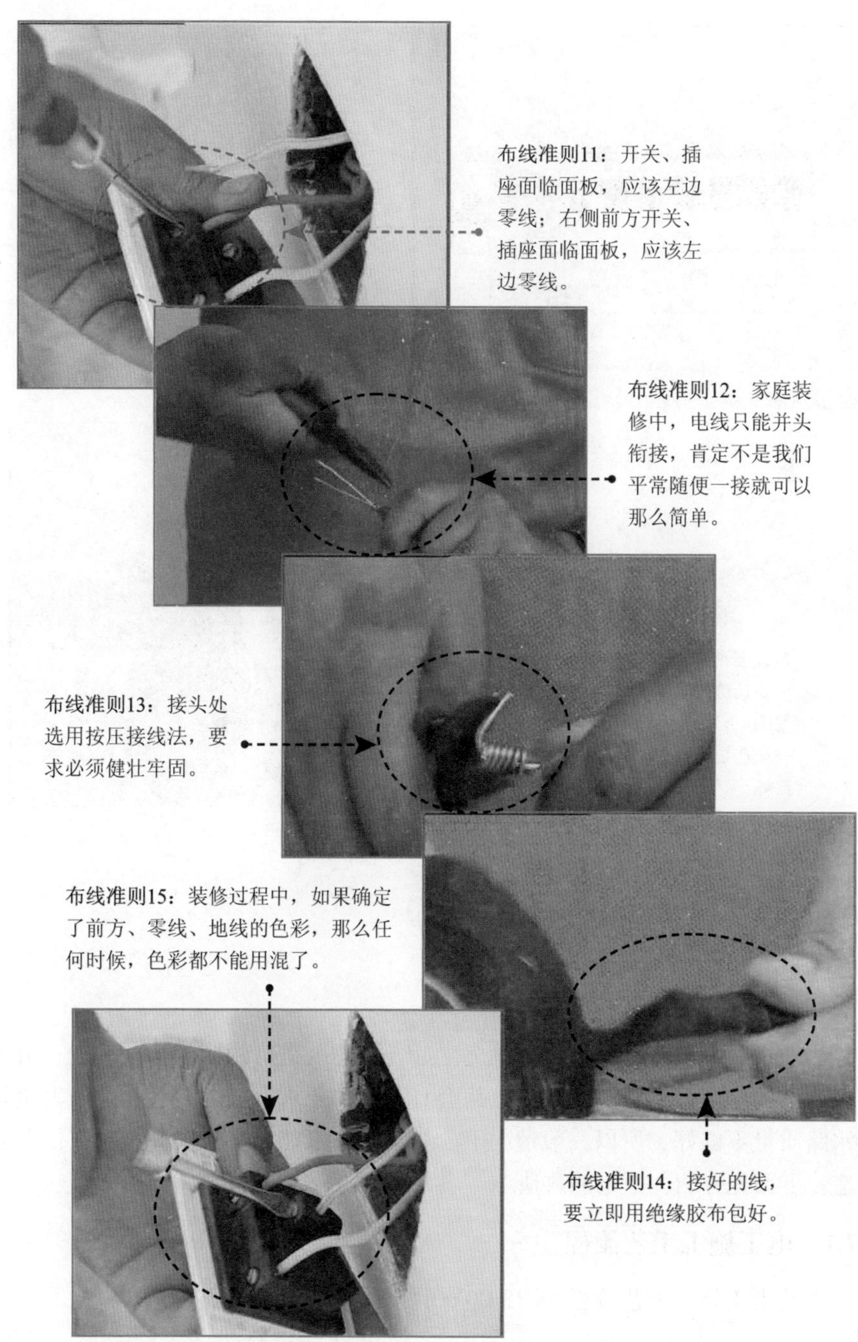
布线准则11：开关、插座面临面板，应该左边零线；右侧前方开关、插座面临面板，应该左边零线。
布线准则12：家庭装修中，电线只能并头衔接，肯定不是我们平常随便一接就可以那么简单。
布线准则13：接头处选用按压接线法，要求必须健壮牢固。
布线准则15：装修过程中，如果确定了前方、零线、地线的色彩，那么任何时候，色彩都不能用混了。
布线准则14：接好的线，要立即用绝缘胶布包好。

图3-19　布线的准则（续）

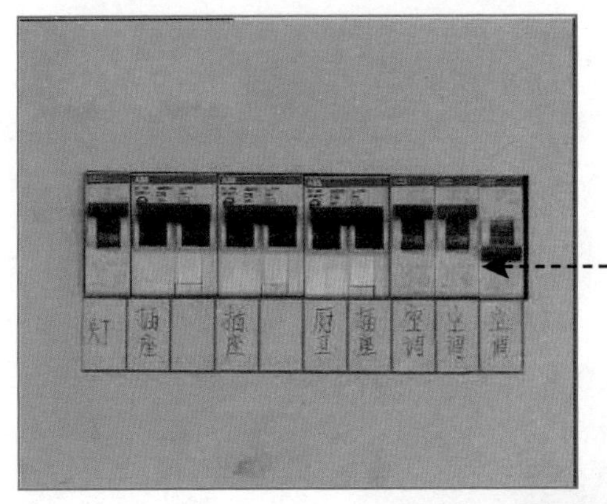

布线准则16：家里不同区域的照明、插座、空调、热水器等电路都要分隔、分组布线，一旦哪部分需要断电检修时，不影响其他电器的正常使用。

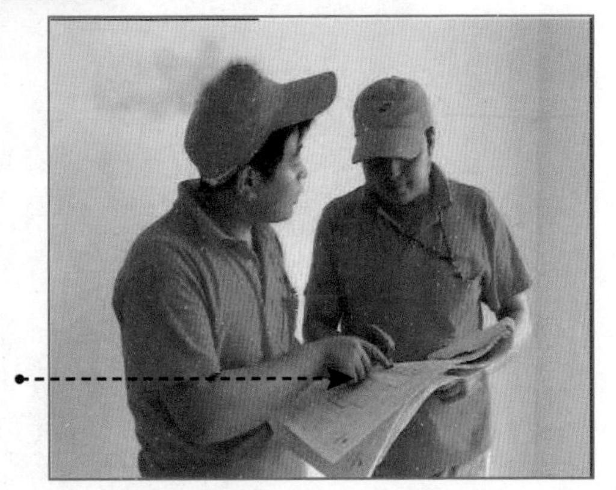

布线准则17：在做完电路后，一定要让施工方给你做一份电路布置图，一旦今后要检修、墙面修整或在墙上打洞，可避免电线被打坏。

图3-19　布线的准则（续）

3.7 电路施工技巧

当业主收完房、装修手续办理完之后，首先要进行的就是水电改造。由于每个业主的生活习惯不同，对水电路会有不同的要求，加之有些业主认为物业的水路质量不够好。所以一般情况下，基本上每家都会在初次装修时进行水电改造。下面先介绍一下电的改造。

3.7.1 电工施工工艺流程

家装电工施工工艺流程如图3-20所示。

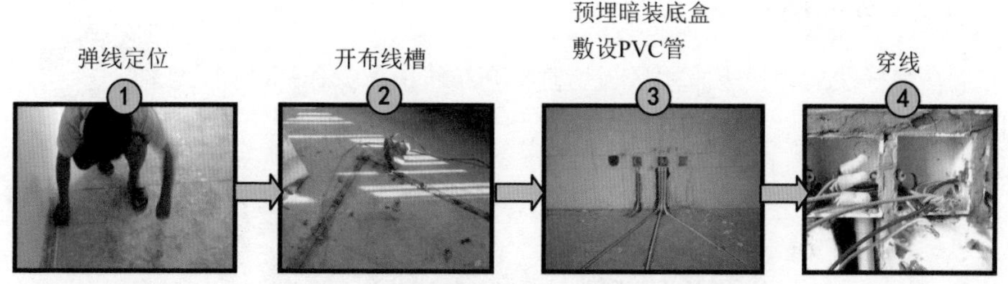
弹线定位
①
开布线槽
②
预埋暗装底盒
敷设PVC管
③
穿线
④

图3-20　家装电工施工工艺流程

3.7.2　弹线定位

弹线的具体操作方法是：用一条沾了墨的线，两个人每人拿一端，然后弹在地上或者墙上。用来确定水平线或者垂直线，又或者作为砌墙的参考线。

家装时，根据设计图定位的要求，在墙上、楼板上进行测量，然后用弹线进行定位，操作标准如图3-21所示。

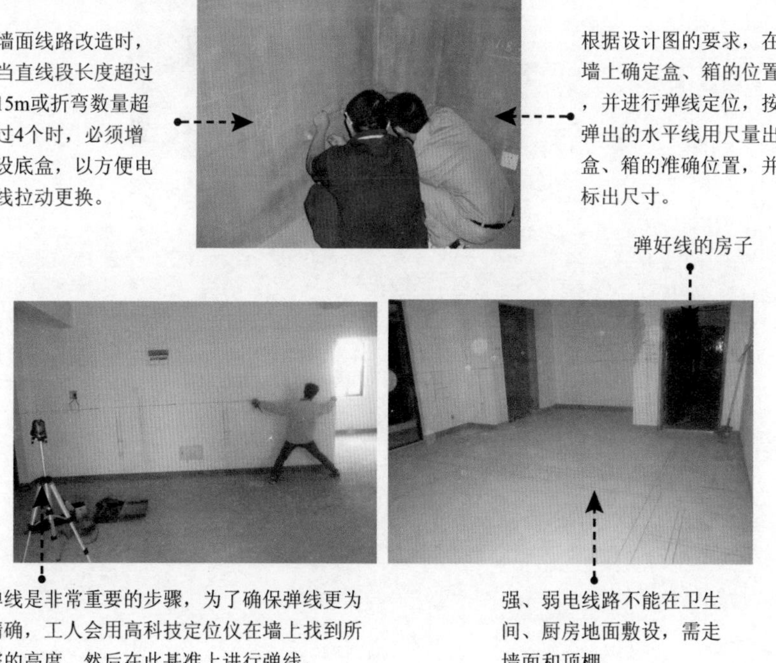
墙面线路改造时，当直线段长度超过15m或折弯数量超过4个时，必须增设底盒，以方便电线拉动更换。
根据设计图的要求，在墙上确定盒、箱的位置，并进行弹线定位，按弹出的水平线用尺量出盒、箱的准确位置，并标出尺寸。
弹好线的房子
弹线是非常重要的步骤，为了确保弹线更为精确，工人会用高科技定位仪在墙上找到所需的高度，然后在此基准上进行弹线。
强、弱电线路不能在卫生间、厨房地面敷设，需走墙面和顶棚。

图3-21　弹线定位

3.7.3 开布线槽

现场视频 即扫即看

在弹好线后，接下来用手提切割机开布线槽，操作标准如图3-22所示。

开槽要尽量规则，不规则的开槽会造成墙面大面积的损伤。开槽时要用切割工具切割，如果开槽不经过切割，直接用凿子敲打墙面，会使墙壁原有的混凝土松动，甚至脱落。

PVC管在墙体上开槽敷设时，PVC管距离墙面深度应不小于1.2cm。

应先割好盒、箱的准确位置再剔洞，所剔孔洞应比盒箱体稍大一些，洞剔好后，应将洞中杂物清理干净，然后用水把洞内四壁浇湿。

图3-22 开布线槽

3.7.4 敷设PVC电工套管

预埋暗装底盒，敷设PVC套管方法和操作标准如图3-23所示。

首先用高标号水泥砂浆填入洞内将入盒接头和入盒锁扣（内锁母）固定在孔壁，待水泥砂浆凝固后，方可接短管入盒箱。在楼板上预埋吊钩和灯头盒时，应特别注意吊扇、花灯的吊钩应设于接线盒中心，吊钩宜在拆除模板后建筑粉刷前弯曲成型。

在布线套管时，同一沟槽如超过2根线管，管与管之间必须留不小于1.5cm的缝线，以防填充水泥或石膏时产生空鼓。

所有入墙电线采用阻燃PVC套管埋设。

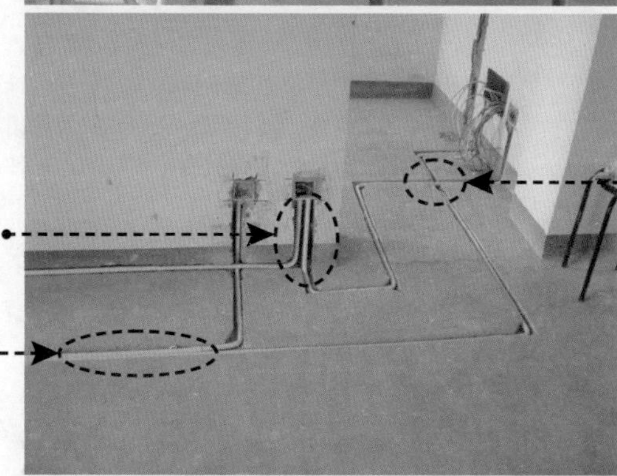

PVC套管在墙体内交叉，用曲弯弹簧做出长为20cm的过桥弯。

PVC套管与套管之间采用直接接头连接，用PVC胶黏结，以防松动。PVC套管连接时，要将接头和PVC套管清理干净，在管子接头表面均匀涂刷一层PVC胶水后，立即将管头插入接头内，不要扭转，15秒后即可粘牢。

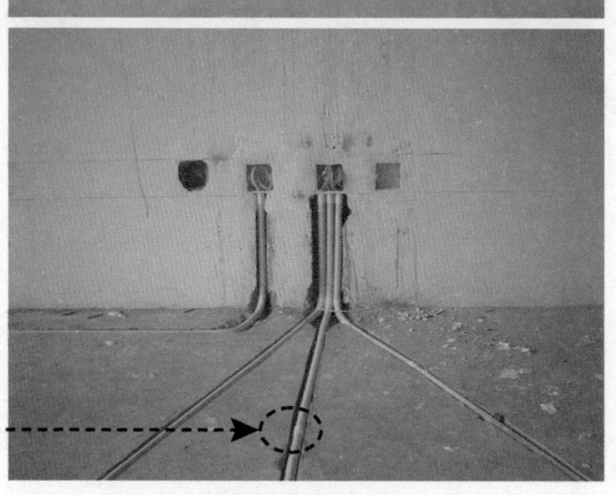

图3-23　敷设PVC套管

3.7.5 PVC电工套管弯曲加工

在敷设PVC电工套管时，遇到拐弯的地方，需要将PVC套管做弯曲加工，如图3-24所示为PVC电工套管弯曲方法。

手工弯管法：先将弯管弹簧插入管内，两手抓住弯管弹簧在管内位置的两端，膝盖顶住被弯处，用力慢慢弯曲管子，考虑管子的回弹，弯曲度要控制合理，可以稍大一点，达到所需的角度之后抽出弹簧。

冷弯法适用管径小于等于32mm的PVC管；管径大于32mm的PVC管应使用热弯法。

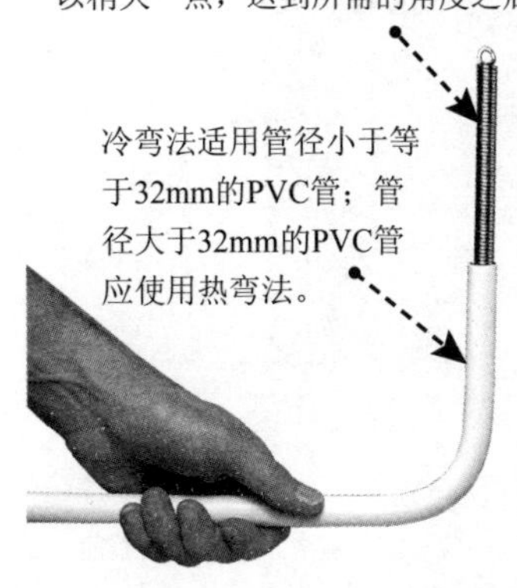

弯管弹簧

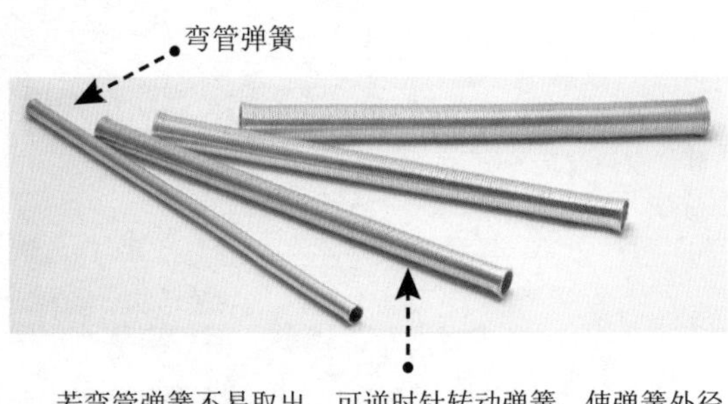

若弯管弹簧不易取出，可逆时针转动弹簧，使弹簧外径收缩，同时往外拉弹簧即可抽出，当管路较长时，可将弯管弹簧用细绳拴住一端，以便煨弯后快速抽出。

手柄

弯管器

插入管

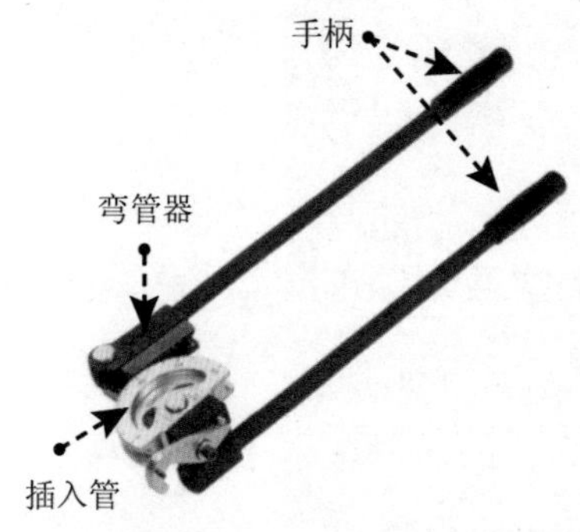

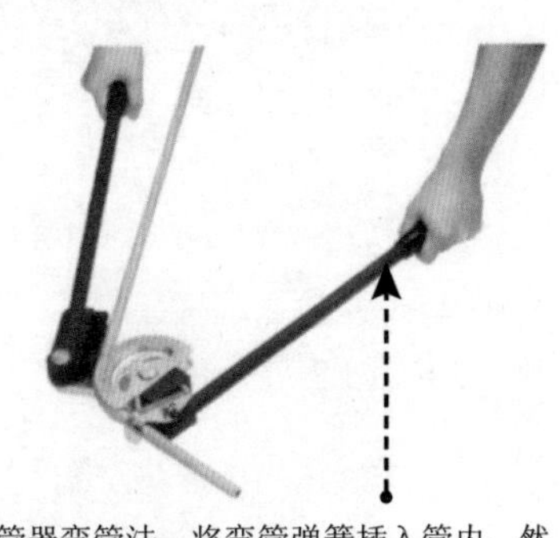

弯管器弯管法。将弯管弹簧插入管内，然后将管子插入手板弯管器内，手板一次即可把管子弯出所需的角度。

图3-24　冷弯法弯管

3.7.6 穿线施工

电工线管穿线方法和操作标准如图3-25所示。

现场视频 即扫即看

导线在管内严禁接头，接头应在检修底盒或箱内，以便检修。

导线在开关盒，插座盒（箱）内留线长度不应小于15cm。

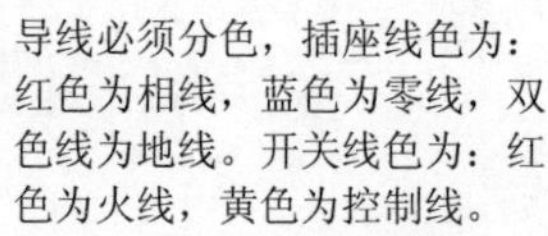

导线必须分色，插座线色为：红色为相线，蓝色为零线，双色线为地线。开关线色为：红色为火线，黄色为控制线。

弱电（电话，电视，网线）导线与强电导线严禁共槽共管，强、弱电线槽间距不小于10cm，在连接处电视必须在接线盒中用电视分配器连接。

接线盒（箱）内导线接头须用防水、绝缘、黏性好的胶带牢固包缠。

图3-25　穿线

3.7.7 导线绝缘层剥除加工

现场视频 即扫即看

剥除导线绝缘层，常用钢丝钳或剥线钳、电工刀两类工具，如图3-26所示。

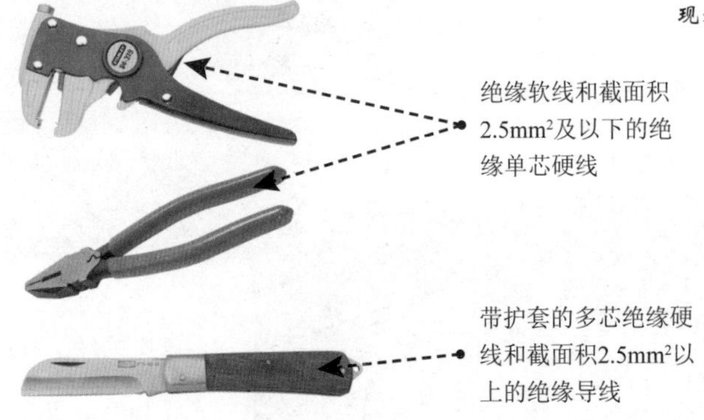
绝缘软线和截面积2.5mm²及以下的绝缘单芯硬线
带护套的多芯绝缘硬线和截面积2.5mm²以上的绝缘导线

图3-26 剥线工具

1. 硬线绝缘层剥除方法

塑料绝缘硬线的绝缘层剥除方法如图3-27所示。

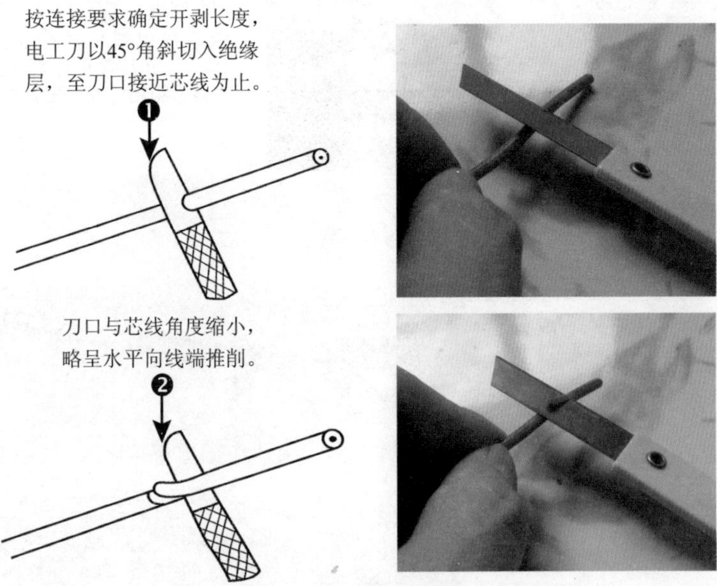
按连接要求确定开剥长度，电工刀以45°角斜切入绝缘层，至刀口接近芯线为止。
❶
刀口与芯线角度缩小，略呈水平向线端推削。
❷

图3-27 硬线绝缘层剥除方法

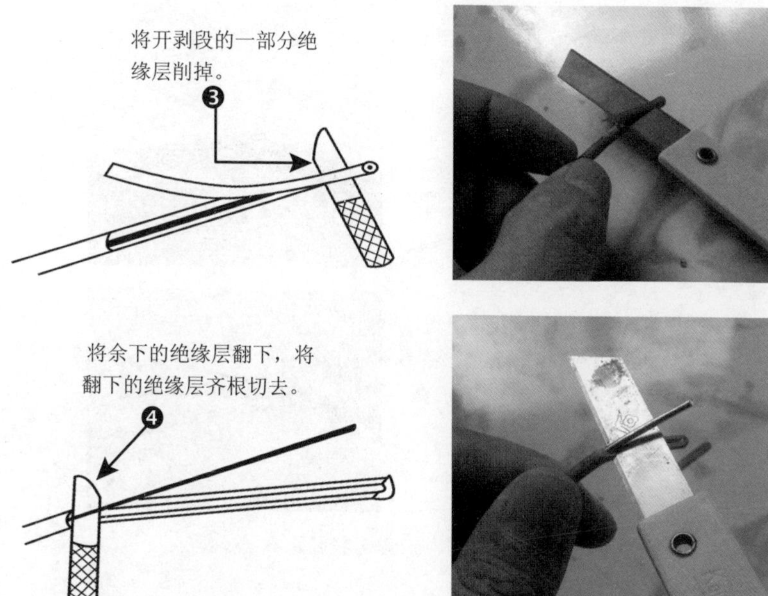
将开剥段的一部分绝
缘层削掉。
❸
将余下的绝缘层翻下，将
翻下的绝缘层齐根切去。
❹

图3-27 硬线绝缘层剥除方法（续）

2. 护套线、护套层的剥除方法

橡套电缆和塑料护套线、护套层的剥除方法如图3-28所示。

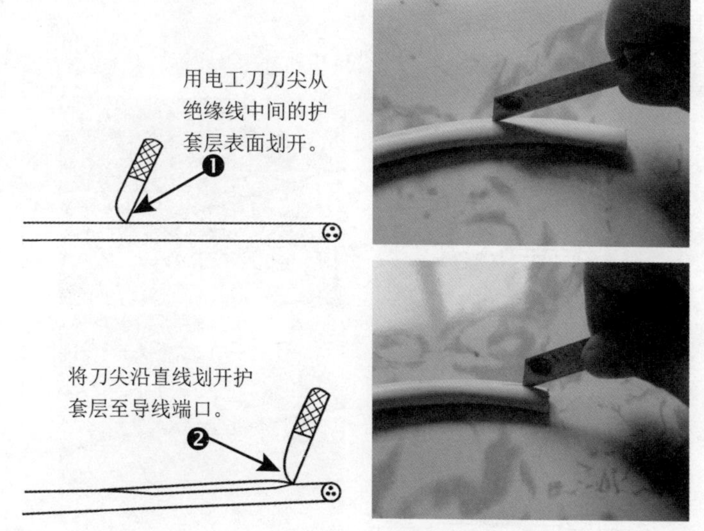
用电工刀刀尖从
绝缘线中间的护
套层表面划开。
❶
将刀尖沿直线划开护
套层至导线端口。
❷

图3-28 护套线、护套层的剥除方法

将护套层剥离绝缘线，并将其扳至切口根部，用电工刀将护套层齐根切去。

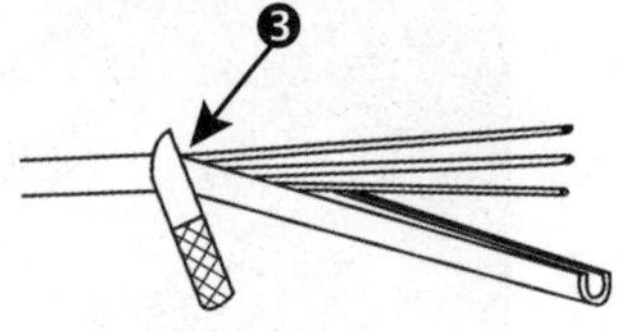
❸

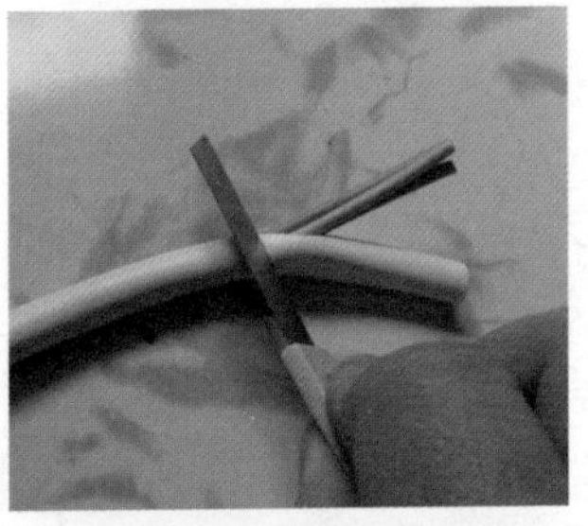

在离护套层切口10mm处确定芯线绝缘的开剥点，然后开剥芯线的绝缘层。

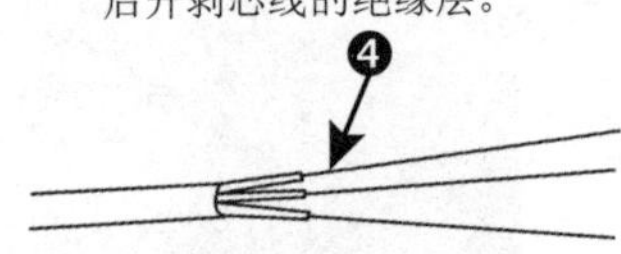
❹

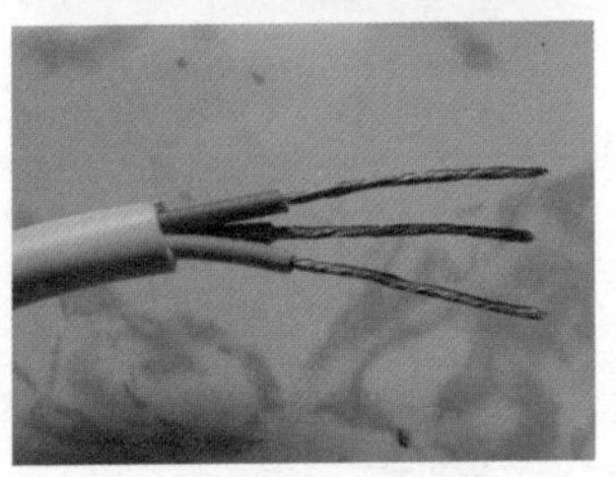

图3-28　护套线、护套层的剥除方法（续）

3.7.8　单股铜芯导线的连接

导线的连接要求：接触紧密，接头电阻小，稳定性好，与同截面同长度导线的电阻比应不大于1；接头的机械强度不小于导线机械强度的90%；接头的绝缘强度应与导线的绝缘强度一样；接头应耐腐蚀。

现场视频　即扫即看

1. 单股铜芯导线的直线连接

单股铜芯导线的直线连接方法如图3-29所示。

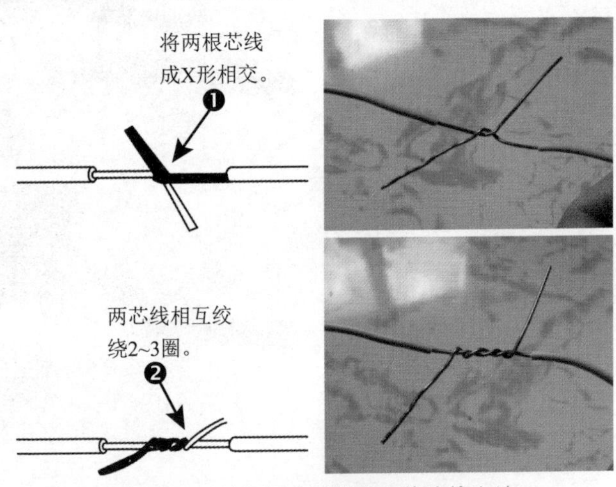
将两根芯线
成X形相交。
❶
两芯线相互绞
绕2~3圈。
❷

图3-29　单股铜芯导线的直线连接方法

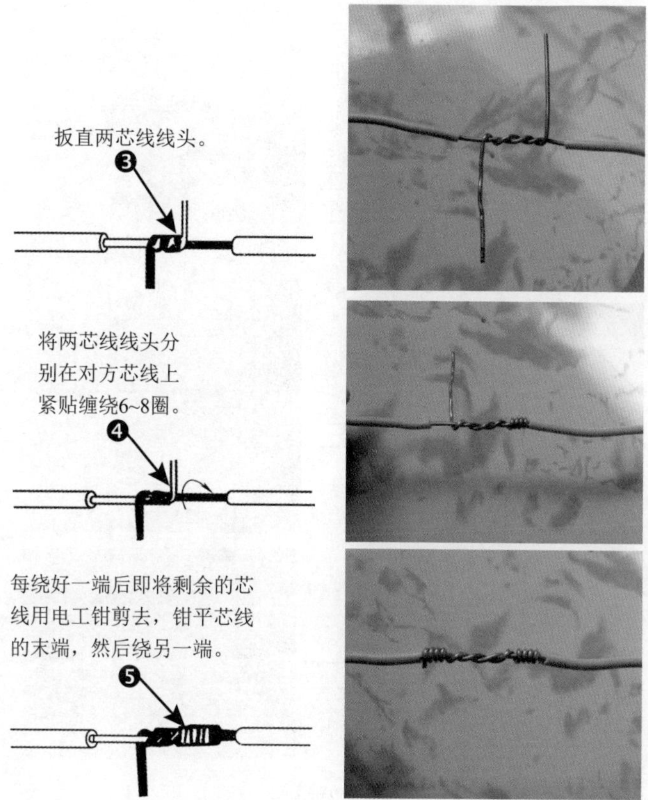
扳直两芯线线头。
3
将两芯线线头分
别在对方芯线上
紧贴缠绕6~8圈。
4
每绕好一端后即将剩余的芯
线用电工钳剪去，钳平芯线
的末端，然后绕另一端。
5

图3-29　单股铜芯导线的直线连接方法（续）

2. 单股铜芯导线的T形分支连接

单股铜芯导线的T形分支连接方法如图3-30所示。

将支线芯线与干线芯线十字相
交支线芯线根部留3~5mm。
1

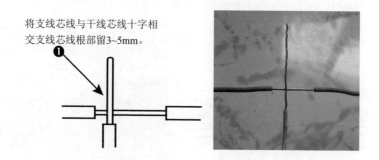

图3-30　单股铜芯导线的T形分支连接方法

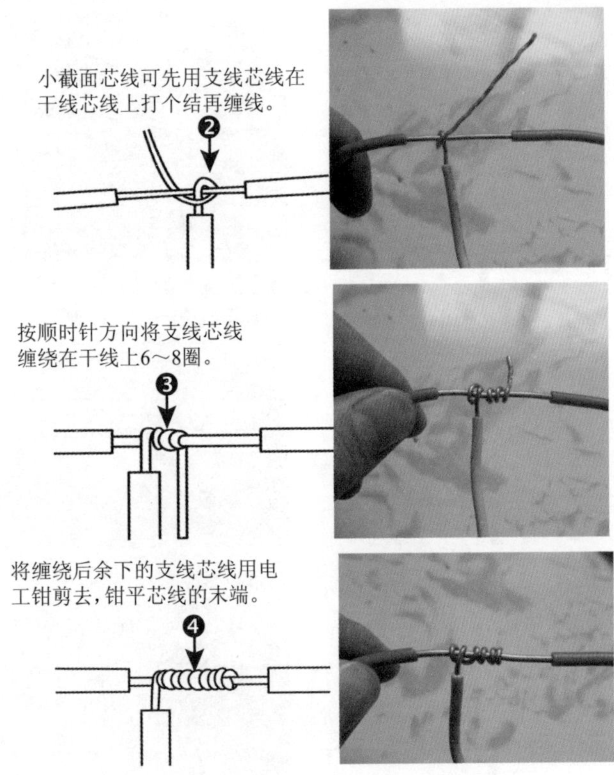
小截面芯线可先用支线芯线在干线芯线上打个结再缠线。
2
按顺时针方向将支线芯线缠绕在干线上6～8圈。
3
将缠绕后余下的支线芯线用电工钳剪去，钳平芯线的末端。
4

图3-30　单股铜芯导线的T形分支连接方法（续）

3.7.9　多股铜芯导线的连接

1．多股铜芯导线的直线连接

多股铜芯导线的直线连接方法如图3-31所示（以7股铜芯线为例）。

先将剥去绝缘层的芯线头散开并拉直，再把靠近绝缘层 1/3线段的芯线绞紧，然后把余下的2/3芯线头按图示分散成伞状，并将每根芯线拉直。

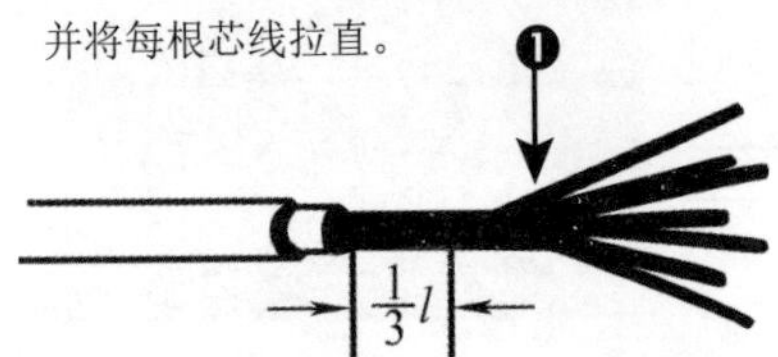
1
$\frac{1}{3}l$

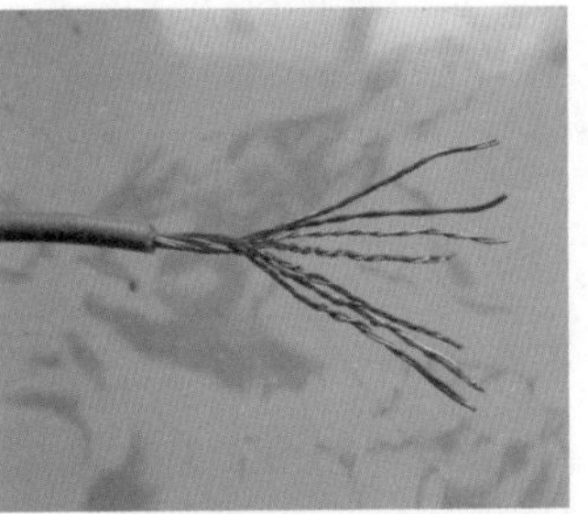

图3-31　多股铜芯导线的直线连接方法

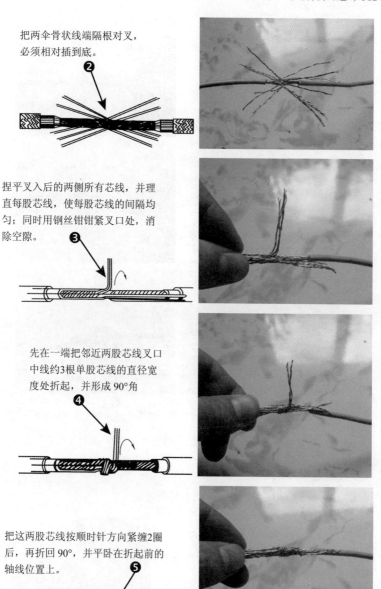

把两伞骨状线端隔根对叉，必须相对插到底。

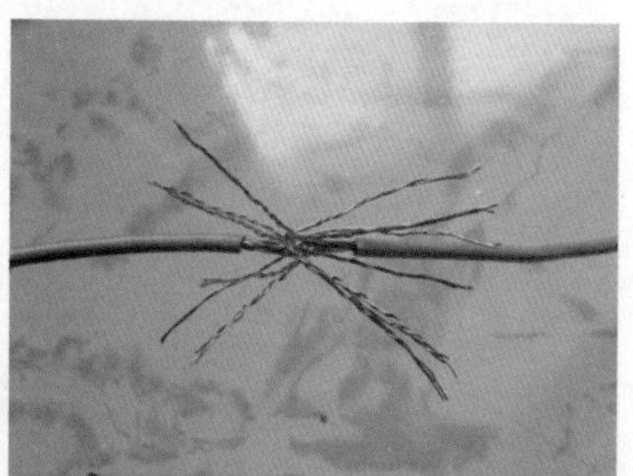

捏平叉入后的两侧所有芯线，并理直每股芯线，使每股芯线的间隔均匀；同时用钢丝钳钳紧叉口处，消除空隙。

先在一端把邻近两股芯线叉口中线约3根单股芯线的直径宽度处折起，并形成 90°角

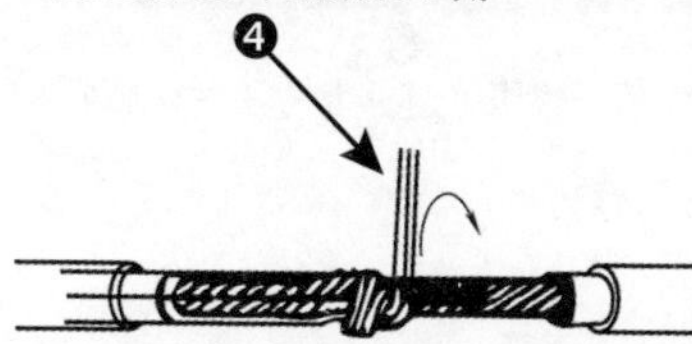
4

把这两股芯线按顺时针方向紧缠2圈后，再折回 90°，并平卧在折起前的轴线位置上。

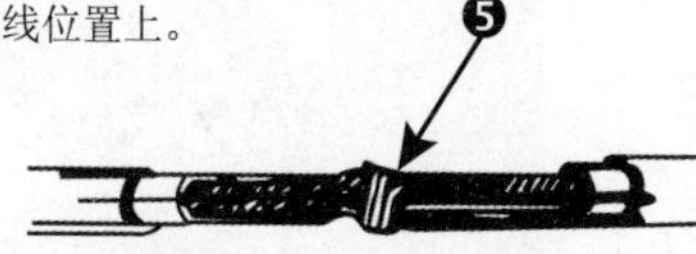
5

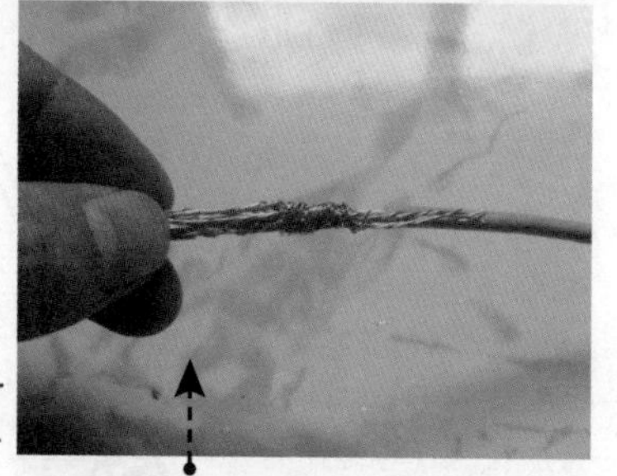

第二组、第三组线头仍按第一组的缠绕办法紧密缠绕在芯线上。

图3-31 多股铜芯导线的直线连接方法（续）

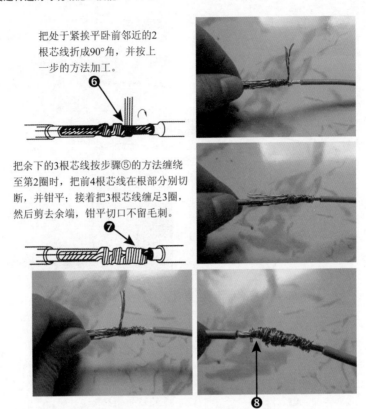

❻ 把处于紧挨平卧前邻近的2根芯线折成90°角，并按上一步的方法加工。

❼ 把余下的3根芯线按步骤⑤的方法缠绕至第2圈时，把前4根芯线在根部分别切断，并钳平；接着把3根芯线缠足3圈，然后剪去余端，钳平切口不留毛刺。

❽ 另一侧按上述步骤方法进行加工。

图3-31　多股铜芯导线的直线连接方法（续）

2. 多股铜芯导线的T形连接

多股铜芯导线的T形连接方法如图3-32所示。

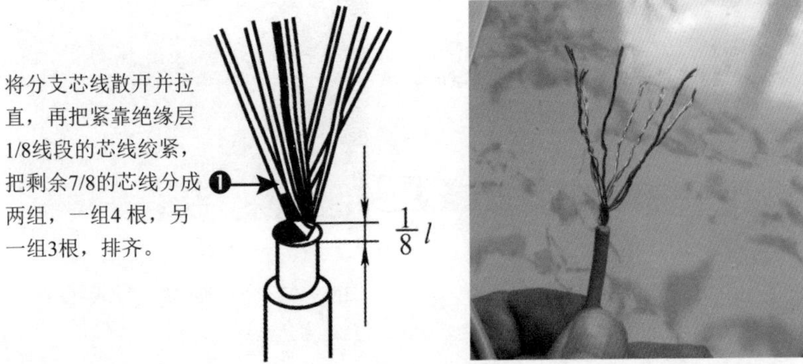
将分支芯线散开并拉直，再把紧靠绝缘层1/8线段的芯线绞紧，把剩余7/8的芯线分成两组，一组4 根，另一组3根，排齐。
❶
$\frac{1}{8}l$

图3-32　多股铜芯导线的T形连接方法

用旋凿把干线的芯线撬开并分为两组，再把支线中4根芯线的一组插入干线芯线中间，把3根芯线的一组放在干线芯线的前面。

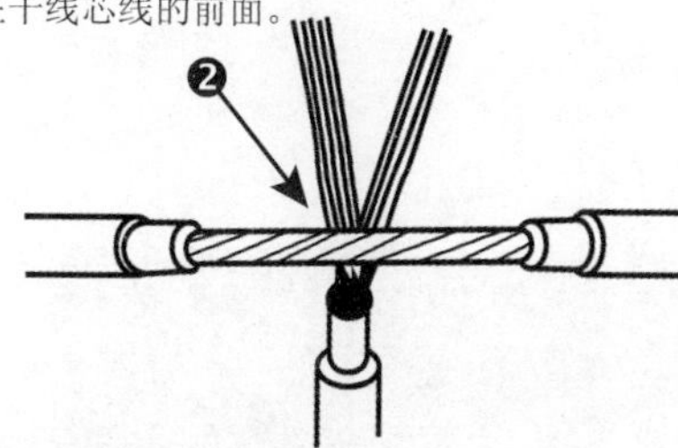

把3根线芯的一组在干线右边按顺时针方向紧紧缠绕3~4 圈，并钳平线端。

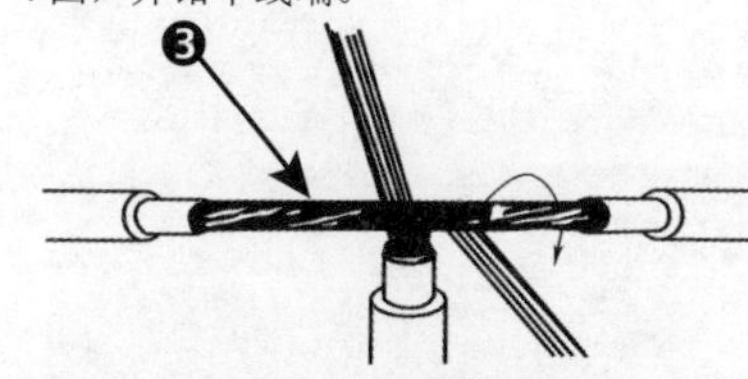

把4根芯线的一组在干线的左边按逆时针方向缠绕4~5圈。

剪去多余线头，钳平毛刺即可。

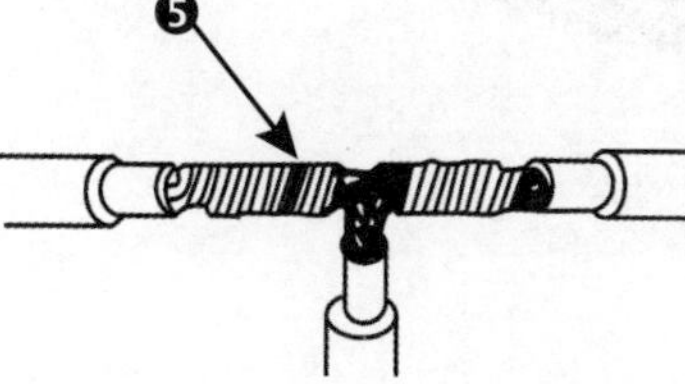

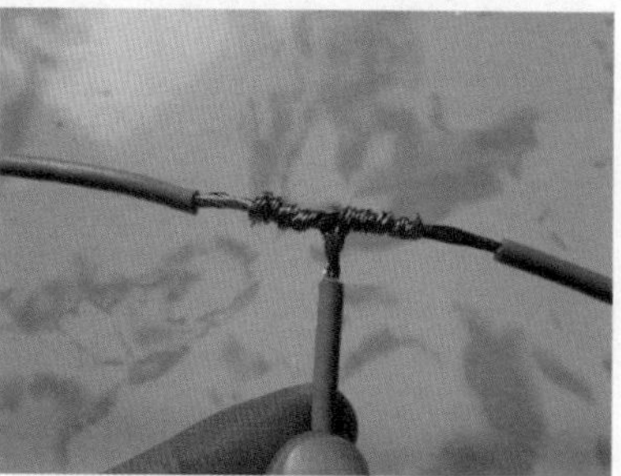

图3-32　多股铜芯导线的T形连接方法（续）

3.7.10 同一方向的导线盒内封端连接

同一方向的导线盒内封端的连接方法如图3-33所示。

对于单股导线，可将一根导线的芯线紧密缠绕在其他导线的芯线上。再将其他芯线的线头折回压紧即可。

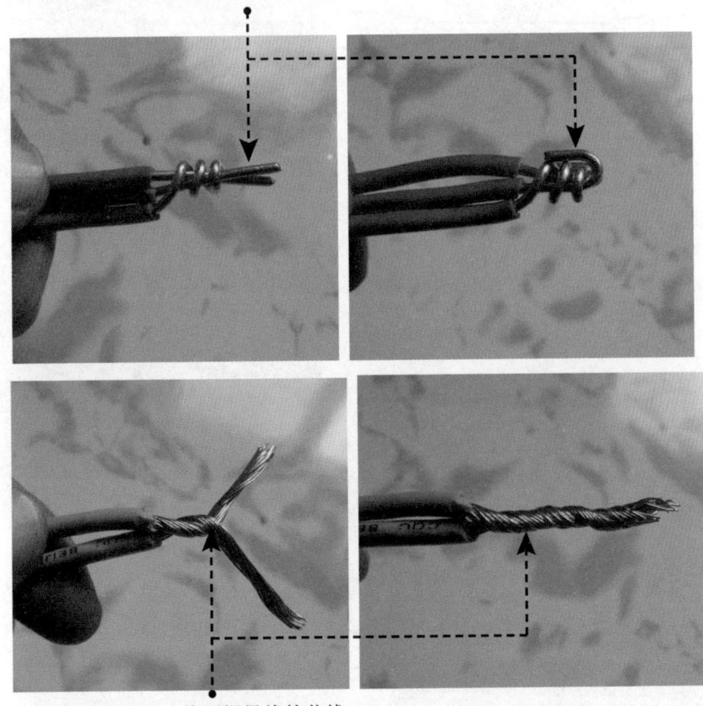

对于多股导线，可将两根导线的芯线互相交叉，然后绞合拧紧即可。

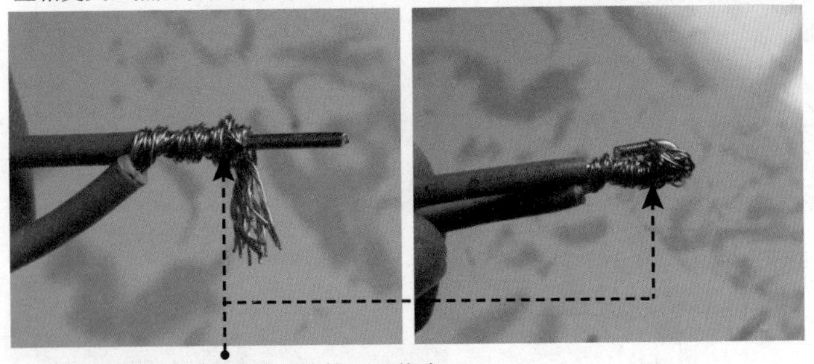

对于单股导线与多股导线的连接，可将多股导线的芯线紧密缠绕在单股导线的芯线上。再将单股芯线的线头折回压紧即可。

图3-33 同一方向的导线盒内封端连接

3.7.11　多芯电线电缆的连接

多芯电线电缆的连接方法如图3-34所示。

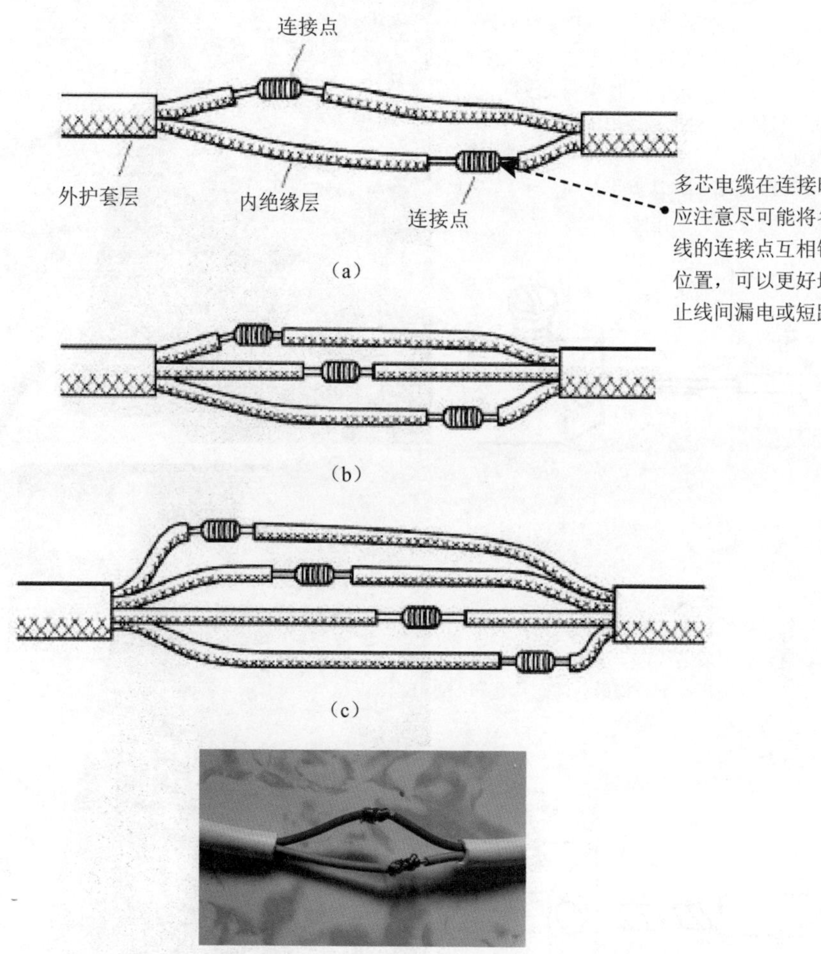
连接点
外护套层
内绝缘层
连接点
多芯电缆在连接时，应注意尽可能将各芯线的连接点互相错开位置，可以更好地防止线间漏电或短路。
（a）
（b）
（c）

图3-34　多芯电线电缆的连接方法

3.7.12　线头与接线柱（桩）的连接

在家装中，开关、插座等的接线部位多是利用针孔附有压接螺钉压住线头完成连接的。线路容量小，可用一只螺钉压接；若线路容量较大，或接头要求较高时，应用两只或多只螺钉压接。

1．线头与针孔式接线桩的连接

线头与针孔式接线桩的连接方法如图3-35所示。

单股芯线与接线桩连接时，最好按要求的长度将线头折成双股后并排插入针孔，使压接螺钉顶紧双股芯线的中间。如果线头较粗，双股插不进针孔，也可直接用单股，但芯线在插入针孔前，应稍微朝着针孔上方弯曲，以防压紧螺钉稍松时线头脱出。

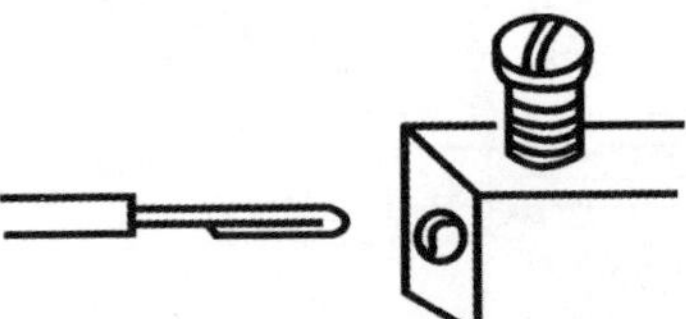

在针孔接线桩上连接多股芯线时，先用钢丝钳将多股芯线进一步绞紧，以保证压接螺钉顶压时不致松散。注意针孔和线头的大小应尽量配合。

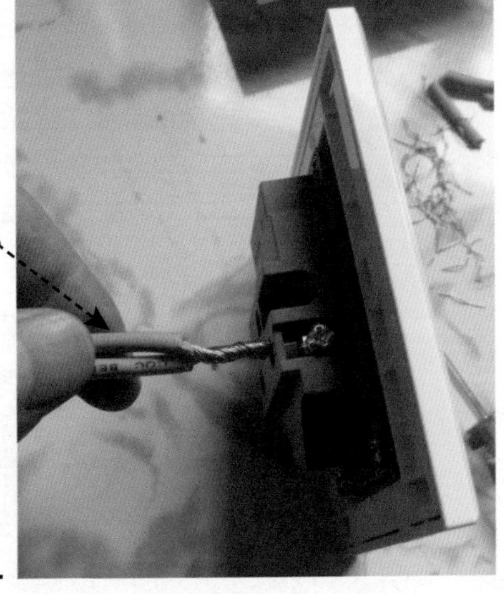

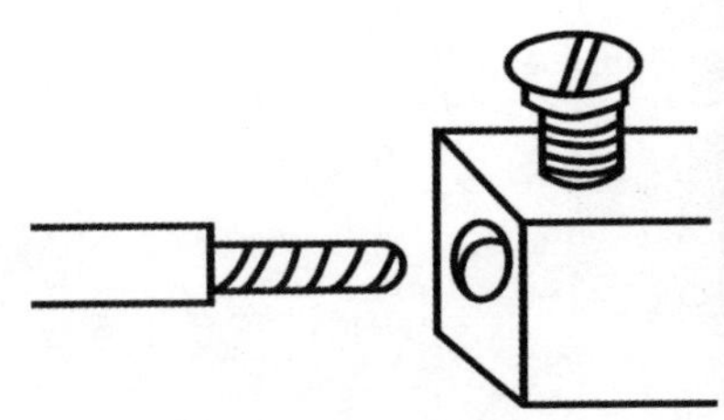

图3-35 线头与针孔式接线桩的连接方法

2．线头与螺钉平压式接线桩的连接

线头与螺钉平压式接线桩的连接方法如图3-36所示。

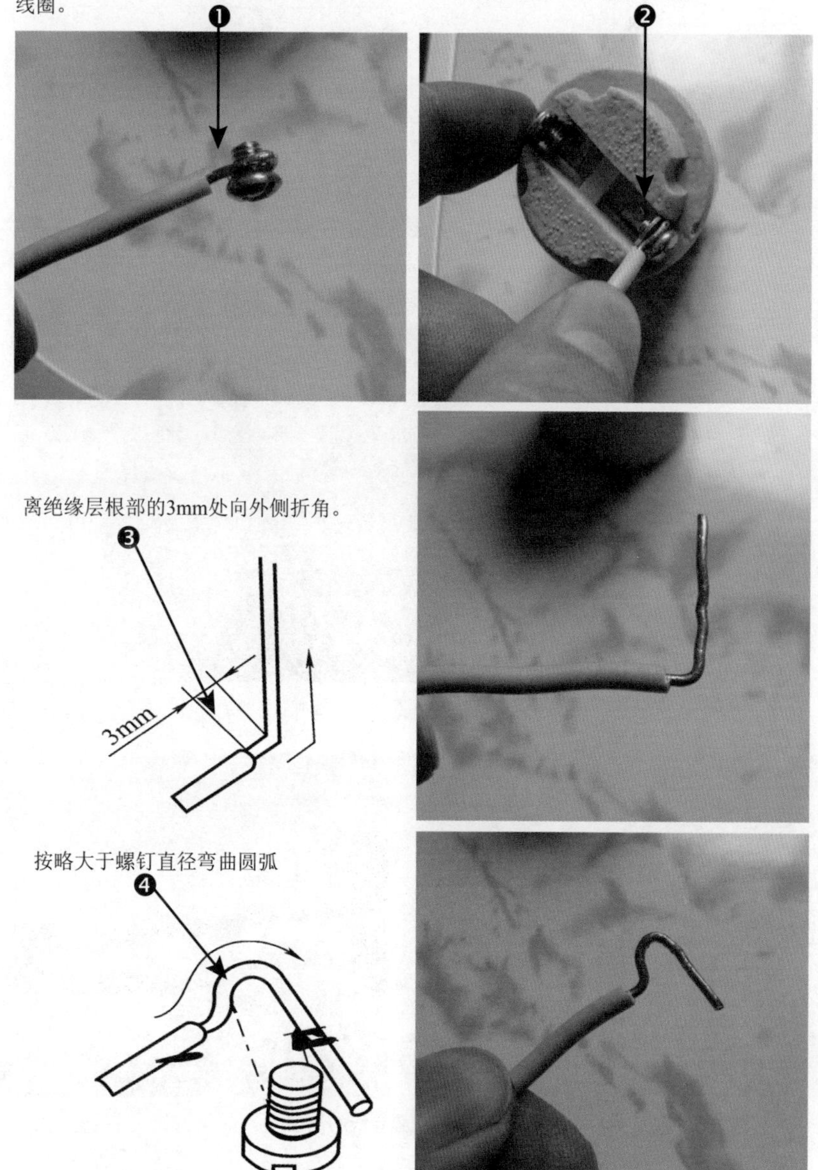
平压式接线桩是利用半圆头、圆柱头或六角头螺钉加垫圈将线头压紧，完成电连接。对载流量小的单股芯线，先将线头弯成接线圈。
❶
对载流量小的单股芯线，先将线头弯成接线圈，再用螺钉压接。
❷
离绝缘层根部的3mm处向外侧折角。
❸
3mm
按略大于螺钉直径弯曲圆弧
❹

图3-36　线头与螺钉平压式接线桩的连接方法

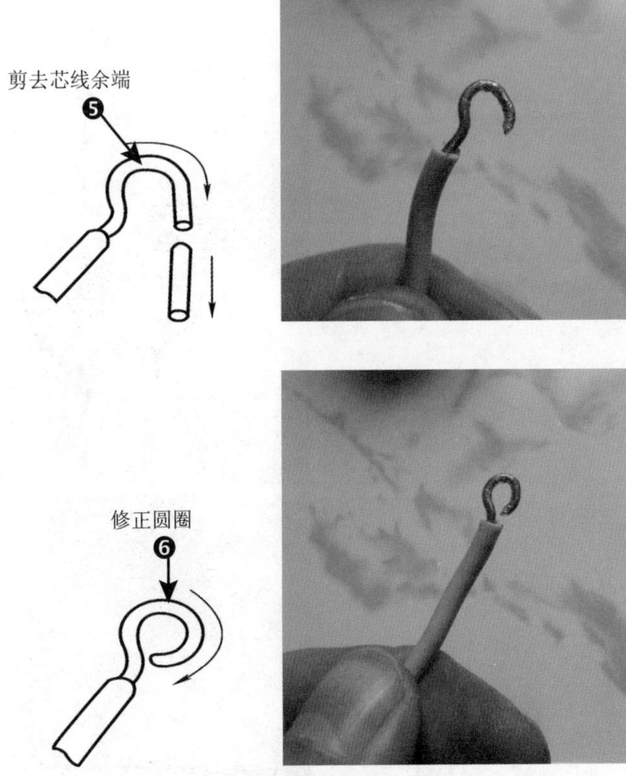

剪去芯线余端
5
修正圆圈
6

（a）单股铜芯导线的连接

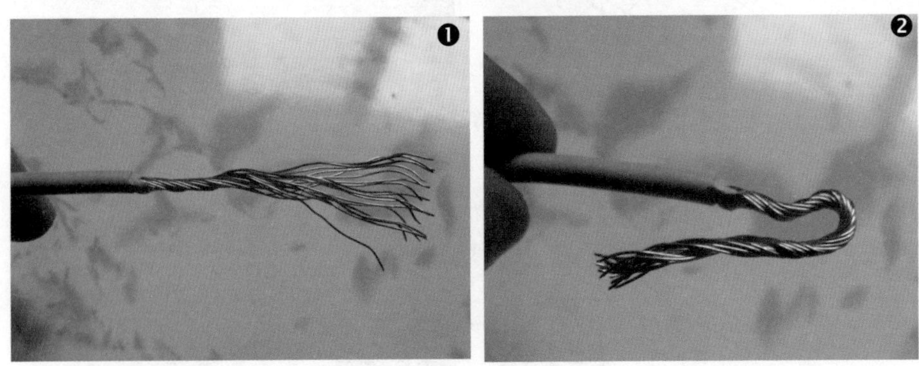

1
2

（b）多股铜芯导线的连接

图3-36　线头与螺钉平压式接线桩的连接方法（续）

对于横截面不超过10mm²、股数为7股及以下的多股芯线，应按图所示的步骤制作压接圈。对于载流量较大，横截面积超过10mm²、股数多于7股的导线端头，应安装接线耳。

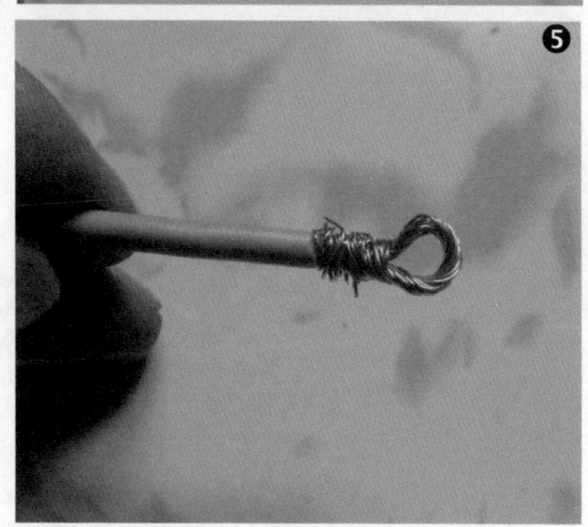

（b）多股铜芯导线的连接（续）

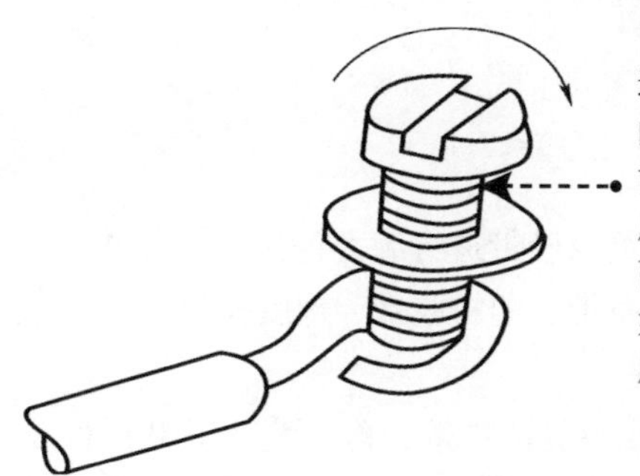

连接线头的工艺要求是：压接圈和接线耳的弯曲方向应与螺钉拧紧方向一致，连接前应清除压接圈、接线耳和垫圈上的氧化层及污物，再将压接圈或接线耳在垫圈下面，用适当的力矩将螺钉拧紧，以保证良好的电接触。压接时注意不得将导线绝缘层压入垫圈内。

（c）连接线头工艺

图3-36　线头与螺钉平压式接线桩的连接方法（续）

3．多芯软线与螺钉平压式接线桩的连接

多芯软线与螺钉平压式接线桩的连接方法如图3-37所示。

多芯软线接入接线桩前，应先将芯线绞紧，并直接将芯线在垫片下紧绕螺钉一圈，方向与螺钉旋紧方向一致。
❶

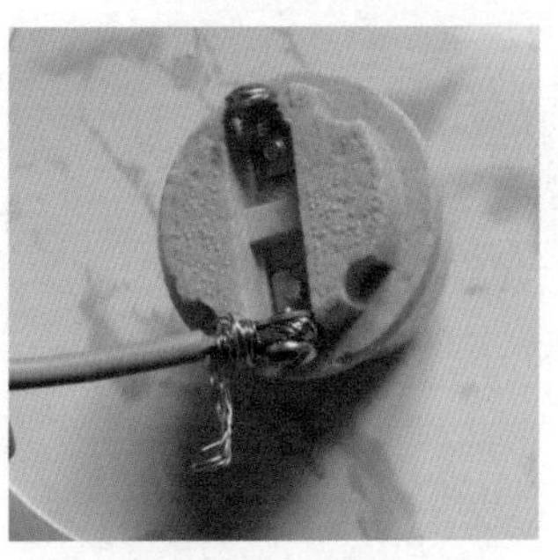

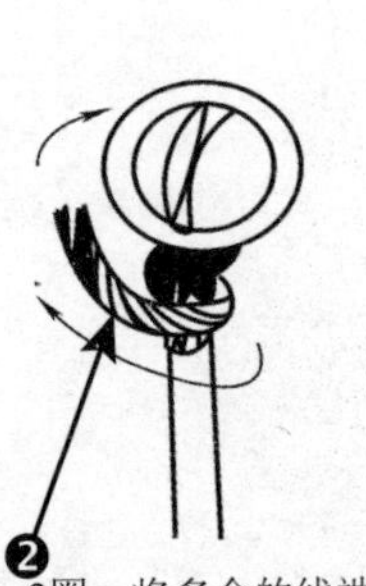
❷
然后再自缠1~2圈；将多余的线端剪去，最后用螺钉旋具将螺钉旋紧。

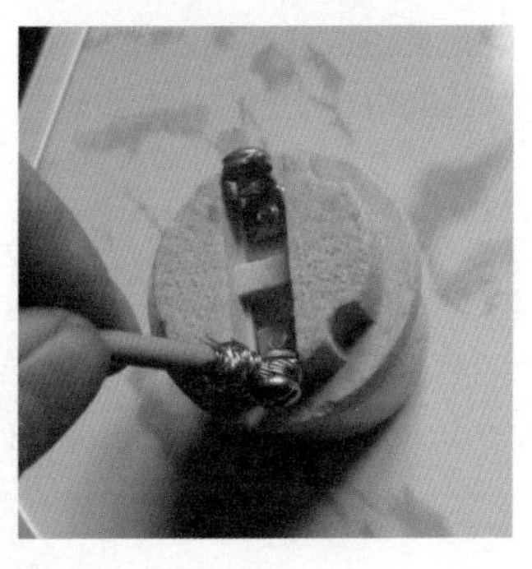

图3-37　多芯软线与螺钉平压式接线桩的连接方法

3.7.13　导线连接处的绝缘处理

导线连接处的绝缘处理通常采用绝缘胶带进行缠裹包扎。一般电工常用的绝缘带有黄蜡带、涤纶薄膜带、黑胶布带、塑料胶带、橡胶胶带等。绝缘胶带的宽度常用的是20mm，使用较为方便。

对于380V电压线路，一般先包缠一层黄蜡带，再包缠一层黑胶布带。对于220V电压线路，也可不用黄蜡带，只用黑胶布带或塑料胶带包缠两层。在潮湿场所应使用聚氯乙烯绝缘胶带或涤纶绝缘胶带。

1. 一字形导线接头的绝缘处理

一字形连接的导线接头绝缘处理方法如图3-38所示。

先包缠一层黄蜡带，再包缠一层黑胶布带。将黄蜡带从接头左边绝缘完好的绝缘层上开始包缠，包缠两圈后进入剥除了绝缘层的芯线部分。❶

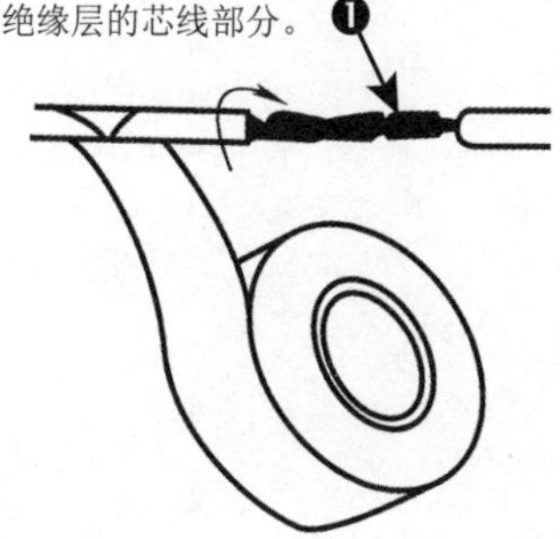

包缠时黄蜡带应与导线成55°左右的倾斜角，每圈压叠带宽的1/2。

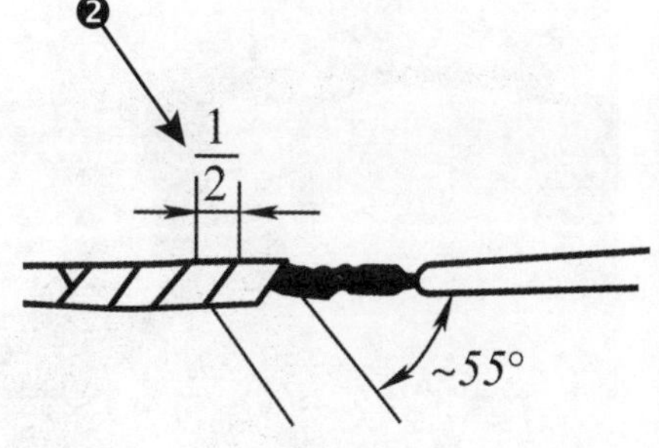
❷
1/2
~55°

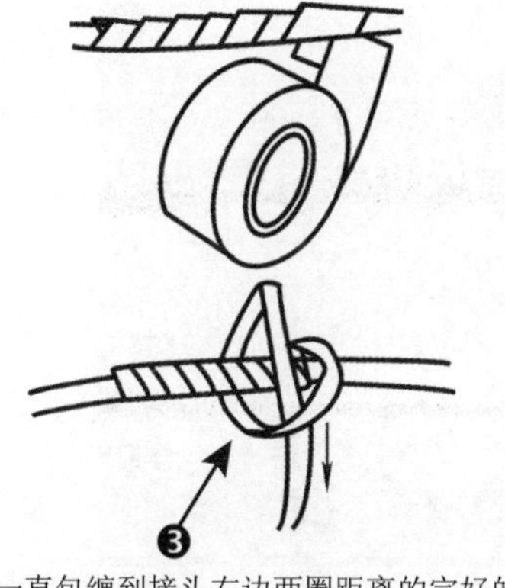
❸

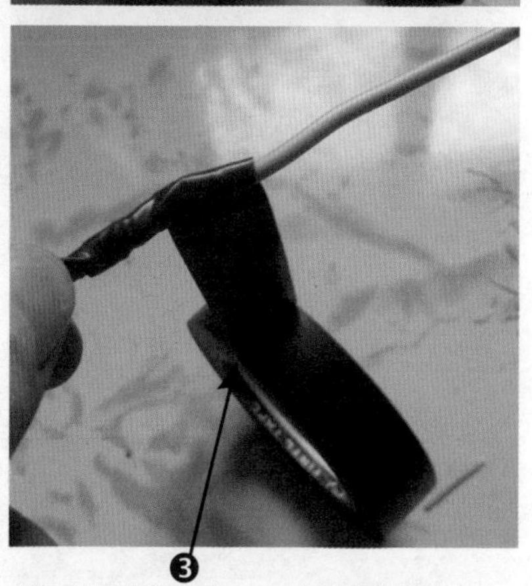
❸

一直包缠到接头右边两圈距离的完好的绝缘层处。然后将黑胶布带接在黄蜡带的尾端，按另一斜叠方向从右向左包缠。

每圈仍压叠带宽的1/2，直至将黄蜡带完全包缠住。包缠处理中应用力拉紧胶带，注意不可稀疏，更不能露出芯线，以确保绝缘质量和用电安全。

图3-38 一字形连接的导线接头绝缘处理方法

2．T字分支接头的绝缘处理

T字分支接头的绝缘处理方法如图3-39所示。

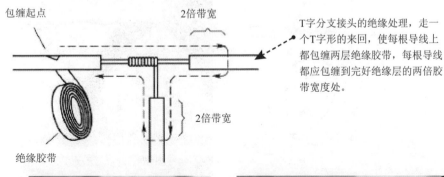

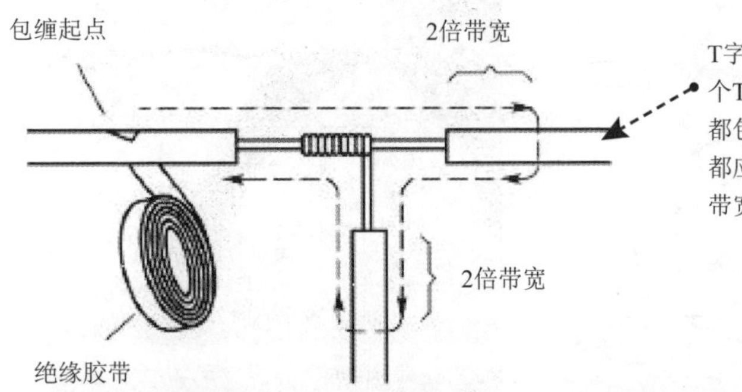
包缠起点
2倍带宽
2倍带宽
绝缘胶带

T字分支接头的绝缘处理，走一个T字形的来回，使每根导线上都包缠两层绝缘胶带，每根导线都应包缠到完好绝缘层的两倍胶带宽度处。

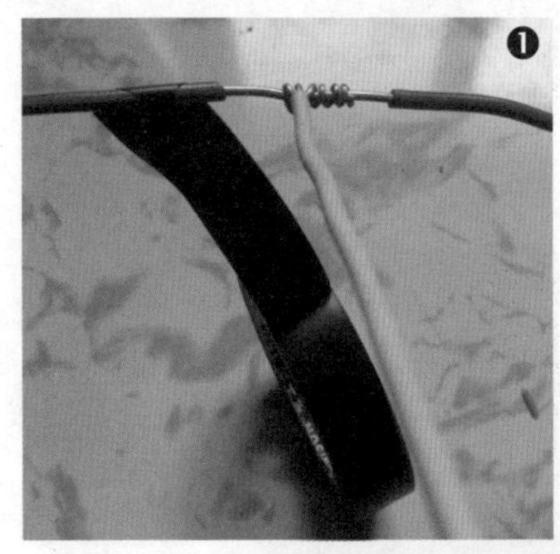

图3-39 T字分支接头的绝缘处理方法

3．十字分支接头的绝缘处理

十字分支接头的绝缘处理方法如图3-40所示。

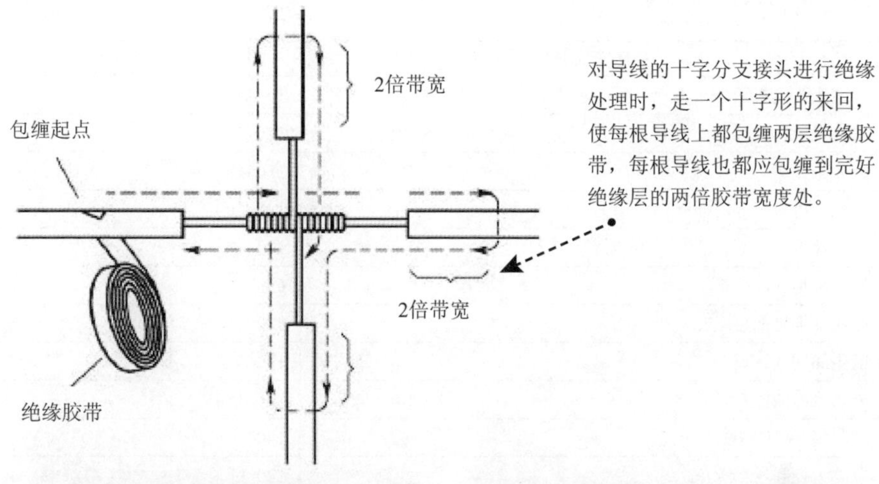
2倍带宽
包缠起点
对导线的十字分支接头进行绝缘处理时，走一个十字形的来回，使每根导线上都包缠两层绝缘胶带，每根导线也都应包缠到完好绝缘层的两倍胶带宽度处。
2倍带宽
绝缘胶带

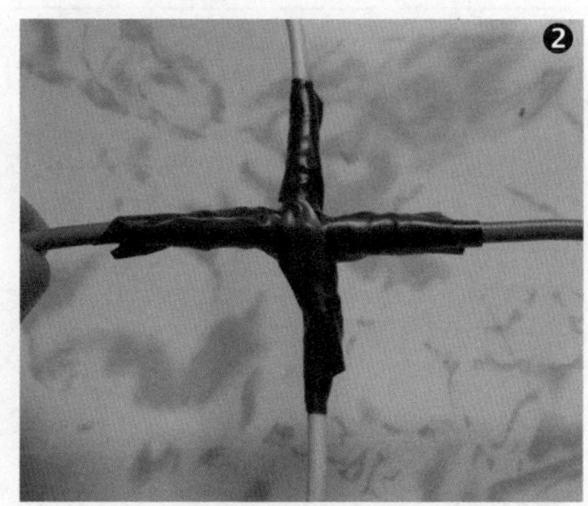

图3-40　十字分支接头的绝缘处理方法

3.7.14　插座开关的安装位置与高度

在家装过程中，若插座开关位置设计和安装不合理将会给之后的生活带来很多不便，家装中插座开关的安装位置与高度如表3-1所示。

表3-1　插座开关的安装位置与高度

插座开关名称	距地面高度/cm
普通墙面开关面板	135~140
普通插座面板	30~35
视听设备、台灯、落地灯、接线板等墙上插座	30
卧室床头面板	70~80

续表

插座开关名称	距地面高度/cm
卧室床头面板距离床边	10~15
洗衣机插座	120~150
电冰箱插座	150~180
空调、排气扇等的插座	180~200
厨房灶台上方面板	120
厨房橱柜内部面板	65
厨房油烟机面板	210
卫生间插座下口	130
电热水器的插座	140~150
露台/阳台的插座	140
总电力控制箱	180

3.7.15 插座开关的安装方法

家装中插座开关的安装方法如图3-41所示（插座和开关的安装方法类似，这里以插座为例进行讲解）。

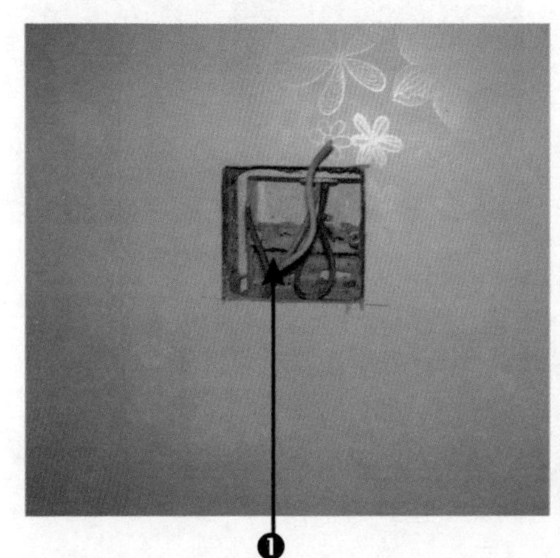

❶ 开关插座安装在木工油漆工等之后进行，而久置的底盒难免会堆积大量灰尘。在安装时先对开关插座底盒进行清洁，特别是将盒内的灰尘杂质清理干净，并用湿布将盒内残存灰尘擦除。这样做可预防特殊杂质影响电路使用的情况。

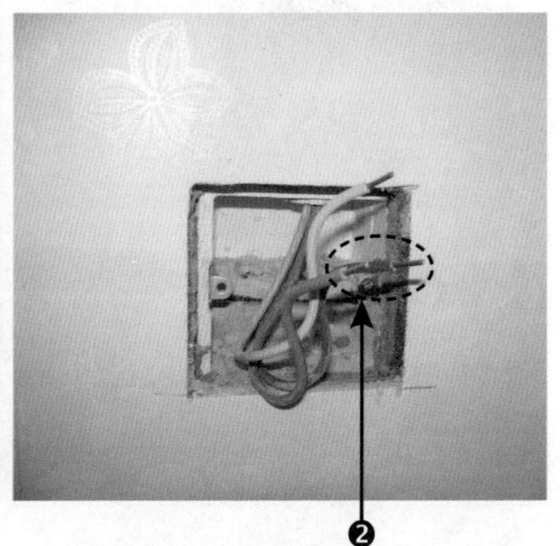

❷ 将盒内甩出的导线留出维修长度，然后削出线芯，注意不要碰伤线芯。将导线按顺时针方向盘绕在开关或插座对应的接线柱上，然后旋紧压头，要求线芯不得外露。

图3-41　插座开关的安装方法

❸

拆解插座，准备安装。

❹

火线接入插座3个孔中的L孔内，零线直接接入插座3个孔中的N孔内并接牢。地线直接接入插座3个孔中的E孔内并接牢。如果零线与地线错接，使用电器时会出现跳闸现象。

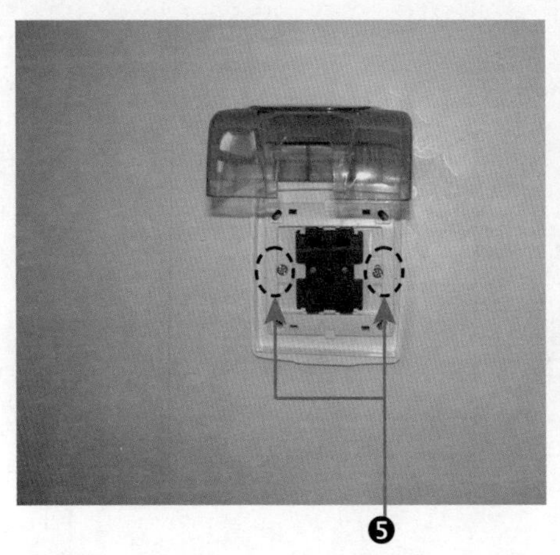
❺

将插座贴于塑料台上，找正并用螺丝固定牢。

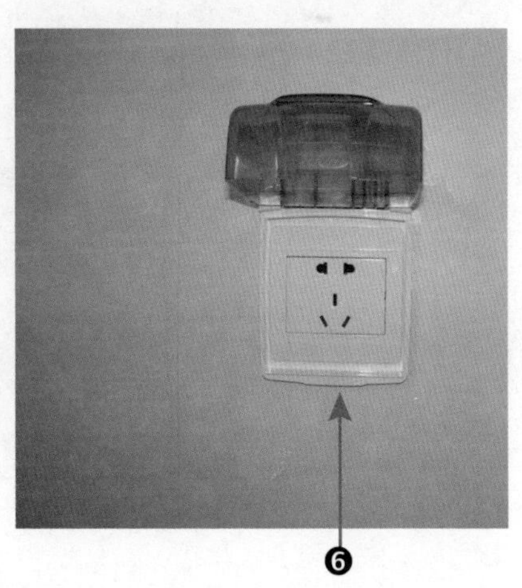
❻

安上面板

图3-41　插座开关的安装方法（续）

3.7.16　单开开关的安装接线

单开开关的接线方法如图3-42所示。

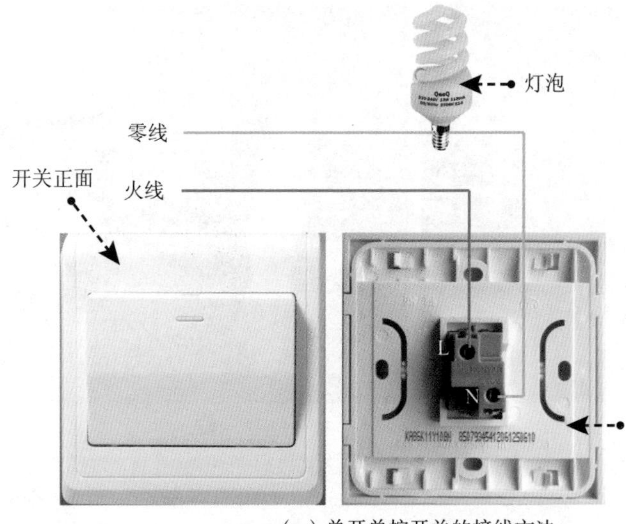
灯泡
零线
开关正面
火线
L
N
单开单控开关，后面有两个触点，分别是L和N（或COM），L代表火线，N代表零线，把火线和零线分别接在L和N触点上就可以了。

（a）单开单控开关的接线方法

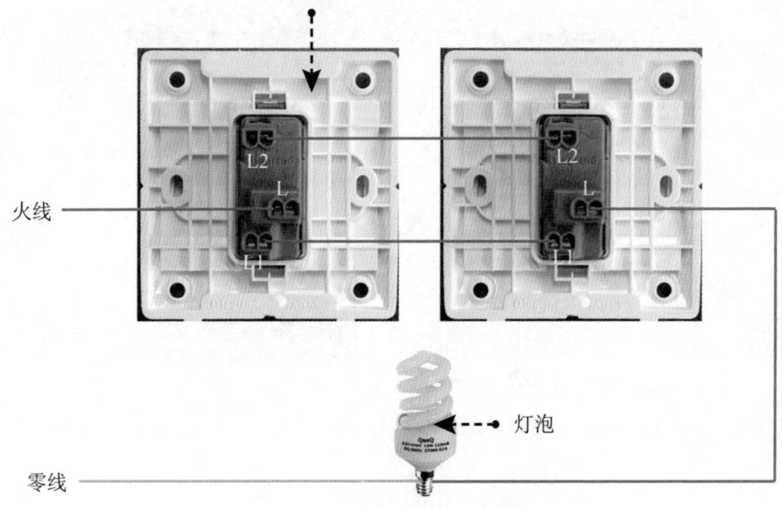
单开双控开关，后面有三个触点，分别是L、L1和L2。两个单开双控开关可以共同连接一个灯泡，在不同的地方控制灯泡的开/关。
L2
L
L1
火线
灯泡
零线

（b）单开双控开关的接线方法

图3-42　单开开关的接线方法

3.7.17　双开开关的安装接线

双开开关的接线方法如图3-43所示。

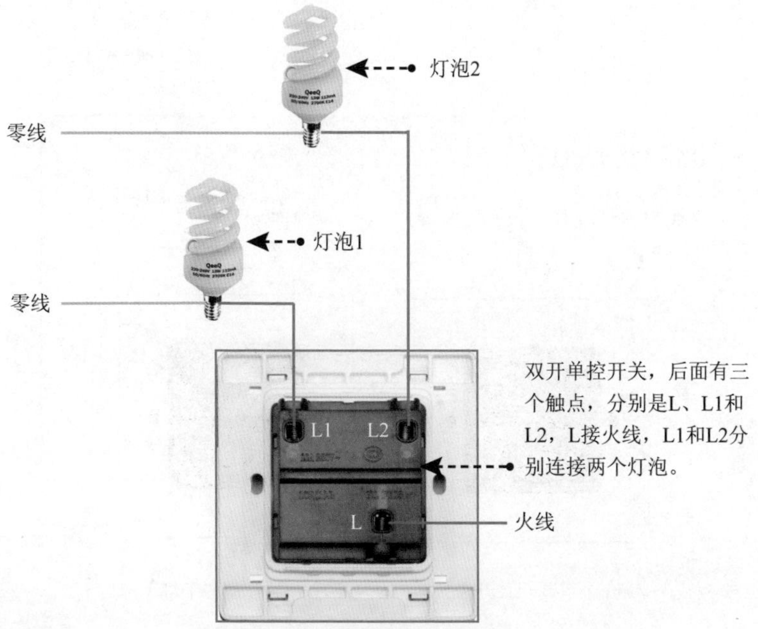
灯泡2
零线
灯泡1
零线
L1
L2
双开单控开关，后面有三个触点，分别是L、L1和L2，L接火线，L1和L2分别连接两个灯泡。
L
火线

（a）双开单控开关接线方法

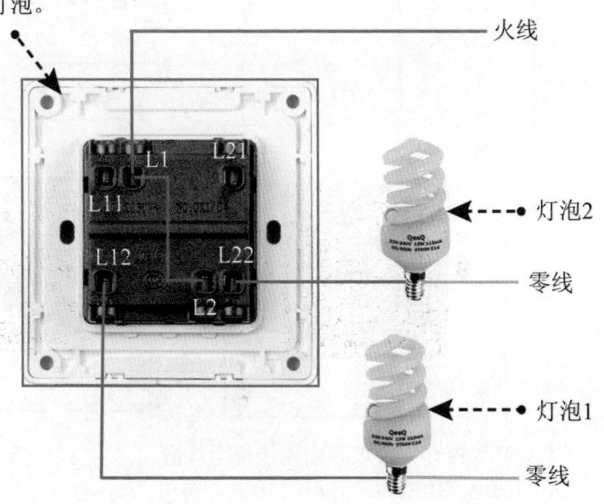
双开双控开关，后面有六个触点，分别是L1、L11、L12，L2、L21、L22。如果两个开关分别控制两盏灯，则L1接火线，L2和L1相连，L12和L22分别连接两个灯泡。
火线
L1
L21
L11
灯泡2
L12
L22
零线
L2
灯泡1
零线

（b）双开双控开关接线方法（一个开关控制两个灯）

图3-43　双开开关接线方法

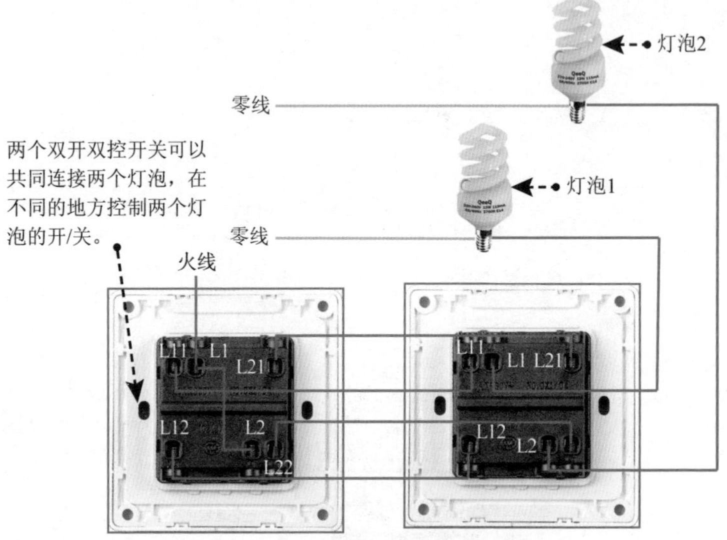
灯泡2
零线
两个双开双控开关可以共同连接两个灯泡，在不同的地方控制两个灯泡的开/关。
灯泡1
零线
火线
L11
L1
L21
L12
L2
L22
L11
L1
L21
L12
L2

（c）双开双控开关接线方法（两个开关控制两个灯）

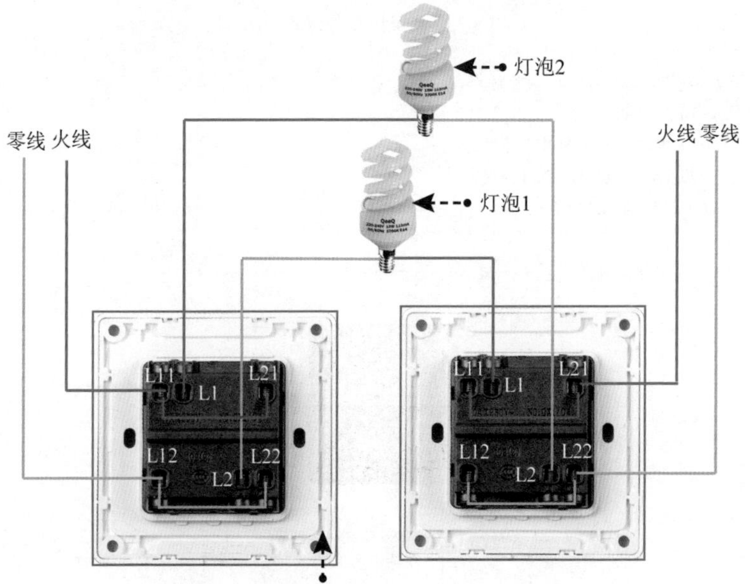
灯泡2
零线 火线
火线 零线
灯泡1
L11
L1
L21
L12
L22
L2
L11
L1
L21
L12
L22
L2
两个双开双控开关可以共同连接两个灯泡，在不同的地方控制两个灯泡的开/关。

（d）双开双控开关接线方法（两个开关控制两个灯）

图3-43 双开开关接线方法（续）

3.7.18 三开开关的安装接线

三开开关的接线方法如图3-44所示。

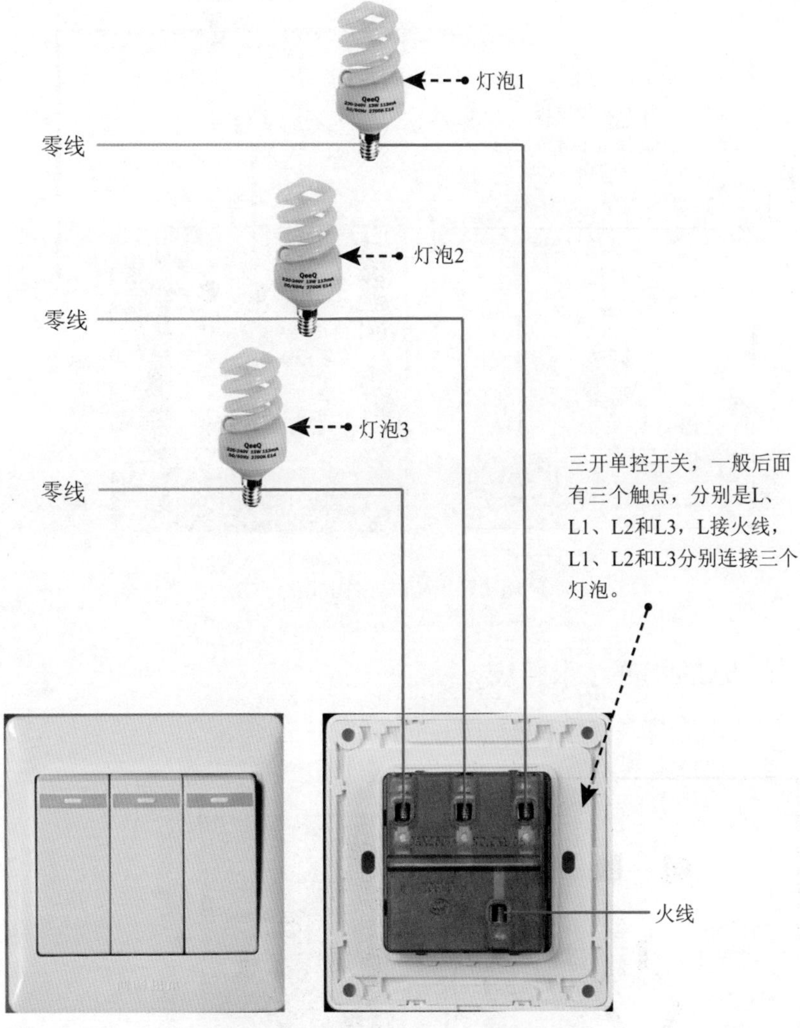
灯泡1
零线
灯泡2
零线
灯泡3
零线
三开单控开关，一般后面有三个触点，分别是L、L1、L2和L3，L接火线，L1、L2和L3分别连接三个灯泡。
火线

图3-44 三开开关的接线方法

3.7.19 触摸延时开关的安装接线

触摸延时开关的接线方法如图3-45所示。

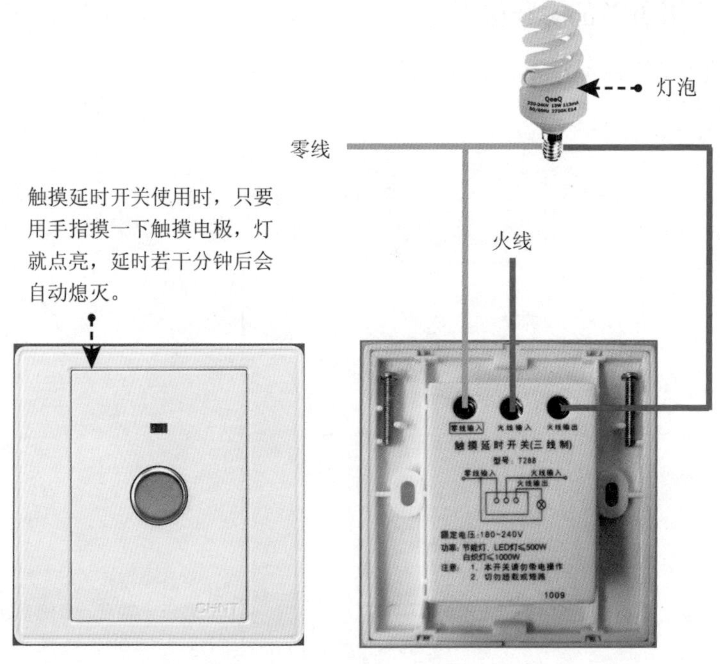
灯泡
零线
火线
触摸延时开关使用时，只要用手指摸一下触摸电极，灯就点亮，延时若干分钟后会自动熄灭。
零线输入
火线输入
火线输出
触摸延时开关(三线制)
型号：T288
额定电压:180~240V
1009

图3-45　触摸延时开关的接线方法

3.7.20　五孔插座的安装接线

五孔插座的安装接线方法如图3-46所示。

HONYAR
L
N
地线
零线
火线

图3-46　五孔插座的安装接线方法

3.7.21 七孔插座的安装接线

七孔插座的安装接线方法如图3-47所示。

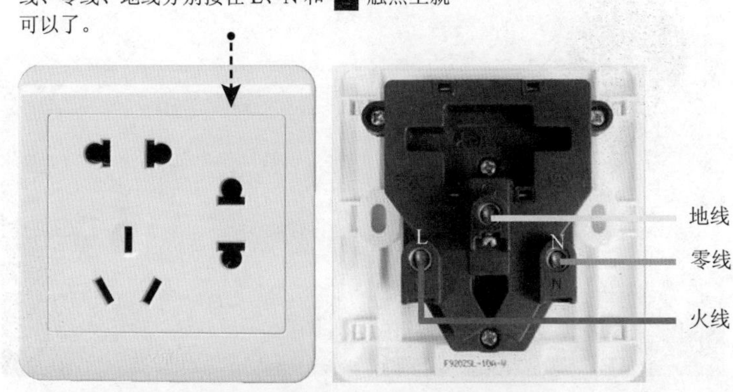
七孔插座后面有三个触点，分别是L、N和地线，L代表火线，N代表零线，⏚代表地线，把火线、零线、地线分别接在L、N和⏚触点上就可以了。
L
N
地线
零线
火线

图3-47　七孔插座的安装接线方法

3.7.22 五孔多功能插座的安装接线

五孔多功能插座的安装接线方法如图3-48所示。

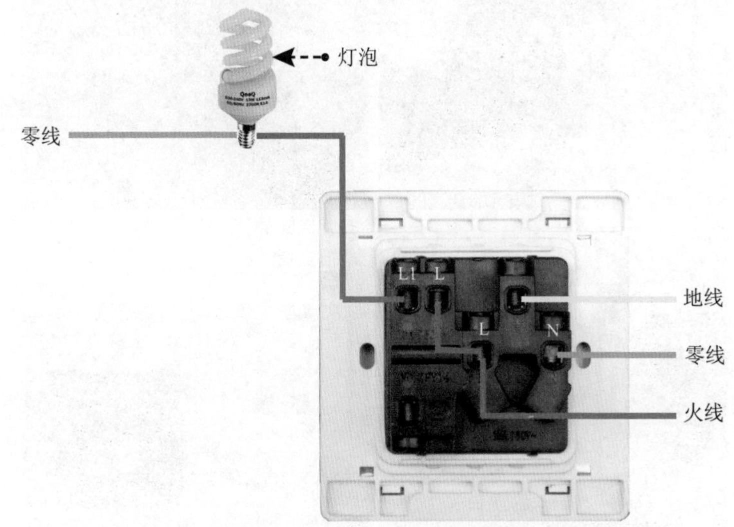
灯泡
零线
L1
L
L
N
地线
零线
火线

图3-48　五孔多功能插座的安装接线方法

3.7.23 电话和电脑插座接线

1. 电脑插座接线方法

电脑插座接线方法如图3-49所示。

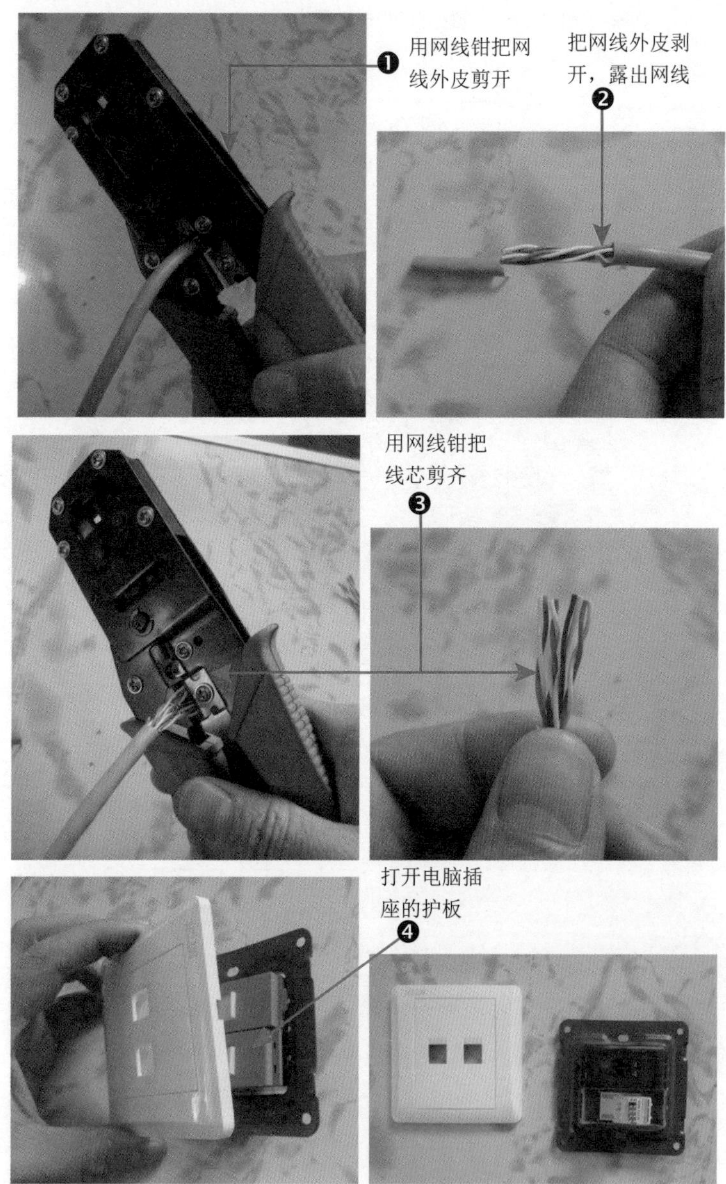
❶ 用网线钳把网线外皮剪开
把网线外皮剥开，露出网线 ❷
用网线钳把线芯剪齐 ❸
打开电脑插座的护板 ❹

图3-49 电脑插座接线方法

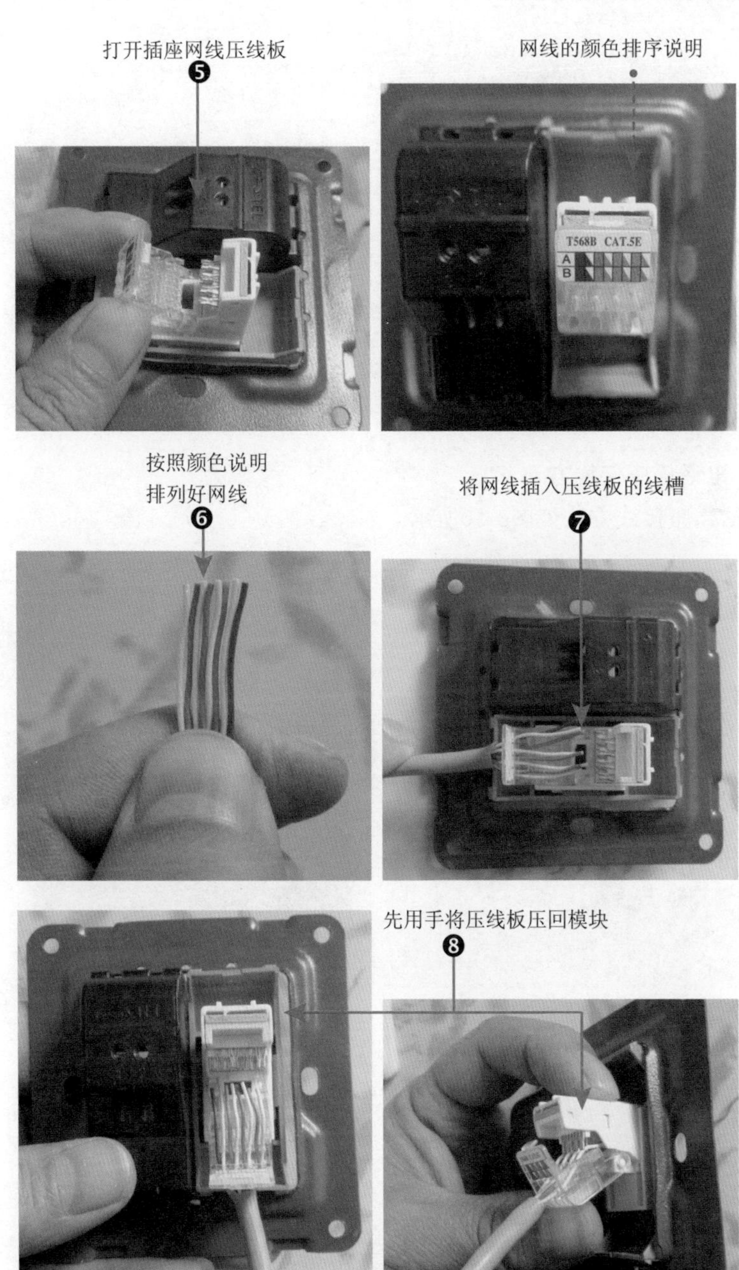

打开插座网线压线板
5
网线的颜色排序说明
T568B CAT.5E
A
B
按照颜色说明
排列好网线
6
将网线插入压线板的线槽
7
先用手将压线板压回模块
8

图3-49　电脑插座接线方法（续）

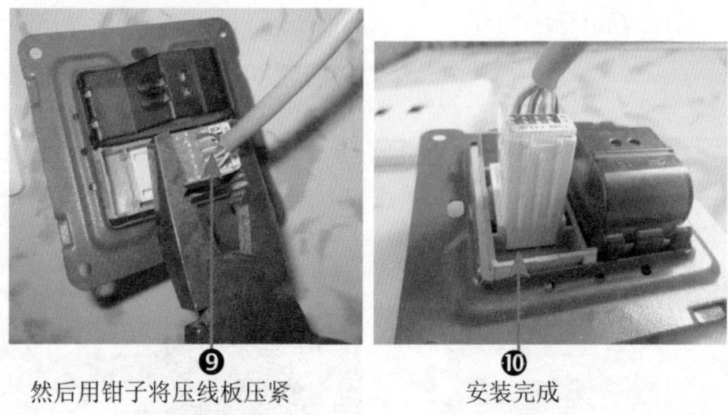

❾
然后用钳子将压线板压紧
❿
安装完成

图3-49 电脑插座接线方法（续）

2. 电话插座接线方法

电话插座接线方法如图3-50所示。

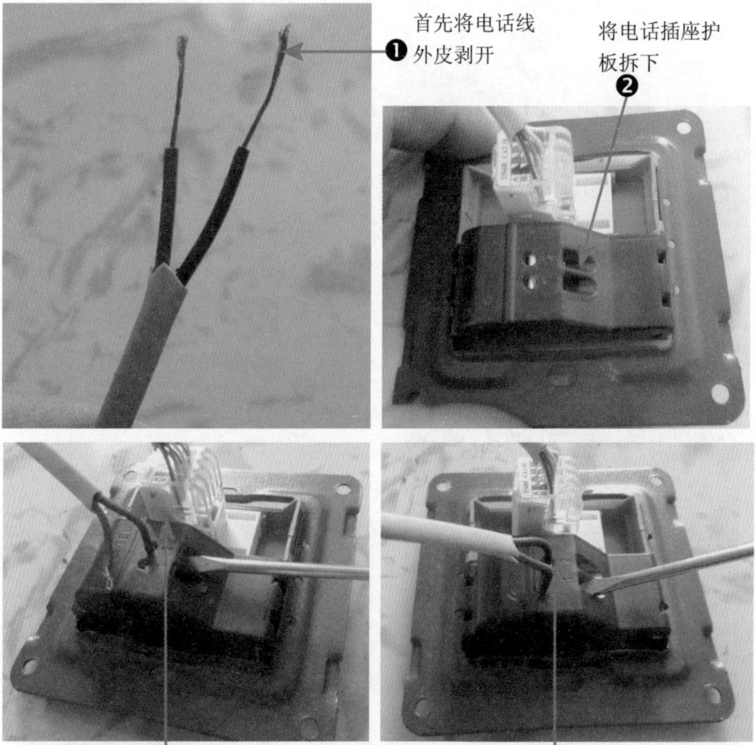

❶ 首先将电话线外皮剥开

❷ 将电话插座护板拆下

❸ 将其中一根电话线插入插座1，然后拧紧螺丝。

❹ 将另一根电话线插入插座2，然后拧紧螺丝。

图3-50 电话插座接线方法

3.7.24　电视插座接线

电视插座接线方法如图3-51所示。

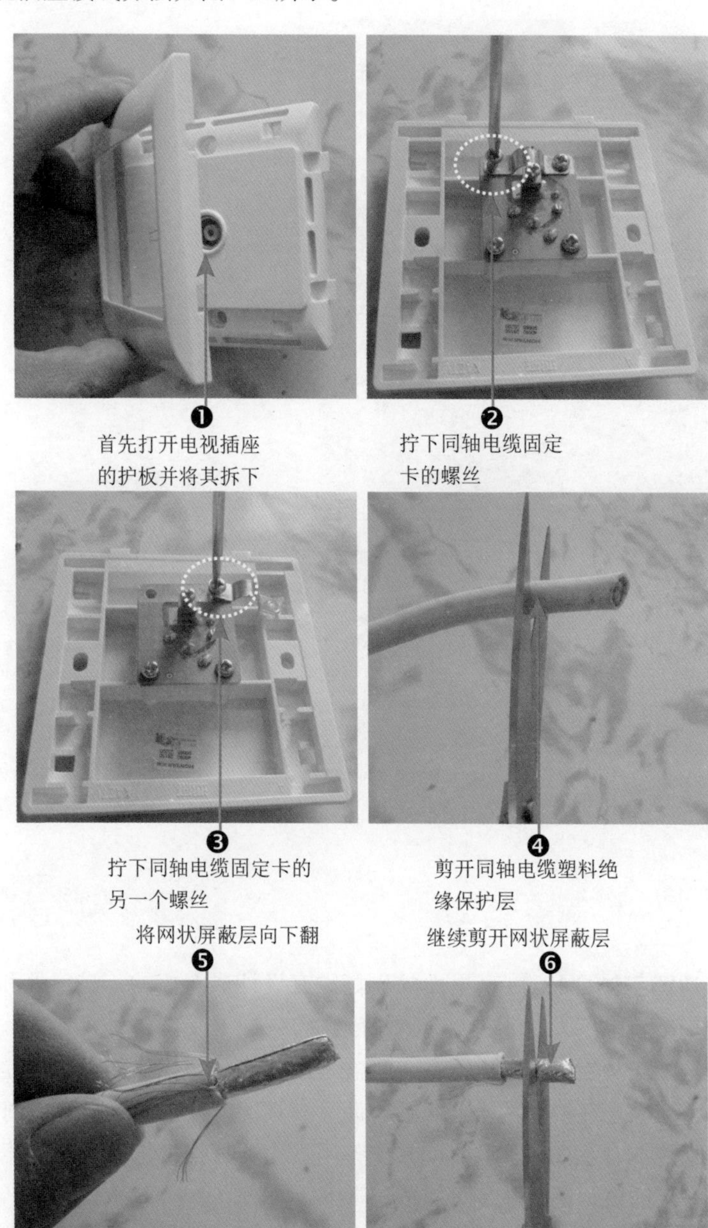
❶
首先打开电视插座
的护板并将其拆下
❷
拧下同轴电缆固定
卡的螺丝
❸
拧下同轴电缆固定卡的
另一个螺丝
❹
剪开同轴电缆塑料绝
缘保护层
将网状屏蔽层向下翻
❺
继续剪开网状屏蔽层
❻

图3-51　电视插座接线方法

将同轴线缆的铜芯插入插座接口，然后拧紧螺丝。
7

8
将同轴线缆固定在金属卡扣内，然后拧紧螺丝。

图3-51　电视插座接线方法（续）

3.8 别人的装修遗憾与体会

装修遗憾与体会1：卧室里面的顶灯没有设计成双控的（进门处和床边各一个开关），结果冬天起床关灯/开灯特别冷。

装修遗憾与体会2：当初开关的暗盒是由装修公司提供的，应该是质量较差的那种，结果现在换了两次开关后，暗盒就坏了，换也没法换，后悔死了。

装修遗憾与体会3：插座太少，准备用吸尘器打扫楼梯时，发现偌大的楼梯间没有一个插座，还得从别处拉线，非常不方便。

装修遗憾与体会4：由于考虑不周，走道里没有设计一个双控灯。从这头打开，那头却没法关。这个灯形同虚设。

装修遗憾与体会5：插座一定要事先考虑好位置，在装修设计时，虽然考虑了很多插座，可现在全被挡在家具后面，根本用不到。

装修遗憾与体会6：当初装修时没有考虑要装煤气报警器，现在想装煤气报警器，但没有合适的插座来接线。

第 4 章

水工材料的选购与施工

装修的第一步就是水路改造，无论新房还是二手房，交房的时候已经有了水路，不过用户一般都不满意，需要重新改造。无论怎样改造，都应以质量为前提，方便以后住得舒适安心。

4.1 装修公司不会告诉你的水路改造“陷阱”

4.1.1 为什么水电改造预算会超支

为什么水电改造预算会超支，如图4-1所示。

水电改造预算总是超支，这是因为装修公司并未给出具体明确的水电改造报价，而呈现在业主面前的仅是施工的基础报价。水电改造的具体数字应以现场的实际数据为标准，正是这个原因，装修公司便有了“挖陷阱”的机会。

天哪！比预算多出一倍！
账单

图4-1 为什么水电改造预算会超支

4.1.2 水路改造“陷阱”

水路改造一般都是直来直去，而且只涉及厨房、卫浴间、阳台等几个地方，即使不大懂装修的业主对于耗材量也是一目了然。因此水路改造的偷工减料行为较电路改造少，但也有不少“陷阱”，如图4-2所示。

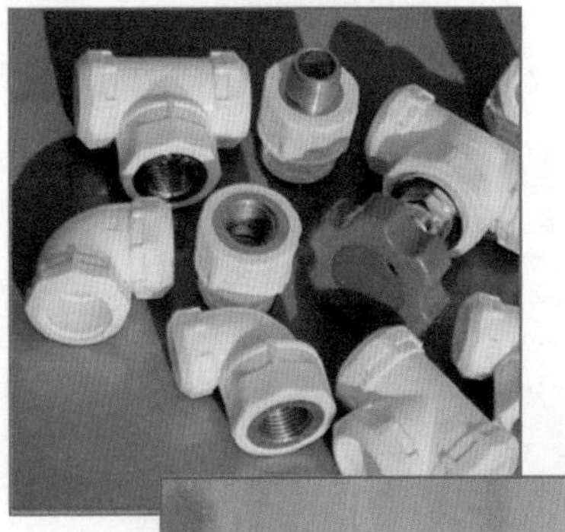

（1）水管管件不配套。“减料”并不仅仅指少用材料，也包括使用低劣材料代替高质量的材料，从而赚取差价。水路改造中，管道由于业主会比较关注，因此出现替换的情况较少。但是由于管件小，且用到的数量非常多，业主一不注意，碰到不良的装修公司或施工人员，就很容易出现用低劣的不配套的管件来连接水管。要知道这种做法，很容易导致后期接口处出现故障。

冷水管
热水管

（2）冷水管混作热水管。热水管一般比冷水管贵。在施工中，热水必须使用热水管，冷水管可以不分。但是一些不良施工队，可能会使用冷水管作为热水管，这样做虽然暂时没问题，但后期容易造成热水管破裂漏水。

图4-2 水路改造“陷阱”

（3）水管敷设“省管件”。正规的水路施工中，需要使用到多种管件，比如过桥弯、直通、三通等各种小管件，以实现管道敷设的规范。而在不良施工队的手中，很容易出现水路管道拐弯不使用接口。与电线管道相交也不使用过桥弯等。这样做虽然省事，但是对管道质量、以及后期施工都有很大影响。

（4）施工垃圾倾入下水管道。在进行装修时，施工人员有时为了省事，将废物废水和混有大量水泥、沙子、碎片通通都倒入下水道。这样很有可能造成下水道的堵塞，使得下水不畅。因此，水路施工完毕后，需要将所有的水盘、面盆和浴缸注满水，看一下下水是否畅通。

图4-2 水路改造“陷阱”（续）

4.2 怎样选择家居装饰管材

面对日前市场上形形色色的管材，究竟应该如何选购呢？下面分别介绍家装中常用的管材，主要有：镀锌钢管、PVC-U管，铝塑管、PP-R管、铜管和不锈钢管等。如图4-3所示。

镀锌管一般用作煤气、暖气管道，镀锌管作为水管，会产生大量锈垢，滋生细菌。

（a）镀锌钢管

PVC-U管是一种塑料管，其抗冻和耐热能力较差，一般用作电线管道和排污管道。

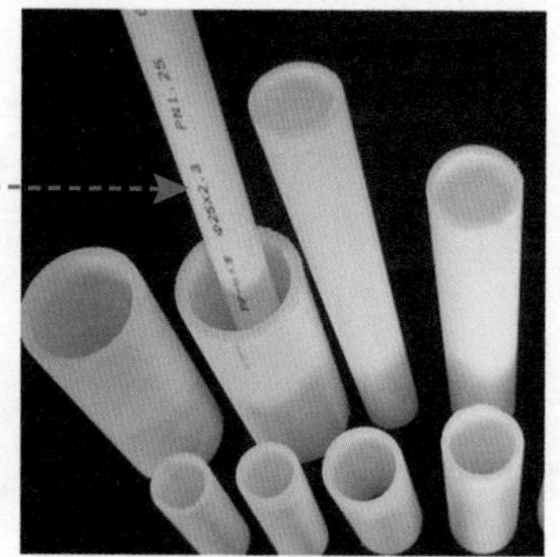

（b）PVC-U管

图4-3 如何选择管材

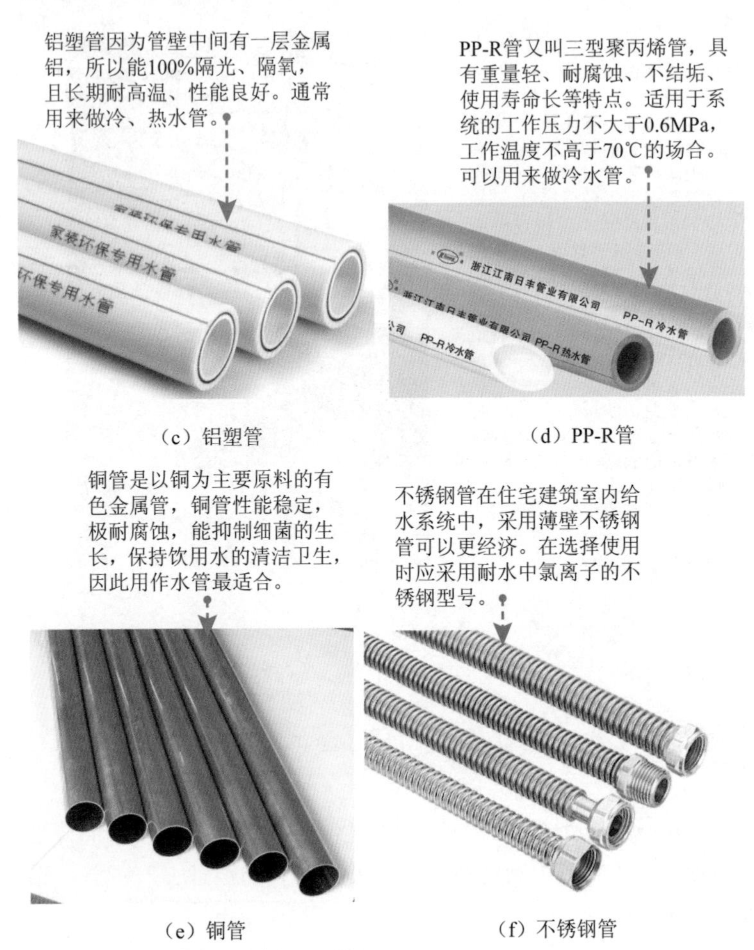
铝塑管因为管壁中间有一层金属铝，所以能100%隔光、隔氧，且长期耐高温、性能良好。通常用来做冷、热水管。
家装环保专用水管
PP-R管又叫三型聚丙烯管，具有重量轻、耐腐蚀、不结垢、使用寿命长等特点。适用于系统的工作压力不大于0.6MPa，工作温度不高于70℃的场合。可以用来做冷水管。
浙江江南日丰管业有限公司
PP-R冷水管
PP-R热水管
铜管是以铜为主要原料的有色金属管，铜管性能稳定，极耐腐蚀，能抑制细菌的生长，保持饮用水的清洁卫生，因此用作水管最适合。
不锈钢管在住宅建筑室内给水系统中，采用薄壁不锈钢管可以更经济。在选择使用时应采用耐水中氯离子的不锈钢型号。

（c）铝塑管　（d）PP-R管

（e）铜管　（f）不锈钢管

图4-3　如何选择管材（续）

综上所述，在住宅建筑的给水管材选用中，铜管、铝塑管、PP-R管、不锈钢管等给水管材均可采用。铜管、铝塑管、不锈钢管可用于住宅的热水给水管。

4.3 水材料之给水管

在家装中常用的给水管材料主要是PP-R管、铝塑管等。铜管和不锈钢管由于成本较高，并不大量使用。

1. 认识PP-R管

PP-R管又叫三型聚丙烯管，如图4-4所示。

PP-R管采用无规共聚丙烯经挤出成为管材，注塑成为管件。具有重量轻、耐腐蚀、内壁光滑不结垢、施工和维修简便、使用寿命长等特点。

PP-R管还有较好的耐热性。其最高工作温度可达95℃，可满足建筑给排水规范中热水系统的使用要求。当PP-R管在工作温度70℃，工作压力（P.N）1.0MPa条件下，使用寿命可达50年以上。

PP-R管经常在家装时用作冷、热水的给水管，或集中供热系统管道，或可直接饮用的纯净水供水系统等。

图4-4　PP-R管

2. PP-R管的种类

PP-R管主要分为普通PP-R管、玻纤PP-R复合管和金属PP-R复合管等，其中金属PP-R管又可分为：不锈钢塑PP-R复合管、铜塑PP-R复合管和铝塑PP-R复合管等。如图4-5所示。

普通PP-R管用得是PP原料，化学成分为聚丙烯，与水接触也是聚丙烯材质。

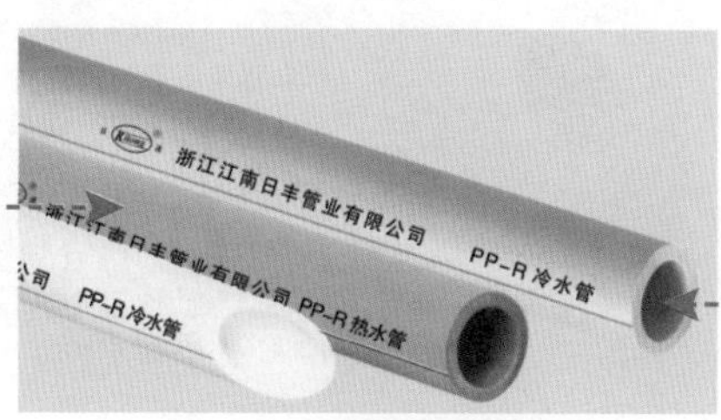
浙江江南日丰管业有限公司
PP-R 冷水管
PP-R 冷水管
PP-R 热水管

普通PP-R管具有透光、透氧性，属低温热水管，工作范围在5~70℃之间，且线膨胀系数较大，极易热胀冷缩。但PP-R管也具有耐腐蚀、不结垢、使用寿命长的特点。

（a）普通PP-R管

图4-5　PP-R管分类

玻纤PP-R复合管也称为FR-PP-R，玻纤PP-R复合管由三层材料组成，中间层为玻纤增强料，内层为热水料，外层为PP-R层。

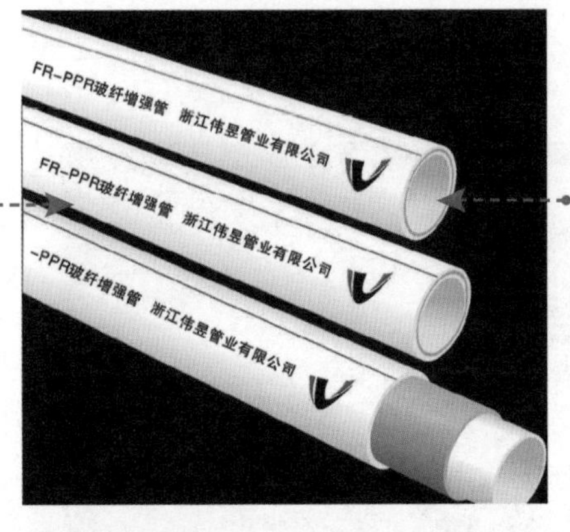
FR-PPR玻纤增强管 浙江伟昱管业有限公司
FR-PPR玻纤增强管 浙江伟昱管业有限公司
-PPR玻纤增强管 浙江伟昱管业有限公司

玻纤PP-R复合管比普通PP-R管的耐高温性能更高（正常使用温度可达95~100℃），膨胀系数低（仅为原来的20%~30%），不透氧、透光。且耐压性能更高，使用寿命更长，高强度、抗冲击性能更好，防止管道下垂现象，通常应用在太阳能、热能循环系统、取暖系统、自来水供应系统中。

（b）玻纤PP-R复合管

不锈钢PP-R复合管是以食品级不锈钢管为内层，以PP-R原料为外层。

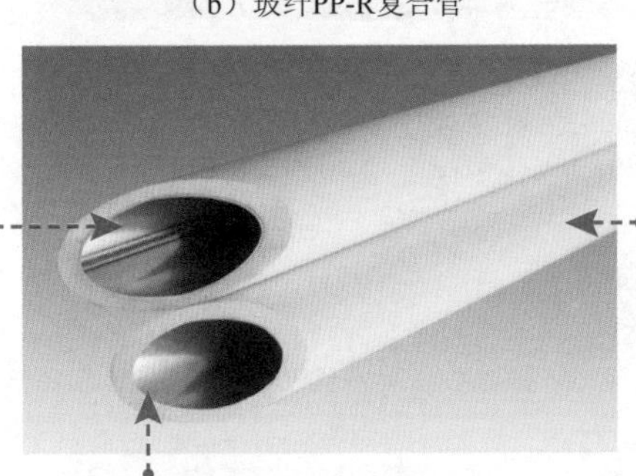

不锈钢PP-R复合管具有金属管的坚硬，又易于弯曲和伸直的特点，变曲时无须加热；抗蠕变性能好，使用寿命长达60年；耐高温、高压，管材不变形，穿墙埋地安全可靠；耐温范围为-40~110℃，高温情况下具有较高的耐温强度；内外壁光滑，流体阻力小，管件连接采用热熔连接，不结垢，不透氧、透光，洁净卫生。

不锈钢PP-R复合管一般应用于医药用水、高档别墅小区、高层建筑、高压供水等要求较高的管道输送系统。

（c）不锈钢塑PP-R复合管

铜塑PP-R复合管是以无缝纯紫铜管为内层，PP-R原料为外层的水管。

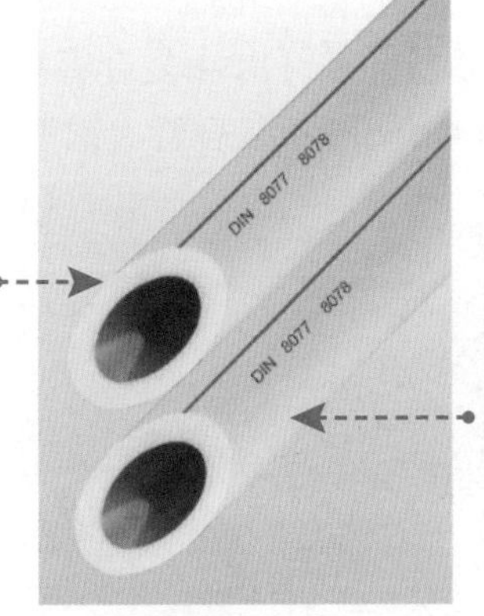
DIN 8077 8078
DIN 8077 8078

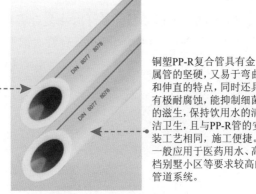

铜塑PP-R复合管具有金属管的坚硬，又易于弯曲和伸直的特点，同时还具有极耐腐蚀，能抑制细菌的滋生，保持饮用水的清洁卫生，且与PP-R管的安装工艺相同，施工便捷。一般应用于医药用水、高档别墅小区等要求较高的管道系统。

（d）铜塑PP-R复合管

图4-5 PP-R管分类（续）

铝塑PP-R复合管有五层结构，中间层为薄壁铝层，外层是PP-R原料，内层是热水料。

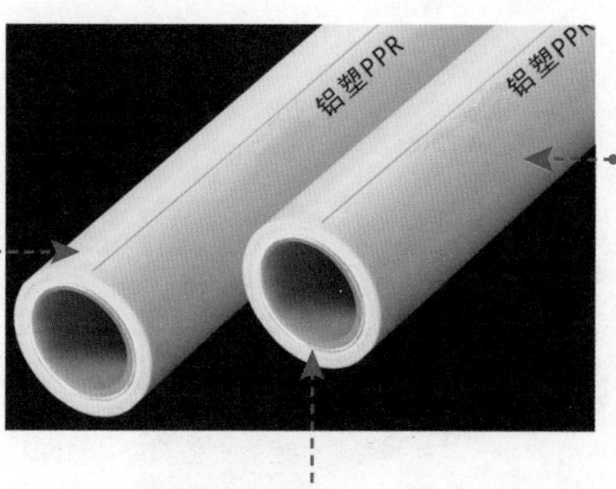
铝塑PPR
铝塑PPR

铝塑PP-R复合管提高管材强度的同时，克服了全塑PP-R管材的各种缺陷，使材料工作温度范围适度扩大，高温可以达到90℃，低温可以达到零下十几度。而且，其线性膨胀性系数大幅缩小，安全性大幅提高。同时还具有耐腐蚀、质量轻、机械强度高、耐热性能好、不结垢、使用寿命长等特点。

铝塑PP-R复合管一般应用于暖气系统、太阳能及热水器的热水管和自来水冷水管。

（e）铝塑PP-R复合管

图4-5　PP-R管分类（续）

3．如何选择PP-R管

选择PP-R管时，按照如图4-6所示的方法进行选择。

选择PP-R管时，首先选择色泽基本均匀一致，内外壁光滑、平整，无气泡、凹陷、杂质等影响表面性能缺陷的给水管。

PPR管主要有白色、灰色、绿色和咖喱色几种。

（a）看外观

图4-6　选择PP-R管

一般常用的PP-R管规格有S5、S4、S3.2、S2.5、S2等几个系列。其中：

- S5系列的承压等级为1.25MPa；
- S4系列的承压等级为1.6MPa；
- S3.2系列的承压等级为2.0MPa；
- S2.5系列的承压等级为2.5MPa；
- S2系列的承压等级为3.2MPa。

通常S5、S4系列用作冷水管，其他用作热水管。

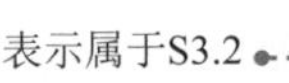
表示属于S3.2

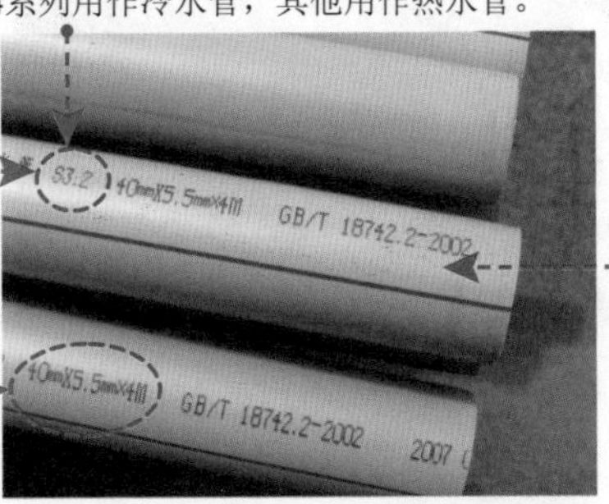
S3.2
40mmX5.5mmX4M
GB/T 18742.2-2002
40mmX5.5mmX4M
GB/T 18742.2-2002
2007

看产品上标识是否齐全，管材上应有生产厂名或商标、生产日期、产品名称（PP-R）、公称外径、管系列S等，字迹要清晰，并检查标识是否与实际相符。

40mm为公称外径，5.5mm为管壁厚度，4M为管的长度。

PP- R管材规格用管系列S、公称外径dn×公称壁en来表示。例如：PP-R厚管系列S3.2、PP-R公称直径dn40mm、PP-R公称壁厚en5.5mm，表示为S3.2、dn40×en5.5mm。

俗称	内径/mm	外径/mm
1分管	6	10
2分管	8	13.5
3分管	10	17
4分管	15	21.3
5分管	20	26.8
6分管	25	33.5

（b）看参数

PP-R管的主要材料是聚丙烯，好的管材没有气味，差的则有怪味，很可能是掺了聚乙烯，而非聚丙烯。

（c）闻气味

图4-6 选择PP-R管（续）

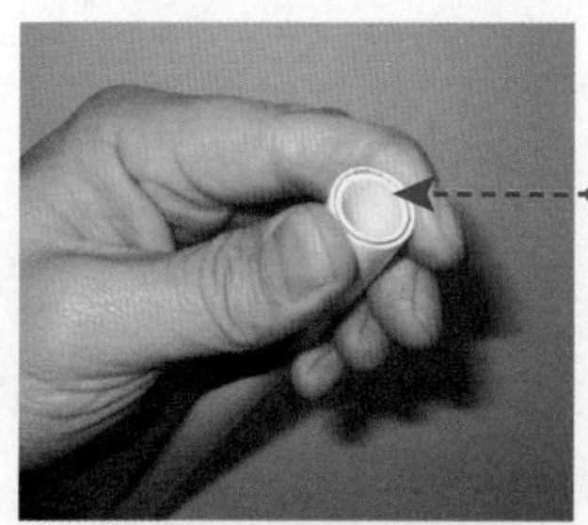
PP-R管具有较强的硬度，随随便便可以捏变形的管，肯定不是PP-R管。

（d）试硬度

当燃烧PP-R管时，如果原料中混合了回收塑料和其他杂质的PP-R管会冒黑烟，有刺鼻气味。而好的材质燃烧后不仅不会冒黑烟、无气味，燃烧后，熔出的液体依然很洁净。

（f）看燃烧

图4-6　选择PP-R管（续）

4.4　水材料之给水管配件

1. PP-R给水管配件

PP-R给水管配件主要包括：直通接头、堵头、弯头、三通接头、过桥弯管、活接头等，它们的作用和规格如图4-7所示。

两端接相同规格的PP-R管。例如：S20表示两端均接20PP-R管。

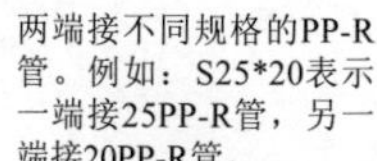
两端接不同规格的PP-R管。例如：S25*20表示一端接25PP-R管，另一端接20PP-R管。

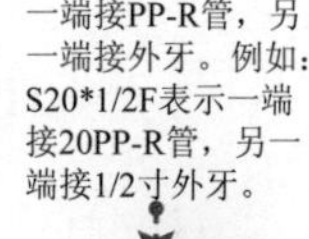
一端接PP-R管，另一端接外牙。例如：S20*1/2F表示一端接20PP-R管，另一端接1/2寸外牙。

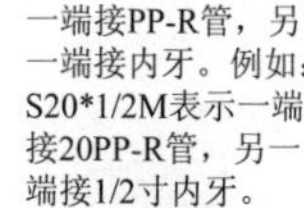
一端接PP-R管，另一端接内牙。例如：S20*1/2M表示一端接20PP-R管，另一端接1/2寸内牙。

等径直通

异径直通

内牙直通

外牙直通

图4-7　PP-R给水管配件

两端接相同规格的PP-R管。例如：L20表示两端均接20PP-R管。

等径弯头90°

两端接相同规格的PP-R管。例如：L20*20（45°）表示两端均接20PP-R管。

等径弯头45°

两端接不同规格的PP-R管。例如：L25*20表示一端接25PP-R管，另一端接20PP-R管。

异径弯头

一端接PP-R管，另一端接外牙。例如：L20*1/2F表示一端接20PP-R管，另一端接1/2寸外牙。

内牙弯头

一端接PP-R管，另一端接内牙。例如：L20*1/2M表示一端接20PP-R管，另一端接1/2寸内牙。

外牙弯头

一端接PP-R管，另一端接外牙。该管件可通过底座固定在墙上。例如：L20*1/2F（Z）表示一端接20PP-R管，另一端接1/2寸外牙。

带座内牙弯头

三端接相同规格的PP-R管。例如：T20表示三端均接20PP-R管。

等径三通

三端均接PP-R管，其中一端变径。例如：T25表示两端均接25PP-R管，中间接20PP-R管。

异径直通

两端接PP-R管，中端接外牙。例如：T20*1/2F*20表示两端接20PP-R管，中间接1/2寸外牙。

内牙三通

两端接PP-R管，中端接内牙。例如：T20*1/2M*20表示两端接20PP-R管，中间接1/2寸内牙。

外牙三通

用于相关规格PP-R管的封堵。例如：D20表示接20PP-R管。

管帽

两端接相同规格的PP-R管。例如：S20表示两端均接20PP-R管。

阀门

两端接相同规格的PP-R管件。

两端接相同规格的PP-R管。例如：W20表示两端均接20PP-R管。

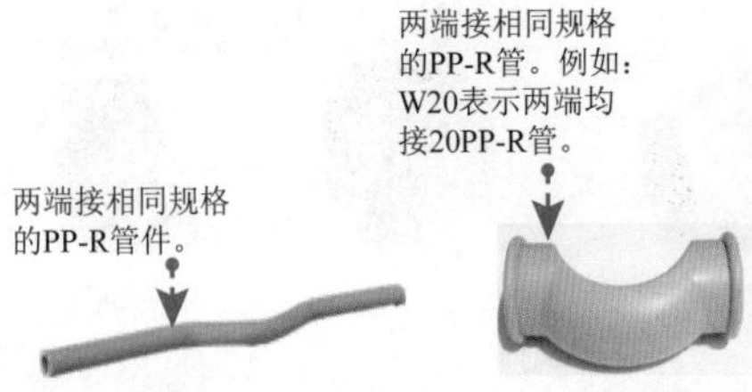

过桥弯管　　过桥弯

用于需要拆卸处的安装连接，一端接PP-R管，另一端接外牙。例如：S20*1/2F（H）表示一端接20PP-R管，另一端接1/2寸外牙。

内牙活接

图4-7　PP-R给水管配件（续）

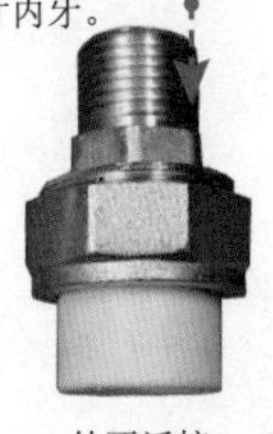
用于需要拆卸处的安装连接，一端接PP-R管，另一端接内牙。例如：T20*1/2M*20表示两端接20PP-R管，中间接1/2寸内牙。
外牙活接

用于需要拆卸处的安装连接，一端接PP-R管，另一端接外牙，主要用于水表连接。
内牙直通活接

用于需要拆卸处的安装连接，一端接PP-R管，另一端接外牙，主要用于水表连接。
内牙弯头活接

图4-7　PP-R给水管配件（续）

2. 家装给水管配件用量

家装给水管主要配件用量的标准如图4-8所示。

90度弯头：按大约1∶1与管材配货。比如水管42米，90度弯头大概配42个。
（a）90度等径弯头

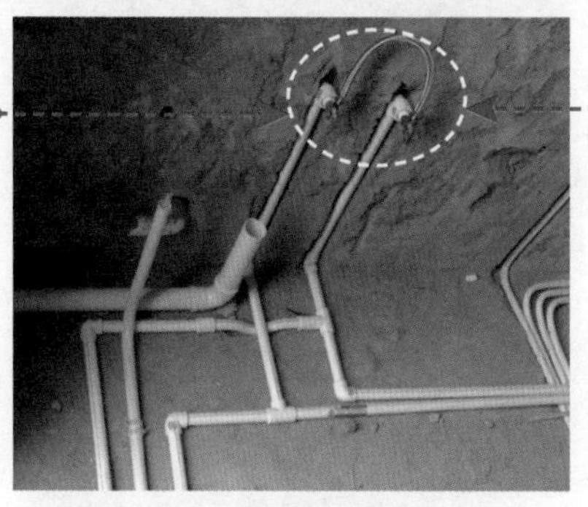
一般厨房洗菜盆用2个，卫生间中淋浴用2个，洗脸盆用2个，马桶用1个，热水器用2个，洗衣机用1个，拖布池用1个。
内牙弯头：一卫一厨大概配11个。内牙弯头PP-R端用于连接PP-R管水管，带丝部分用于连接龙头等洁具。
（b）内牙弯头

图4-8　给水管主要配件用量标准

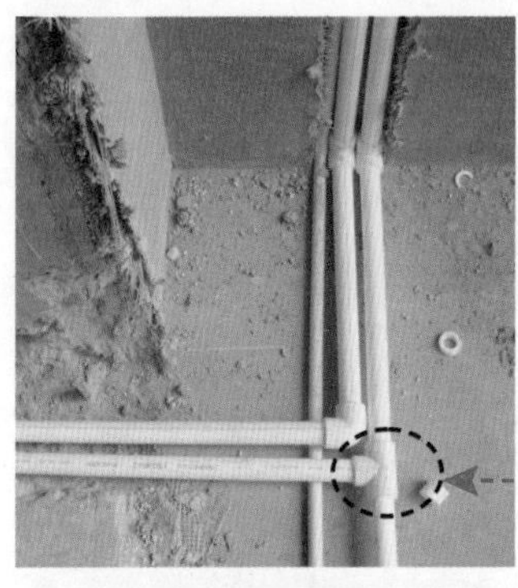

等径三通大概按4：1（与水管的比）配置。

（c）等径三通

过桥弯管一般配两根左右。当热水管和冷水管有交叉时，可用过桥弯管。

（d）过桥弯管

异径直通或弯头：主要用于连接开发商的水管与给水管主管道。一般用1个。

（e）异径直通或弯头

阀门，一般一户1个。用于控制室内水的开或关。

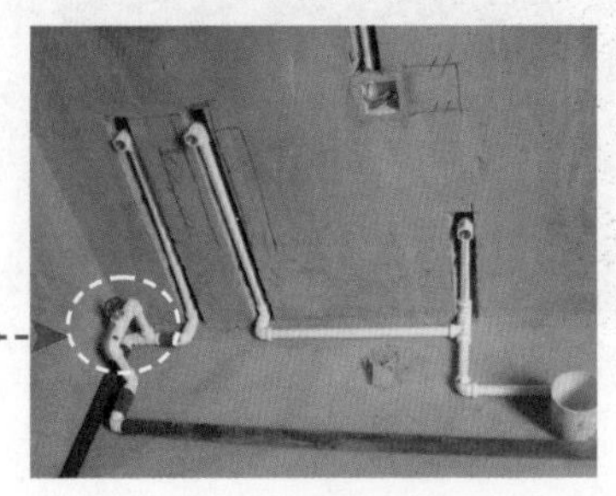

图4–8　给水管主要配件用量标准（续）

下面给出一卫一厨冷水用4分管、热水用4分管水管的管配件用量参考，如表4-1所示。

表4-1 一卫一厨冷水用4分管、热水用4分管用量参考

产品名称	规格		单位	用量
冷水管-S4	4分	Φ20*2.3	米	约24
热水管-S3.2	4分	Φ20*2.8	米	约18
等径弯头90°	4分	Φ20	只	约40
内牙弯头90°	4分	Φ20*1/2	只	约12
等径三通	4分	Φ20	只	约10
内牙接头	4分	Φ20*1/2	只	约1
套管	4分	Φ20	只	约3
等径弯头45°	4分	Φ20	只	约4
过桥弯管	4分	Φ20-S3.2	根	约2
异径直通	6分*4分	Φ25*20	只	约1
阀门	4分	Φ20	只	约1
堵头			个	约12
高压管		300mm	支	约1
丝达子			个	约2
生料带			带	约2

一卫一厨冷水用6分管、热水用4分管水管的管配件用量参考，如表4-2所示。

表4-2 一卫一厨冷水用6分管、热水用4分管用量参考

产品名称	规格		单位	用量
冷水管-S4	6分	Φ25*2.8	米	约24
热水管-S3.2	4分	Φ20*2.8	米	约18
等径弯头90°	4分	Φ20	只	约25
等径弯头90°	6分	Φ25	只	约20
内牙弯头90°	4分	Φ20*1/2	只	约5
内牙弯头90°	6*4分	Φ25*1/2	只	约7
等径三通	4分	Φ20	只	约4
等径三通	6分	Φ25	只	约6
内牙活接	4分	Φ20*1/2	只	约1
内牙活接	6*4分	Φ25*1/2	只	约1
等径直通	6分	Φ25	只	约3
等径直通	4分	Φ20	只	约2

续表

产品名称	规格		单位	用量
等径弯头45°	4分	Φ20	只	约2
等径弯头45°	6分	Φ25	只	约2
过桥弯管	4分	Φ20-S3.2	根	约2
阀门	4分	Φ20	只	约1
堵头			个	约12
高压管		300mm	支	约1
丝达子			个	约2
生料带			带	约2

3. PP-R给水管连接方法

PP-R管的连接方式如图4-9所示。

同种材质的给水PP-R管及管配件之间，安装应采用热熔连接，安装应使用专用热熔工具。暗敷墙体、地坪面内的管道不得采用丝扣或法兰连接。

给水PP-R管与金属管件连接，应采用带金属管件的PP-R管件作为过渡，该管件与塑料管采用热熔连接，与金属配件或卫生洁具五金配件采用丝扣连接。

图4-9 PP-R管的连接方式

4.5 水材料之排水管

在家装中常用的排水管材料主要是PVC-U管，下面进行详细介绍。

1. 认识PVC-U管

PVC-U管如图4-10所示。

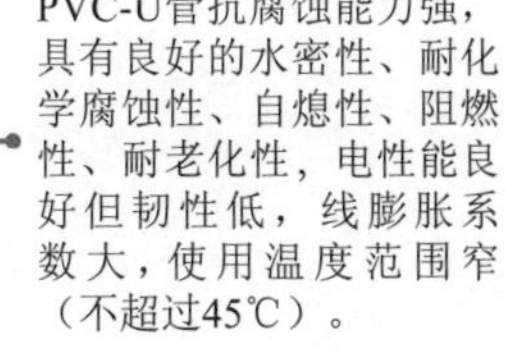

PVC-U管抗腐蚀能力强，具有良好的水密性、耐化学腐蚀性、自熄性、阻燃性、耐老化性，电性能良好但韧性低，线膨胀系数大，使用温度范围窄（不超过45℃）。

PVC-U管的主要成分为聚氯乙烯，另外加入其他成分来增强其耐热性、韧性、延展性等。

由于有PVC-U单体和添加剂渗出，只适用于排水系统、电线穿管及输送温度不超过45℃的给水系统。

图4-10　PVC-U管

2．PVC-U管的规格

PVC-U管的规格如图4-11所示。

PVC-U管材的长度一般为4m或6m。

PVC-U排水管的规格（公称外径，单位为mm）主要有：32、40、50、75、90、110、160、200、250、315、400、500。

图4-11　PVC-U管的规格

3. 如何选择PVC-U管

选择PVC-U管的方法如图4-12所示。

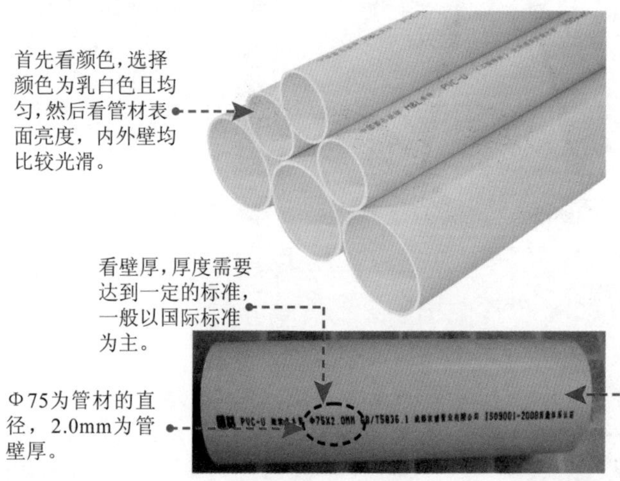
首先看颜色，选择颜色为乳白色且均匀，然后看管材表面亮度，内外壁均比较光滑。
看壁厚，厚度需要达到一定的标准，一般以国际标准为主。
Φ75为管材的直径，2.0mm为管壁厚。
看韧性。将PVC管锯成窄条后，试着折180°，如果很难折断，而且在折时越需要费力才能折断的管材，强度很好，韧性一般不错。如果一折就断，说明韧性很差，脆性大。最后可观察断茬，茬口越细腻，说明管材均化性、强度和韧性越好。

图4-12 选择PVC-U管的方法

4.6 水材料之排水管配件

1. 排水管配件

家装中常用的排水管配件如图4-13所示。

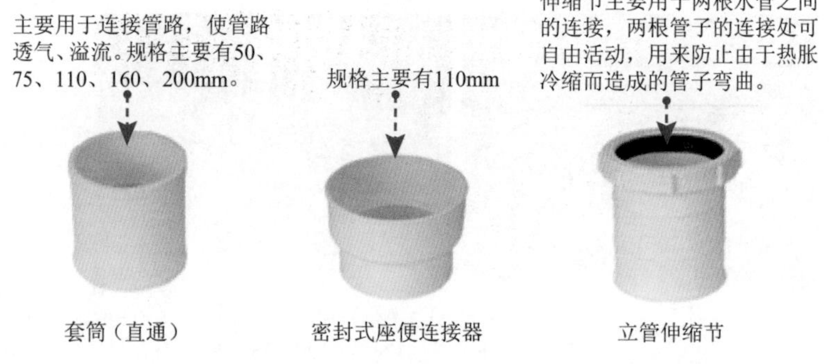
主要用于连接管路，使管路透气、溢流。规格主要有50、75、110、160、200mm。
规格主要有110mm
伸缩节主要用于两根水管之间的连接，两根管子的连接处可自由活动，用来防止由于热胀冷缩而造成的管子弯曲。
套筒（直通）
密封式座便连接器
立管伸缩节

图4-13 排水管配件

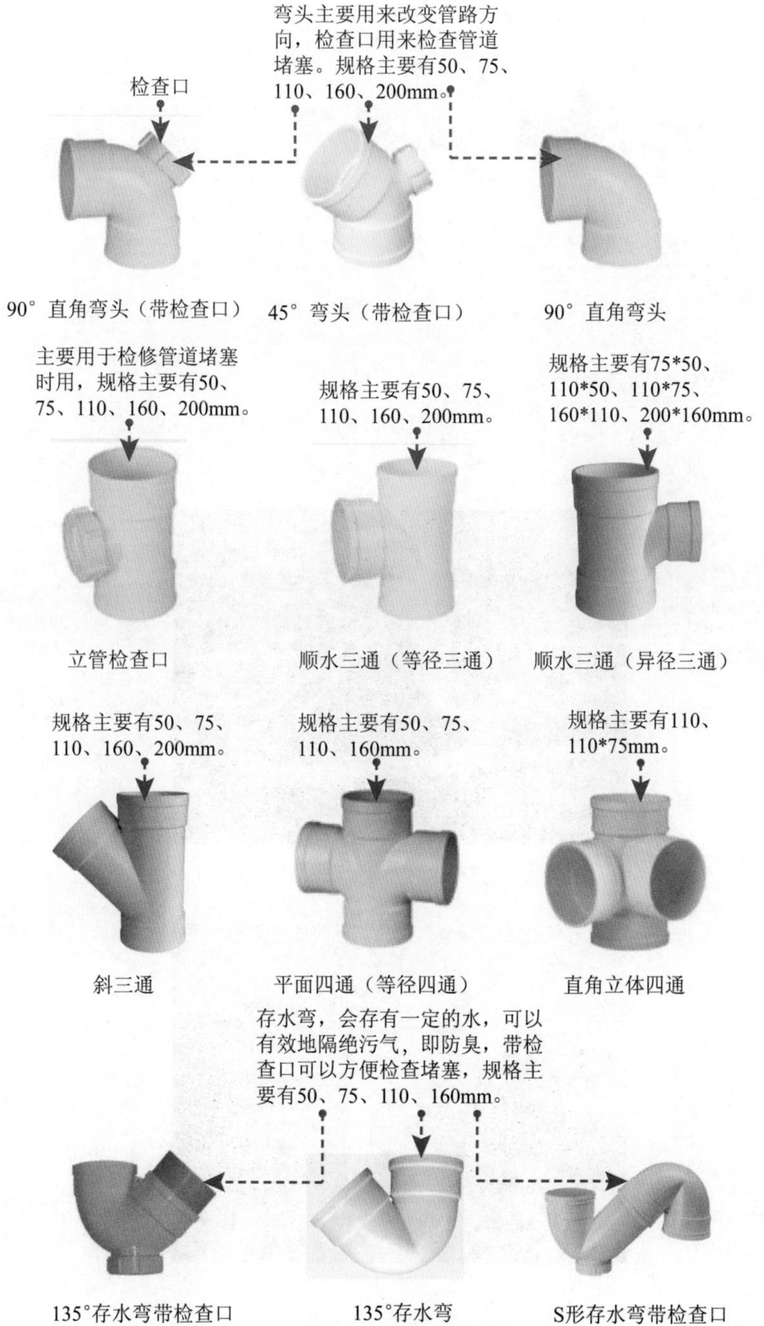
检查口
弯头主要用来改变管路方向，检查口用来检查管道堵塞。规格主要有50、75、110、160、200mm。
90° 直角弯头（带检查口）
45° 弯头（带检查口）
90° 直角弯头
主要用于检修管道堵塞时用，规格主要有50、75、110、160、200mm。
规格主要有50、75、110、160、200mm。
规格主要有75*50、110*50、110*75、160*110、200*160mm。
立管检查口
顺水三通（等径三通）
顺水三通（异径三通）
规格主要有50、75、110、160、200mm。
规格主要有50、75、110、160mm。
规格主要有110、110*75mm。
斜三通
平面四通（等径四通）
直角立体四通
存水弯，会存有一定的水，可以有效地隔绝污气，即防臭，带检查口可以方便检查堵塞，规格主要有50、75、110、160mm。
135°存水弯带检查口
135°存水弯
S形存水弯带检查口

图4-13　排水管配件（续）

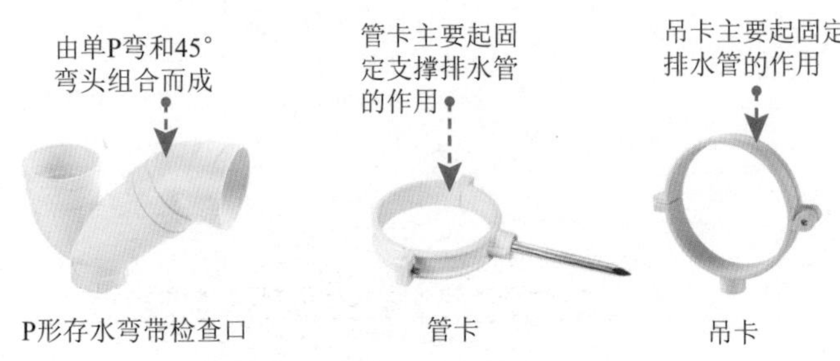
由单P弯和45°
弯头组合而成
管卡主要起固
定支撑排水管
的作用
吊卡主要起固定
排水管的作用
P形存水弯带检查口
管卡
吊卡

图4-13 排水管配件（续）

2. PVC-U管连接方法

PVC-U管的连接方式主要有密封胶圈、粘接和法兰连接3种。如图4-14所示。

管径大于等于100mm的管道一般采用密封胶圈接口。

管径小于100mm的管道则一般采用粘接接头，也有的采用活接头。

当小口径管道采用溶剂粘接时，须将插口处倒小圆角，以形成坡口，并保证断口平整且垂直轴线，这样才能粘接牢固，避免漏水。

一般管径大于等于100mm的PVC-U管都采用密封胶圈接口。安装前必须安排人员将管子插口部位倒角，还要检查密封胶圈质量是否合格。安装时必须将承口、胶圈等擦干净。

图4-14 PVC-U管连接方法

4.7 水材料之阀门

1. 阀门的种类

在家装水电系统中，阀门的作用是用来改变通路断面和水的流动方向，具有导流、截止、节流、止回、分流或溢流卸压等作用。

家庭居室装修中用到的阀门主要有两类，如图4-15所示。

一类是进水管管阀（一般用球阀，可调节水量的大小）。

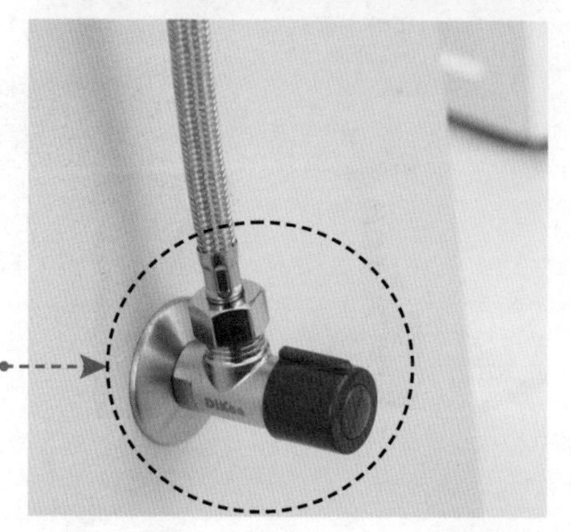
另一类是接软管用的三角阀（用于水槽、面盆、浴缸、马桶、热水器软管接水）。

球阀指的是用带圆形通孔的球体作启闭件，球体随阀杆转动，以实现启闭动作的阀门。
球阀的主要特点是本身结构简单、体积小、重量轻、紧密可靠，易于操作和维修。

图4-15　家装中的阀门

2．如何选择阀门

阀门的材质主要有：304不锈钢、黄铜、锌合金、铸铁、塑料等，如图4-16所示。

黄铜阀门的特点是容易加工，可塑性强，有硬度，抗折、抗扭力强，不易生锈，耐腐蚀性强的优点。
304不锈钢阀门的特点是耐高压、耐腐蚀、结构简单、体积小、紧密可靠。但价格较高。

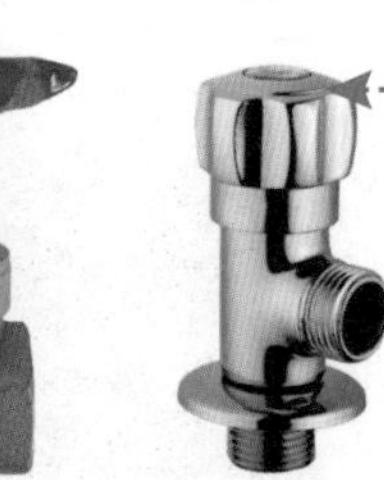
锌合金阀门的特点是造价低，缺点是抗折、抗扭力低，表面易氧化，寿命短。

铁阀门比较容易生锈，污染水源。目前在家装中已经被淘汰。
DN50
16

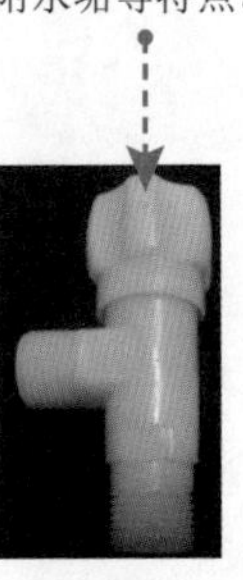
塑料阀门具有的质量轻、耐腐蚀、不吸附水垢等特点。

图4-16 各种材质的阀门

在选择阀门时，应根据使用者的不同要求选择不同类型的阀门，一般铜阀门价格适中，寿命较长，是不错的选择，如图4-17所示。

阀门的管螺纹是与管道连接的，在选购时目测螺纹表面有无凹痕、断牙等明显缺陷。
选购时首先目测阀门，表面应无砂眼；电镀表面应光泽均匀，无脱皮、龟裂、烧焦、露底、剥落、黑斑及明显的麻点等缺陷；喷涂表面组织应细密、光滑均匀，不得有流挂、露底等缺陷。否则会直接影响阀门的使用寿命。
管螺纹与连接件的旋合有效长度将影响密封的可靠性，选购时要注意管螺纹的有效长度。一般dn15的圆柱管螺纹有效长度在10mm左右。

图4-17 选择阀门

家装中三角阀门的使用量统计（一厨一卫用量）如图4-18所示。

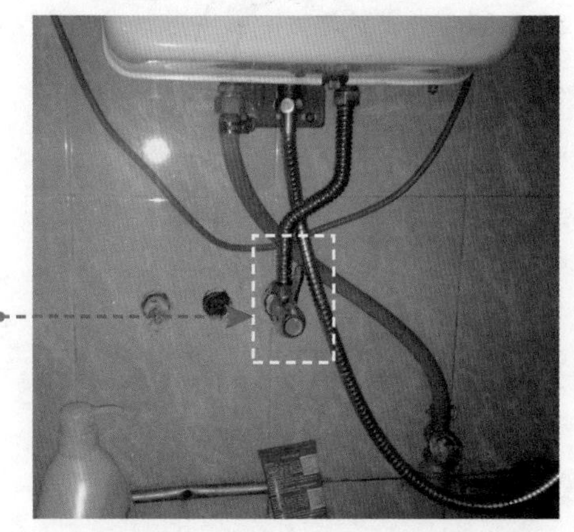
菜盆龙头2只（冷和热），洗脸盆龙头2只（冷和热），马桶1只（冷），热水器2只（冷和热），洗衣机、拖布池、淋浴龙头都不需安装，共计7只三角阀。

水表旁边1只（球阀）

图4-18　家装三角阀门用量统计

4.8 水材料之水龙头

1. 水龙头的种类和作用

现场视频 即扫即看

水龙头是水嘴的俗称，是用来控制水流的大小开关，有节水的功效。水龙头按结构来分，可分为单联式、双联式和三联式等几种水龙头。另外，还有单手柄和双手柄之分。如图4-19所示。

在家装中，主要在厨房和卫生间安装水龙头。家装中常用的水龙头主要包括：面盆龙头、淋浴水龙头、菜盆水龙头、洗衣机水龙头等，如图4-20所示。

2. 如何选购水龙头

选购水龙头的方法如图4-21所示。

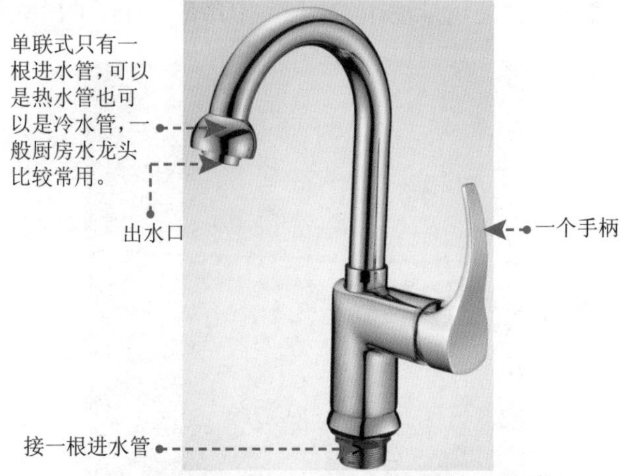
单联式只有一根进水管，可以是热水管也可以是冷水管，一般厨房水龙头比较常用。
出水口
一个手柄
接一根进水管

（a）单联式水龙头

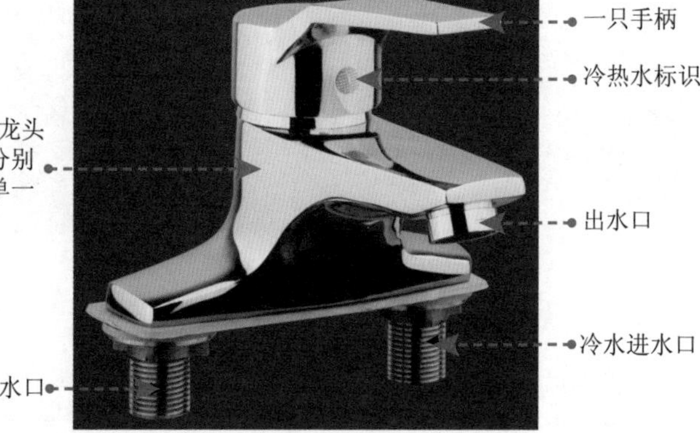
一只手柄
冷热水标识
双联式单手柄水龙头有两个进水管，分别供应冷热水，由单一手柄控制。
出水口
冷水进水口
热水进水口

（b）双联单手柄水龙头

双联双手柄水龙头分别有冷、热水管两个进水管，并且分别由两个手柄单独控制，在使用时可以通过调节两个手柄来控制水温。多用于浴室面盆以及有热水供应的厨房洗菜盆的水龙头。
出水口
手柄1
手柄2

（c）双联双手柄水龙头

图4-19　水龙头

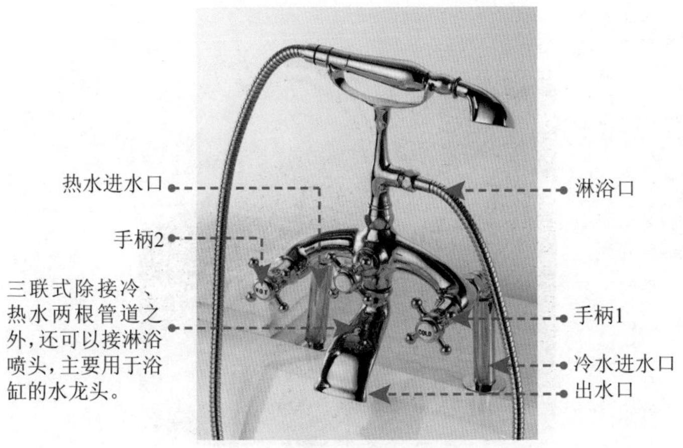
热水进水口
淋浴口
手柄2
三联式除接冷、热水两根管道之外，还可以接淋浴喷头，主要用于浴缸的水龙头。
手柄1
冷水进水口
出水口

（d）三联式水龙头

图4-19 水龙头（续）

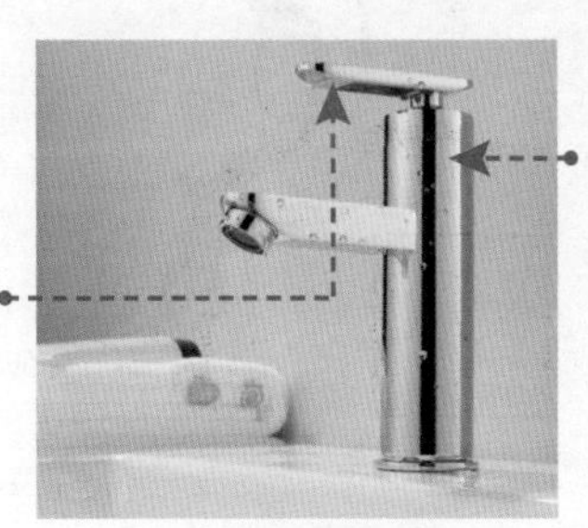
面盆龙头根据龙头款式分为：单联单手柄、单联双手柄、双联双手柄、双联单手柄等，其中双联单手柄家装中应用的比较多。
面盆水龙头主要是用在家庭卫生间或洗浴间。面盆水龙头又分为坐式面盆龙头（指常规的与面盆孔对接水管，与面盆想连接的龙头）和挂墙式面盆龙头（指从面盆对着的那堵墙延伸出来的水龙头，水管都是埋在墙壁里）。

（a）面盆水龙头

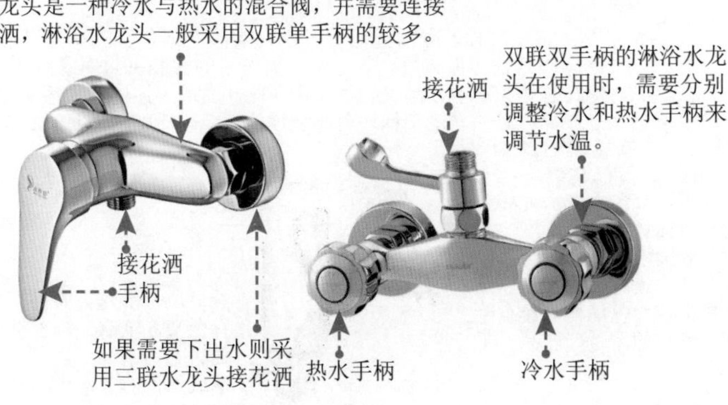
淋浴水龙头是一种冷水与热水的混合阀，并需要连接手提花洒，淋浴水龙头一般采用双联单手柄的较多。
接花洒
双联双手柄的淋浴水龙头在使用时，需要分别调整冷水和热水手柄来调节水温。
接花洒
手柄
如果需要下出水则采用三联水龙头接花洒
热水手柄
冷水手柄

（b）淋浴水龙头

图4-20 家装中常用水龙头

菜盆水龙头是安装在厨房洗水池上供洗菜、刷碗用的，它在造型上的特点是出水管较长，出水口较高，出水管可以左右旋转，以方便锅盆等较大的物品放在池内进行洗涤。
菜盆水龙头通常采用双联单手柄龙头

（c）菜盆水龙头

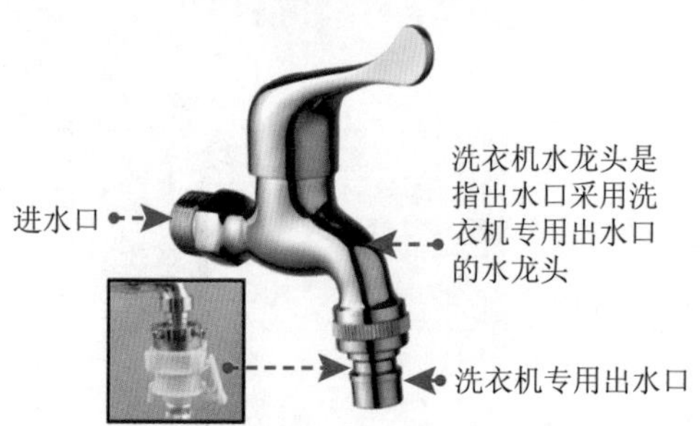
进水口
洗衣机水龙头是指出水口采用洗衣机专用出水口的水龙头
洗衣机专用出水口

（d）洗衣机水龙头

图4-20　家装中常用水龙头（续）

旋转手柄，感觉轻便、顺滑阀芯好。水龙头阀芯通常是钢球阀芯和陶瓷阀芯。钢球阀芯抗压能力好，但是起密封作用的橡胶密封圈易损耗，老化快。陶瓷阀芯更为耐热、耐磨，并且具有良好的密封性能，一般来说，消费者上、下、左、右转动手柄，若感觉轻便、无阻滞感则说明阀芯较好。

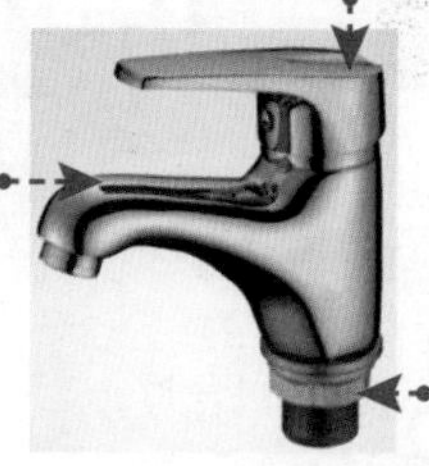
看外表，分辨水龙头好坏要看其表面镀层光亮程度，水龙头表面没有氧化斑点、没有气孔、没有漏镀和泡以及烧焦痕迹，色泽均匀没有毛刺和砂粒的才是好产品。
看材质，水龙头的材质很重要，有全塑、全铜、合金材料、陶瓷、不锈钢等，其中全铜、不锈钢或陶瓷的水龙头，耐用而且不容易污染水。

图4-21　选购水龙头

4.9 水路施工技巧

4.9.1 给水管路施工工艺流程

装修给水管路施工工艺流程如图4-22所示。

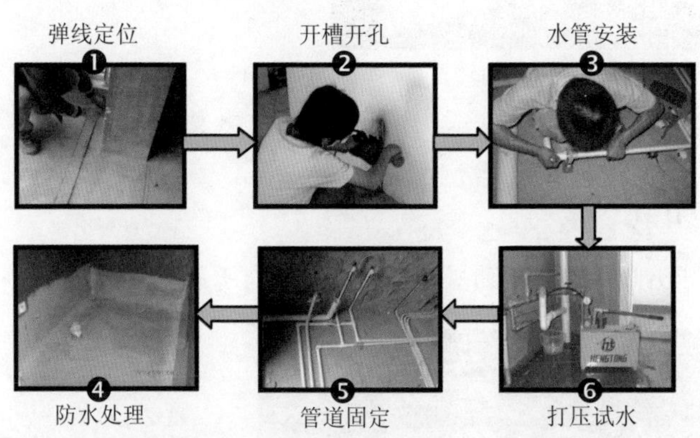
弹线定位
1
开槽开孔
2
水管安装
3
4
防水处理
5
管道固定
6
打压试水

图4-22　装修给水管路施工工艺流程

4.9.2 弹线定位

家装中的弹线定位如图4-23所示。

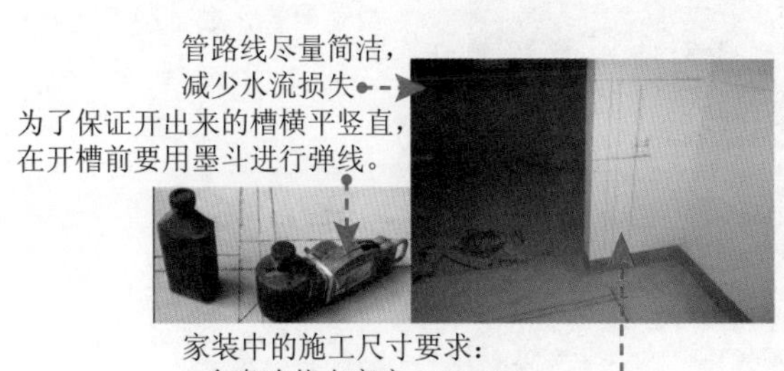
管路线尽量简洁，
减少水流损失
为了保证开出来的槽横平竖直，
在开槽前要用墨斗进行弹线。

家装中的施工尺寸要求：

- 台盘冷热水高度：50cm
- 墙面出水台盘高度：95cm
- 拖把池高度：60~75cm
- 标准浴缸高度：75cm，冷热水中心距：15~20cm
- 按摩式浴缸高度：15~30cm
- 淋浴高度：100~110cm，冷热水中心距：15~20cm
- 热水器高度（燃气）：130~140cm，热水器高度（电加热）：170~190cm
- 小洗衣机高度：85cm，标准洗衣机高度：105~110cm
- 坐便器高度：25~30cm
- 蹲便器高度：100~110cm

上述提供的尺寸可以供参考，但需要注意的是，每个家庭的装修情况都不同，可根据装修的实际情况来进行调整。

图4-23　家装中的弹线定位

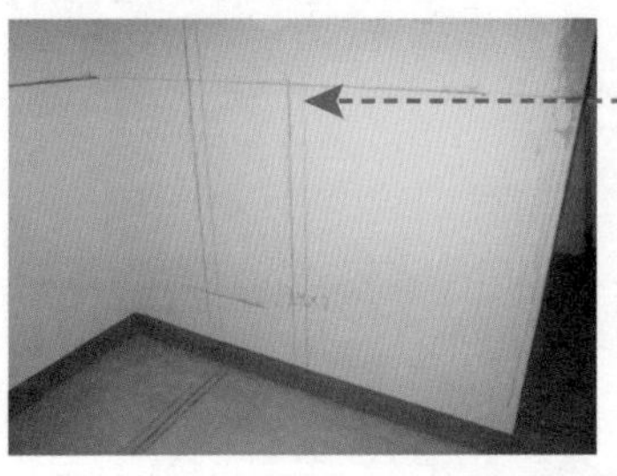

打算安燃气热水器的客户要注意，一定要在水电改造之前选好燃气热水器的型号，并咨询商家此款热水器的水口间距和冷热水方式，就是左边是热水还是右边是热水，因为燃气热水器的水口没有国标。

图4-23 家装中的弹线定位（续）

4.9.3 开槽开孔

家装中开槽开孔的方法和操作标准如图4-24所示。

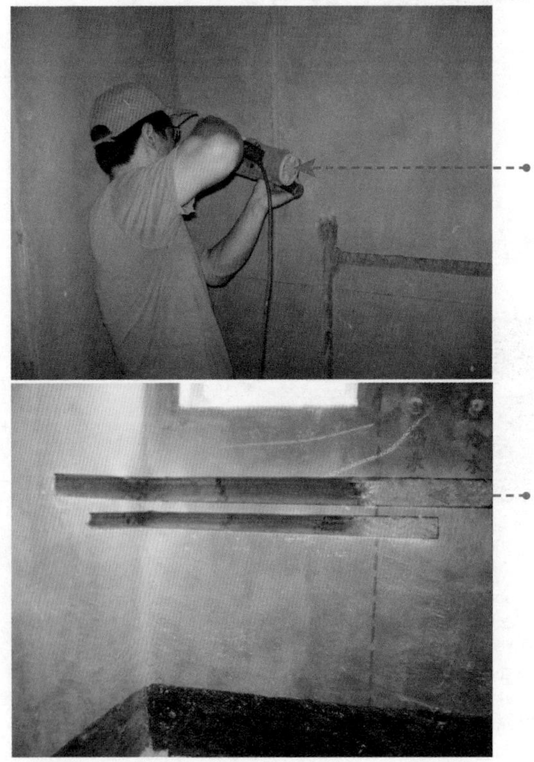

弹好线以后就是开暗槽，用专用工具切割机按线路割开槽面，再用电锤开槽，另外需要提醒的是，有的小区是承重墙钢筋较多较粗，不能把钢筋切断（影响房体质量），只能开浅（贴砖时需要加厚水泥）或走明管，或者绕走其他墙面。

水管开槽的深度是有讲究的，冷水埋管后的批灰层要大于1cm，热水埋管后的批灰层要大于1.5cm。

图4-24 开槽开孔

冷热水管分别开槽走管。敷设时应左热右冷，平行间距不小于200mm；洗手间及厨房沿墙身横向敷设时应上热下凉，间距100mm，最下面一条管必须走在做好的地面到墙身高度400mm处。

图4-24　开槽开孔（续）

4.9.4　水管安装

安装前必须检查水管及连接配件是否有破损、砂眼、裂纹等现象。所有的排污管、排水管进场时都必须检查是否畅通，同时做好相应的保护措施，防止沙石进入管内。

1. PP-R管的接熔方法

PP-R管的接熔方法如图4-25所示。

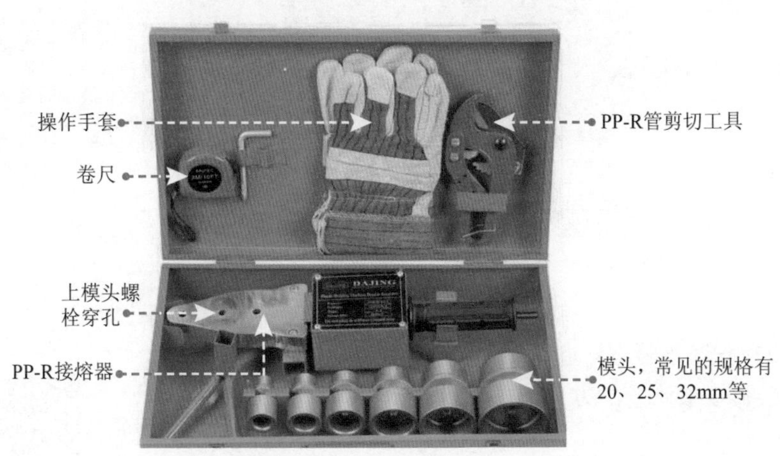
操作手套
卷尺
PP-R管剪切工具
上模头螺栓穿孔
PP-R接熔器
模头，常见的规格有20、25、32mm等

图4-25　PP-R管的接熔方法

首先用专用的标尺和合适的笔在管材上测量出实际使用的尺寸。然后用专用的剪切工具剪切管材。

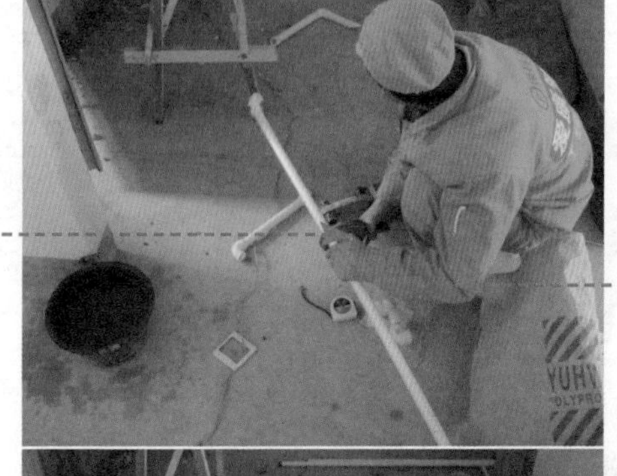

剪切后的管材端面应去除毛边和毛刺。管材与管件连接端面必须清洁、干燥、无油污。

管材插入不能太深或太浅，否则会造成缩径或不牢固。

加热2分钟左右，当模头上出现一圈PP-R管热熔凸缘时，即可将管材、管件从模头上同时取下，迅速无旋转的直插到所标深度，使接头处形成均匀凸缘直至冷却，形成牢固而完美的结合。

图4-25　PP-R管的接熔方法（续）

2. 安装水管方法

装修安装水管的方法如图4-26所示。

安装水管

现场视频 即扫即看

连接进水管

现场视频 即扫即看

安装前要将管内先清理干净，安装时要注意接口质量，同时找准各弯头、管件的位置和朝向，以确保安装后连接用水设备位置正确。

建议水管走顶。主要是水路改造大部分走暗管，而水的特性是水往低处流。如果管路走地下，一但发生漏水很难及时发现，只有“水漫金山”或者地板变形以及漏到楼下，才会发现漏水，且由于水管暗埋很难查出漏水之处。走顶就是维修也不需要打磁砖。

水改的施工规范是“走顶不走地，走竖不走横”

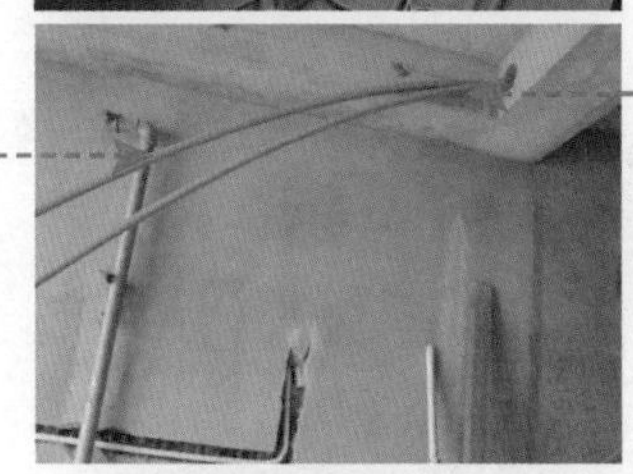

PP -R管在热熔时，必须清晰热熔器的接头，一定要平衡安装，不得有偏移现象。

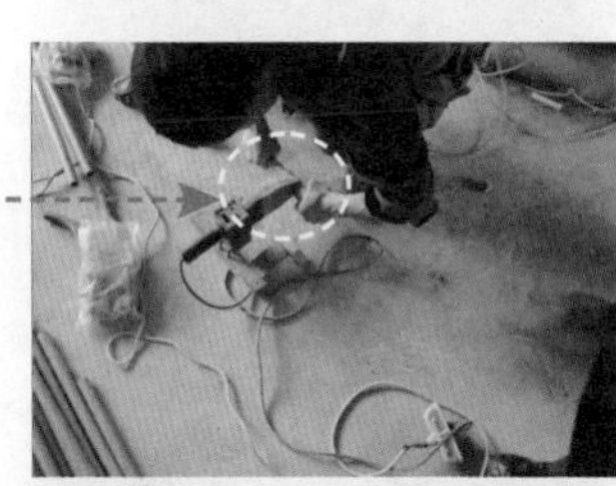

给水槽或面盆留水口的时候，要注意不能留得太低，如果出水口太低，从出水口到水龙头一根软管都不够长还得再买一个软管接头来连接两根软管，接头越多，漏水的点就越多，而且浪费。

冷热水的墙面出口一定要保证两个出口突出墙面的高度一致，落地的高度一致，而且两个出口都应该完全垂直于墙面，两个出口之间的距离应该为15cm。

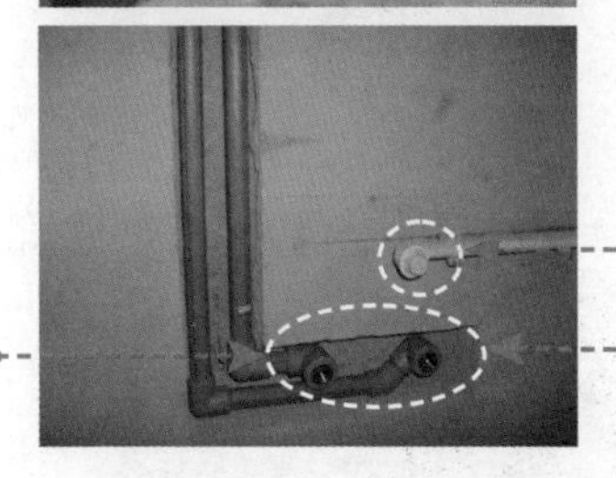

水管安装好后，应立即用管堵把管头堵好，如果有杂物掉进去，那就麻烦了。

冷热水出口，要在一条水平线上，一般为左热右冷，方便日后使用。

图4-26 装修安装水管的方法

4.9.5 打压试水

水管安装完后，接下来最重要的一步就是通过打压试水，打压时一般打8公斤的压，稳压后，维持30min左右，如果没有出现漏水，那么水改就成功完成了。如图4-27所示。

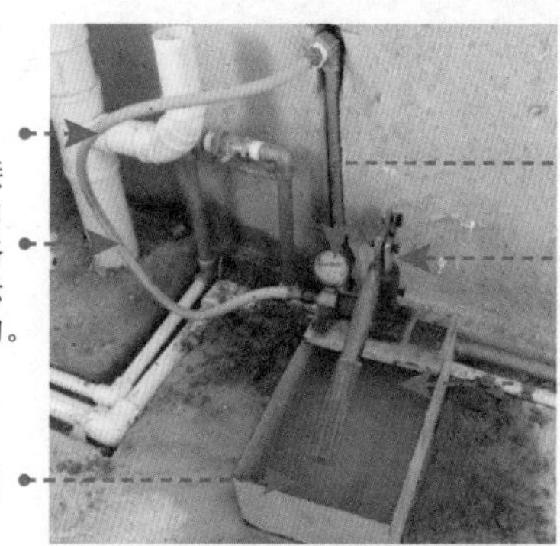
连接软管
测压原理：将测压工具连接到管路上，通过测试管道内的压力变化情况来判断管路是否泄压，如果泄压就表示漏水，水管连接是有问题的。
水箱
压力表
千斤顶
试压工具

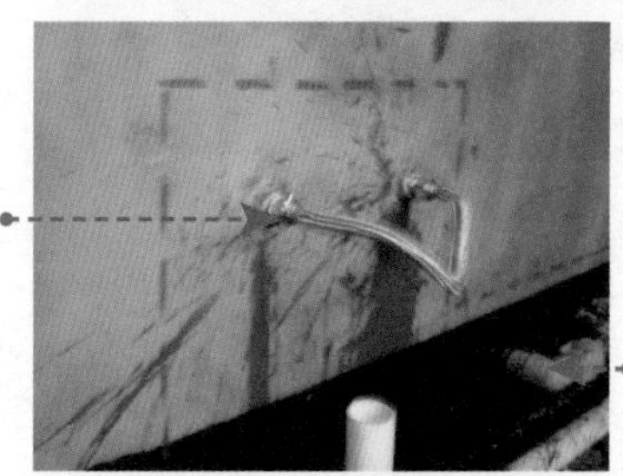
测压方法：把冷热水管用软管连接在一起，冷热水形成一个圈，成一根管了，试压器接在任何一个出水口都可以，这时的压力指针是0。
当所有水管通路全部焊接好后才可以试压，在测压前要封堵所有堵头，关闭进水总管的阀门。

在试压的时候要逐个检查接头、内丝接头，堵头都不能有渗水。
测压时，摇动千斤顶的压杆直到压力表的指针指向0.9~1.0，也就是说现在的压力是正常水压的3倍，保持这个压力值一定时间。不同的水管测压的时间不一样，PP-R、铝塑PP-R、钢塑PP-R等焊接管是30分钟（只能多不能少）。铝塑管就是铜接头的那种，它的时间是4个小时（半个工作日）。镀锌管是4个小时。

图4-27 打压试水

试压器在规定的时间内表针没有丝毫的下降或者下降幅度小于0.1，说明水管管路是好的，同时也说明试压器也是正常的工作状态。

此外，切记每个堵头和龙头等接口处不能有漏水现象。

图4-27　打压试水（续）

4.9.6　管道固定

在水管打压试水完成后，接着开始固定水管。如图4-28所示。

一般水路管线固定卡子每400mm固定一个，弯头或拐弯两侧100mm~150mm固定一个卡子。

固定水管的卡子有金属的，也有塑料的。固定水管时，将卡子套在水管上，然后将卡子固定在墙上

冷热水的出墙面的内丝弯用20cm长单头螺纹直管校正，包括水平试度，垂直度、间距，校好后再用水泥砂土固牢。（固定高度高出墙面约15mm，以保证敷设墙砖后，内丝角弯高于

图4-28　固定水管

封槽前需要对松动的水管进行稳固。还必须用水将槽湿透。封槽后的墙面、地面不得高于所在平面。

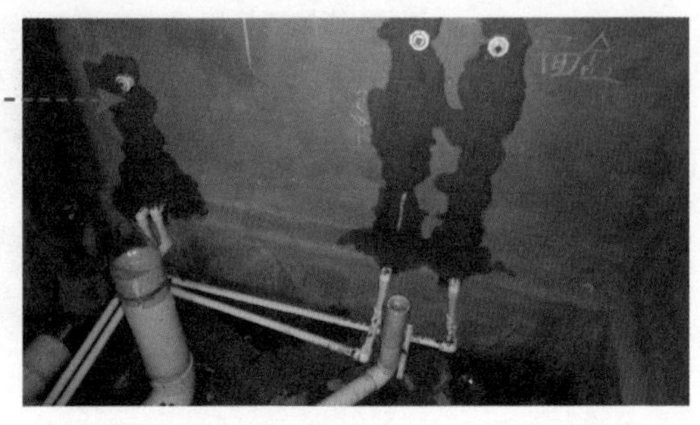

图4-28 固定水管（续）

4.9.7 防水处理

家庭装修时，卫生间的装修是其中较为重要的部分，卫生间的功能几乎所有都是与水有关的，所以卫生间防不防水便是衡量卫生间做得好不好的重要指标。

装修防水处理的方法如图4-29所示。

在进行卫生间的防水处理前，首先埋好给排水管、排污管，整平地面基层，在上面刮一层素水泥浆，待干后，再涂刷防水涂料。也可先做墙面防水，镶贴墙面瓷砖时预留最底下一块不贴，以后再做地面防水。

如果地面不平，在涂刷防水涂料的时候就可能会涂不均匀，又或是地面因为不平而容易裂开，即使是涂了防水涂料上去也会随着地面裂开。

R 65

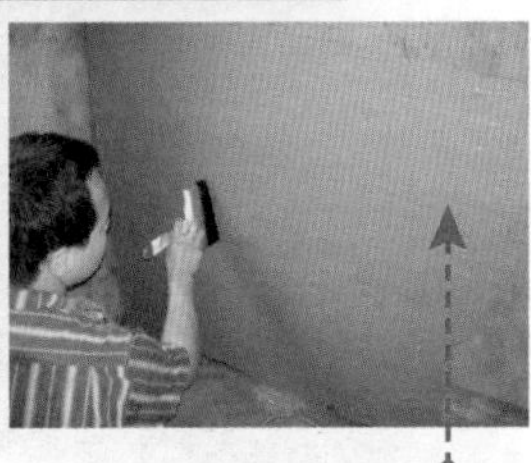

将防水涂料倒在桶之类的容器里加入水并搅拌均匀。

防水涂料涂刷的高度问题。卫生间的墙面上也需要做防水处理，一般都是自地平面向上在墙面上涂刷30cm，这是为了不让积水渗透到墙面里形成返潮；不过有许多家庭都会使用淋浴房，在这一块区就需要把防水涂料涂刷到180cm，这样喷头的水就不容易渗入墙内；如果是浴缸，可以把高度涂高到浴缸之上30cm。如该墙背面有到顶的衣柜，防水层必须到顶。

图4-29 装修防水处理的方法

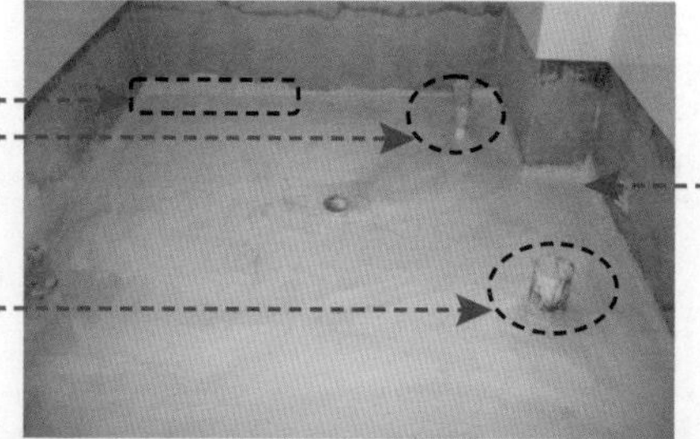
在墙与地面相接处，也包括角落部分，还有管与建筑衔接处，这几个地方就要用高弹性的柔性防水涂料，这几个地方特别容易漏水。最好反复交错涂刷这些地方。
防水层涂刷好后，需要晾一段时间。这是为了让防水层与墙面更好地融合在一起，以防止在之后的施工中对防水层造成破坏，这点在之后的铺地砖过程中尤其是需要注意的。

试水前将下水口堵住
最后的一个细节问题就是做避水试验了，需将卫生间内的下水口堵住，放入适量的水24小时后不漏水即表示防水做好了。

图4-29　装修防水处理的方法（续）

4.9.8　排水管路施工工艺流程

家装中排水管路的施工工艺流程如图4-30所示。

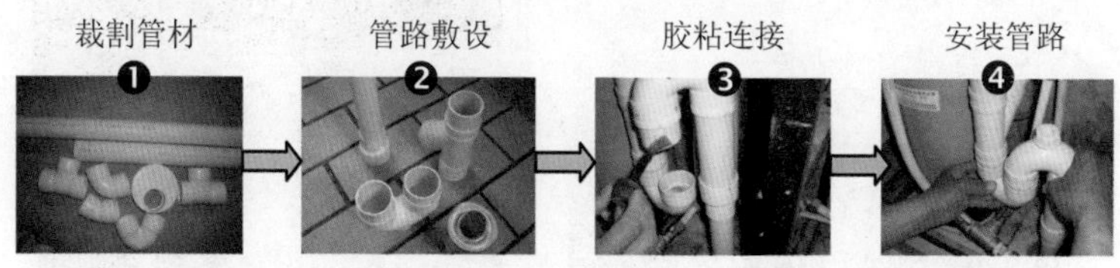
裁割管材
❶
管路敷设
❷
胶粘连接
❸
安装管路
❹

- 与厨房洗碗盆下水相连的排水管，管径为50mm（即dn50）
- 与面盆、洗涤盆、浴缸、水池下水相连的排水管，管径为32mm（即dn32）
- 与地漏相连的排水管，管径为50mm（即dn50）
- 多个下水共用的排水管主管路，一般管径为75mm（即dn75）
- 与坐便器下水相连的排水管，管径为110mm（即dn110）

图4-30　排水管路的施工工艺流程

4.9.9　PVC排水管施工方法

PVC排水管施工方法如图4-31所示。

先准备好要接的管件和专用PVC胶。❶

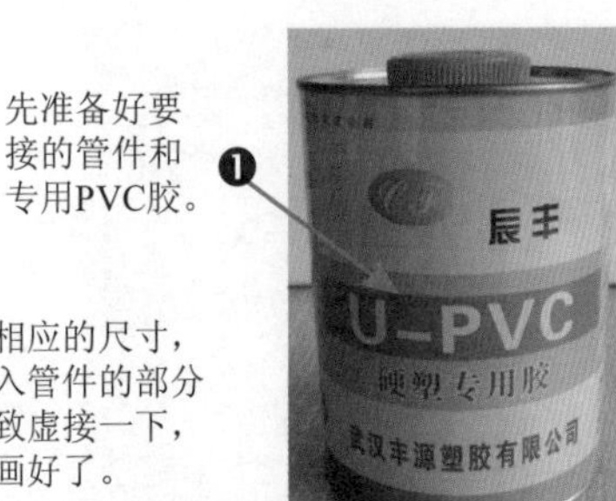
辰丰
U-PVC
硬塑专用胶
武汉丰源塑胶有限公司

把直管锯成相应的尺寸，注意加上插入管件的部分尺寸，应大致虚接一下，要在实地比画好了。❷

在PVC管向上插入管件的部分抹胶。❸

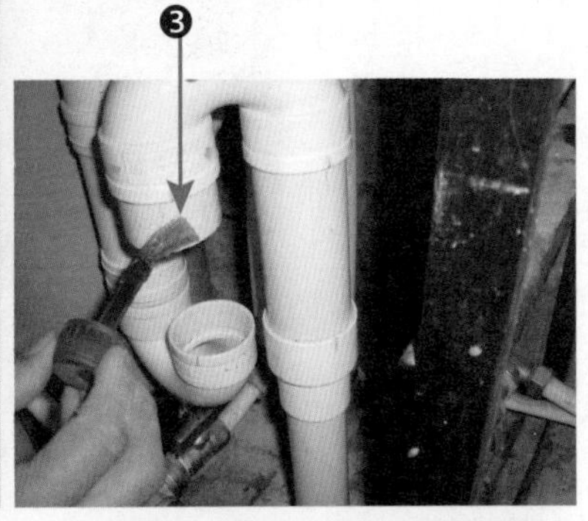

向下插入的PVC管的管件不用抹胶，直接插入即可，这样接下水管还可调节。❺

插入管件粘牢 ❹

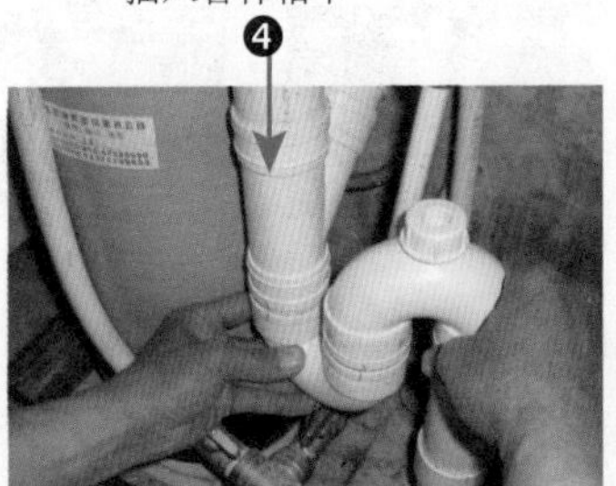

图4-31 PVC排水管施工方法

现场视频 即扫即看

4.9.10 厨房排水管路连接

厨房的排水主要有下排水和侧排水两种。如图4-32所示。

装下排水一般把返水弯装在底下，这样可以多个下水共用一个返水弯。

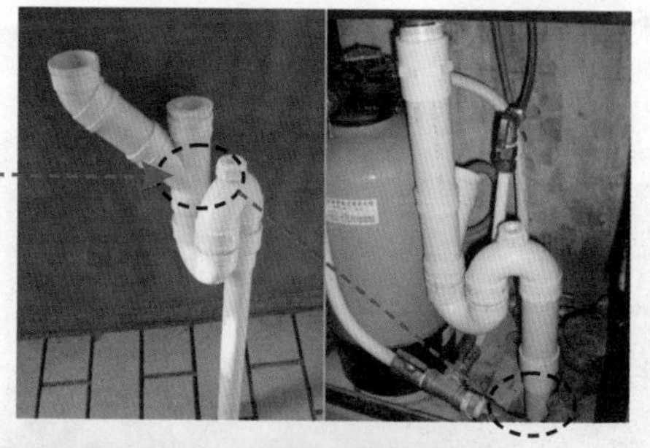

侧排水的下水口在厨房主管道上，在地面以上，下水管有一部分横着通向主管道。

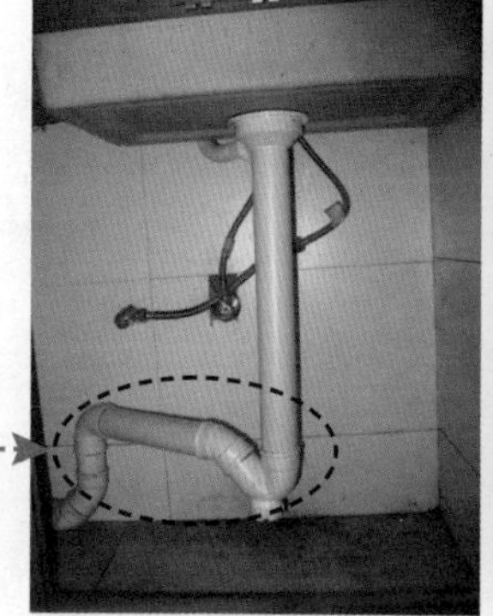

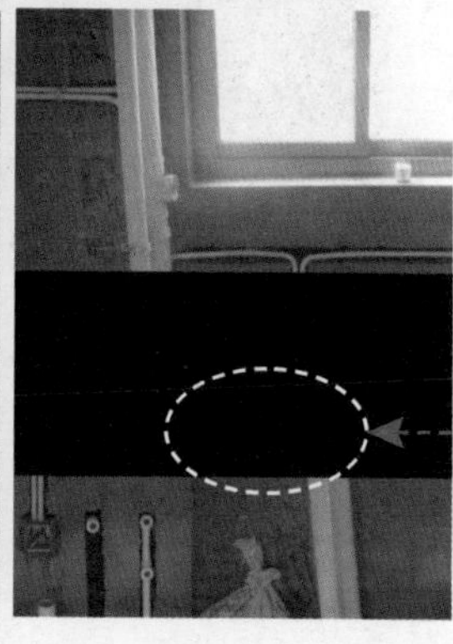

下排水在楼板下面有返水弯，要是楼板上面再装返水弯，就是双重防味了，而侧排水是下水管横着连接在主下水管中，一般只能装一个返水弯。

图4-32　厨房排水管路连接

4.9.11　多个排水的连接

有时厨房需要多个排水，多个排水的连接如图4-33所示。

下水口

下水口

有时厨房需要多个排水，这时就需要加三通来连接，三通可竖接、横接及斜接。如果安装的地方较窄，就需要把三通锯短，或变换方向接。

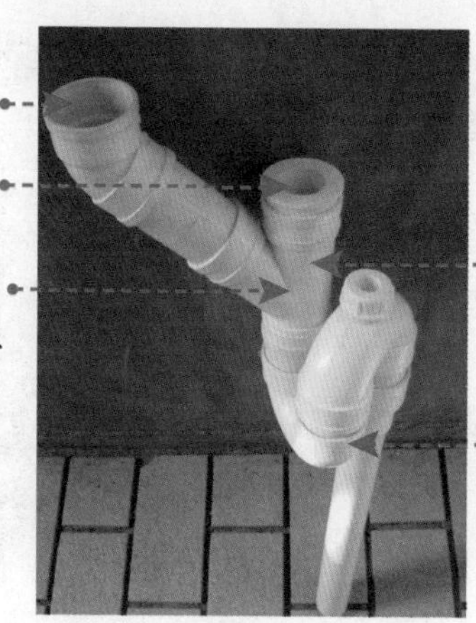

在选择三通管件时，最好选择中间的出水口是90°的。

三通与返水弯的连接最好中间不要露管，这样可最大限度地降低三通的高度，下水管件接得越低，排水越通畅。

图4-33　多个排水的连接

4.9.12 卫生间排水管路连接

卫生间排水管路连接如图4-34所示。

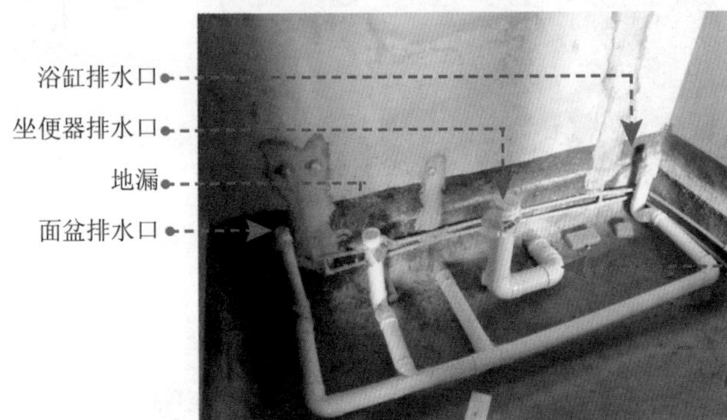
浴缸排水口
坐便器排水口
地漏
面盆排水口
一个标准卫生间一般应有四个排水点，浴缸、面盆、坐便器各需一个排水孔、一个冷水进水管，浴缸、面盆还各需一个热水进水管，地面上需要一个地漏。

图4-34 卫生间排水管路连接

4.9.13 洗衣机排水管路连接

洗衣机排水管路连接如图4-35所示。

洗衣机接下水一般有两种，一是洗衣机放在厨房里面，二是洗衣机装在阳台。

洗衣机放厨房里面一般是装在橱柜里，再把排水管接到洗菜盆下水管路上。

图4-35 洗衣机排水管路连接

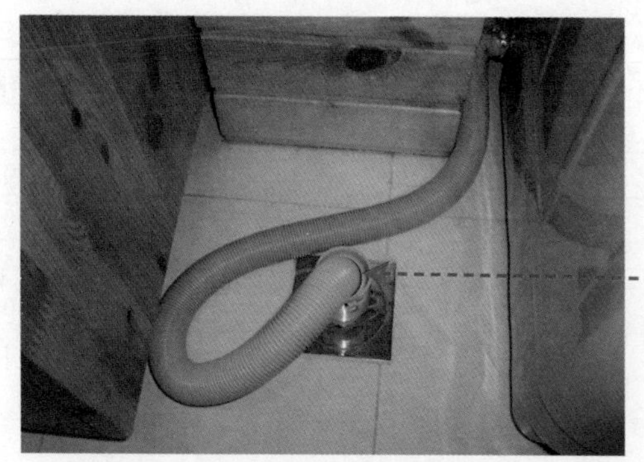
如果是在阳台或
卫生间，可以把
洗衣机的排水管
接到地漏

图4-35　洗衣机排水管路连接（续）

4.9.14　卫生器具安装高度

卫生器具安装高度如表4-3所示。

表4-3　卫生器具安装高度

名　称	卫生器具边缘距离地面高度/mm	备　注
架空式污水盆（池）	800	到上边缘
落地式污水盆（池）	500	到上边缘
洗涤盆（池）	800	自地面至器具上边缘
洗脸盆、洗手盆（有塞、无塞）	800	自地面至器具上边缘
浴盆	500	自地面至器具上边缘
蹲式大便器（高水箱）	1800	自台阶面至高水箱底
蹲式大便器（低水箱）	900	自台阶面至低水箱底
坐便器虹吸喷射式	470	自地面至低水箱底
坐便器外露排水管式	510	自地面至高水箱底

卫生器具给水配件的安装高度如表4-4所示。

表4-4　卫生器具给水配件的安装高度

给水配件名称	配件中心距地面高度/mm	冷热水龙头距离/mm
厨房水槽冷热水角阀	450	150
架空式污水盆（池）水龙头	1000	—
落地式污水盆（池）水龙头	800	—
洗涤盆（池）水龙头	1000	150
洗衣机水嘴	1000	—
住宅集中给水龙头	1000	—

续表

给水配件名称	配件中心距地面高度/mm	冷热水龙头距离/mm
洗手盆水龙头	1000	—
洗脸盆水龙头（上配水）	1000	150
洗脸盆水龙头（下配水）	800	150
洗脸盆角阀（下配水）	450	—
浴盆水龙头（上配水）	670	150
热水器角阀	1300	150
淋浴器截止阀	1150	95
淋浴器混合阀	1150	
淋浴器淋浴喷头下沿	2100	—
坐便器高水箱角阀及截止阀	2040	—
坐便器低水箱角阀	150	—

4.9.15 洗面盆和水龙头的安装

洗面盆理想的安装高度为800~840mm，如图4-36所示。

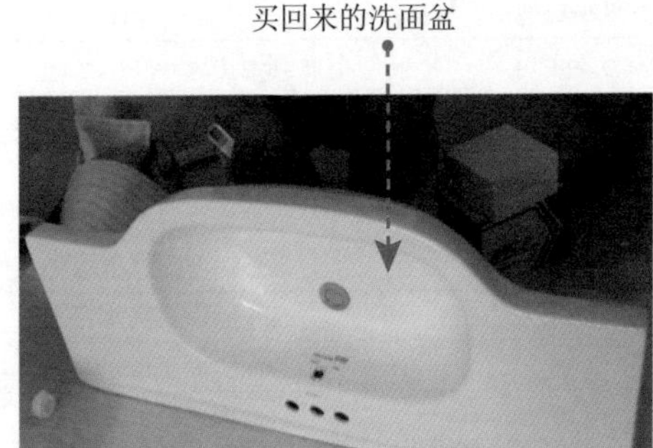
买回来的洗面盆

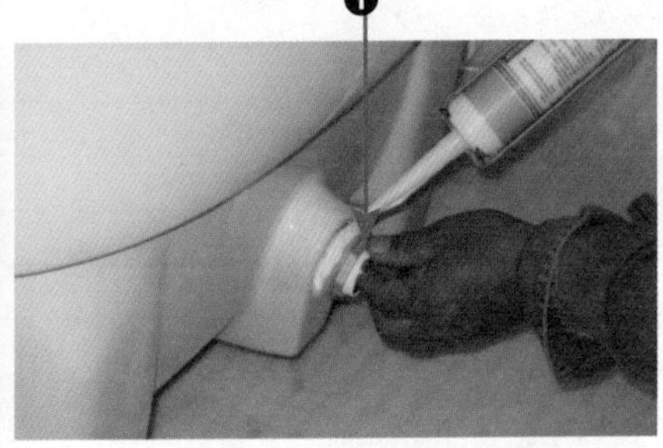
首先装好排水器，然后在台面下打密封胶，防止漏水
❶

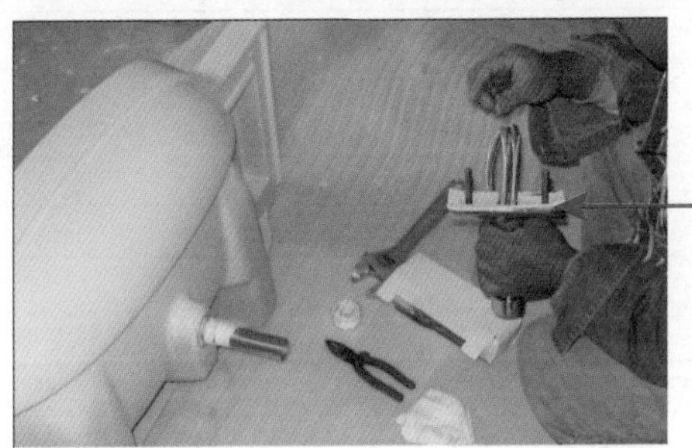
❷ 准备安装水龙头，将冷水软管拧到水龙头上。

图4-36 安装洗面盆

再将热水软管拧到水龙头上。❸

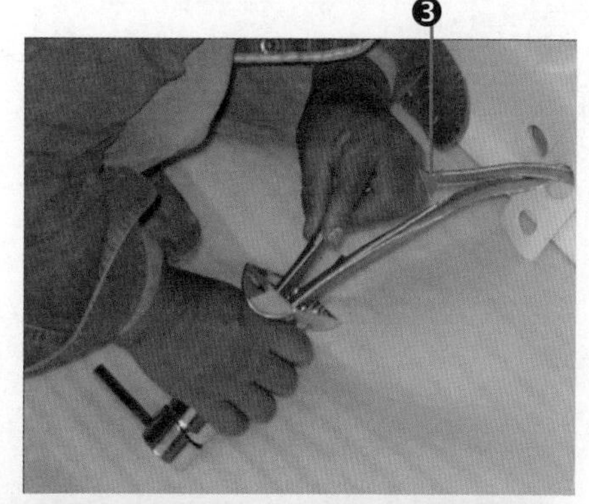

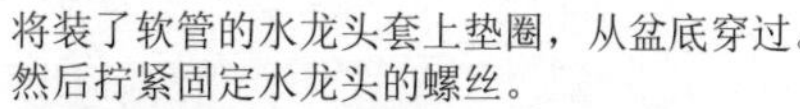

将装了软管的水龙头套上垫圈，从盆底穿过。然后拧紧固定水龙头的螺丝。❹

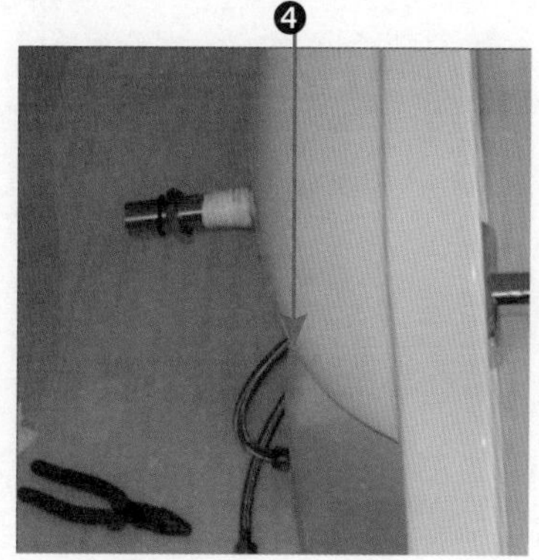

❺ 先安装洗面盆柜面。再在排水管上安装反水弯。

图4-36　安装洗面盆（续）

4.10 别人的装修遗憾与体会

装修遗憾与体会1：今天装浴室龙头时，才发现不管怎么装连接水管和龙头的小螺纹管都有一小段暴露在外面，如果装PP-R管子时计算好贴完瓷砖后，管口可以凹进瓷砖面一定距离，那小螺纹管就可以不用露出来了，可是现在就只好让它暴露在外面了。大家装修的时候千万注意。

装修遗憾与体会2：卫生间地面瓷砖贴好后就试水，如果流水比较缓慢就立即返工。我家的流水比较慢，当时发现了被工人搪塞过去了，现在洗澡时就总是有点儿积水，现在总在琢磨着应该怎么补救。

装修遗憾与体会3：改水路前就要考虑好将来所装的洗脸盆的大样，比如说是左盆还是右盆，进水和排水该设在什么地方。否则，就像我们家一样，改好后才发现喜欢的洗脸盆却装不下。

第 5 章

地漏安装知多少

地漏是连接排水系统及室内的地面，并用于室内地面排水的洁具。地漏是一种功能非常重要的排水部件，如果地漏的性能不好，不但排水不畅，还会导致下水道的臭气返回室内，污染室内空气。

很多装修的人刚开始选择时挺满意的，可入住不久就有地漏堵住或发臭等情况发生，这就是装修前没有认真仔细选择的后果。本章将重点讲解地漏的选择技巧。

5.1 地漏主要解决什么问题

地漏主要解决两个问题，如图5-1所示。

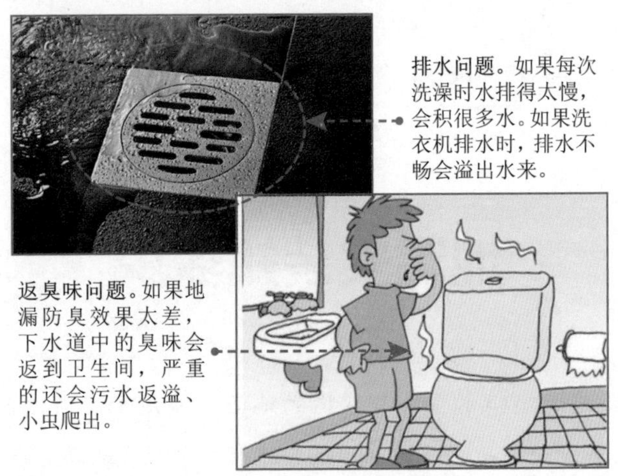
排水问题。如果每次洗澡时水排得太慢，会积很多水。如果洗衣机排水时，排水不畅会溢出水来。
返臭味问题。如果地漏防臭效果太差，下水道中的臭味会返到卫生间，严重的还会污水返溢、小虫爬出。

图5-1 地漏解决的两个问题

5.2 地漏位置与种类

5.2.1 家中哪些位置需要使用地漏

从使用位置看，家中需要使用地漏的地方如图5-2所示。

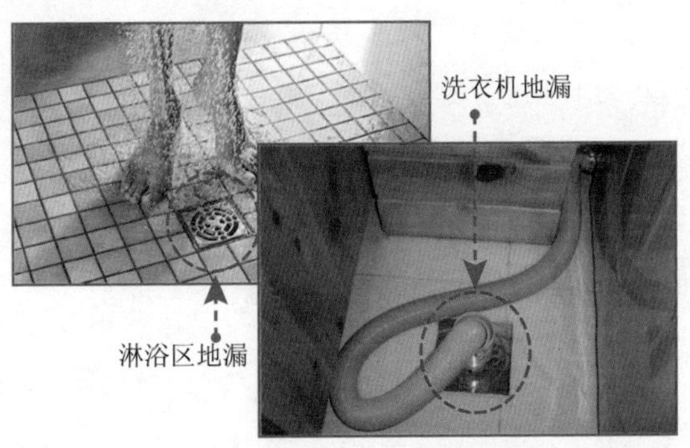
洗衣机地漏
淋浴区地漏

图5-2 家中需要使用地漏的地方

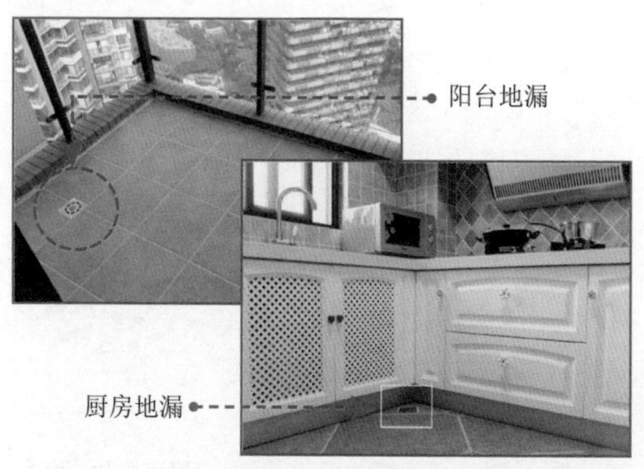
阳台地漏
厨房地漏
总结：地漏的数量上，一个普通家庭一般需要5个左右，卫生间2个，洗衣机房1个，厨房1个，阳台1个。

图5-2 家中需要使用地漏的地方（续）

5.2.2 常见地漏的种类

从内部结构分，地漏主要包括：浅水封地漏、深水封地漏、翻板芯地漏、T形磁铁地漏、硅胶式地漏、弹簧式地漏等，如图5-3所示。

面板主体
盖板
浅水封地漏，主要通过表面的水封住臭味，此种地漏不能很好地防臭，容易发生堵塞，排水速度慢。
面板
盖板
滤网
一体内芯
一体外芯
深水封地漏有内外两层胆，防臭性能极佳，缺点是地面要垫高，地漏的排水速度慢，有时候会发生堵塞的情况，易沉积污垢。
面板主体
翻板芯
盖板
翻板芯地漏：其优点是下水速度快，但防臭效果会慢慢变差，容易损坏。
小盖
过滤网

图5-3 地漏的种类

T形磁铁地漏：其通过两片磁铁的磁力吸合密封垫来密封，有水时打开，没水时关上。由于磁铁容易吸附各种杂质和由于头发缠绕而失效，密封效果变差。

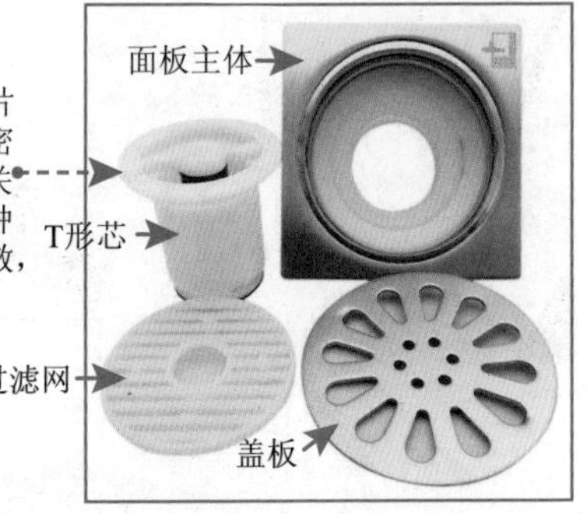
面板主体
T形芯
过滤网
盖板

硅胶式地漏的下水处是有硅胶片，有水时冲开硅胶片，无水时硅胶闭合，起到防臭效果。此种地漏下水很快，防臭效果也比较好，但污垢留在两硅片处就会形成缝隙，影响防臭。另外，不耐腐蚀、也不防虫鼠，使用寿命较短。

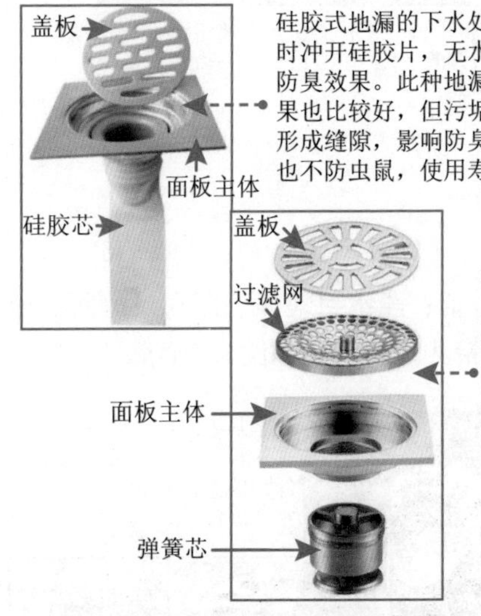
盖板
面板主体
硅胶芯
盖板
过滤网
面板主体
弹簧芯

弹簧式地漏利用弹簧、密封垫及盖板来实现密封。弹簧式地漏具有排水快的优点，但是弹簧容易锈蚀，弹性逐渐减弱，直至失效，寿命不长。此外，弹簧容易缠绕毛发、织物，不易清理，防臭效果较差。

总结：每种地漏都有优点和缺点，有的防臭效果好，有的排水速度快。建议大家要按实际用途选择地漏。比如，如果是洗衣机排水，还是要优先选择洗衣机专用地漏或者两用地漏；经常排水和不经常排水的区域使用的地漏也不一样，比如淋浴区经常排水以及排水量比较大的区域，选择水封的、排水快的地漏比较合适。而像阳台、厨房和卫生间的干区，这些区域由于长期不经常排水，选择无水封的地漏更合适。

图5-3　地漏的种类（续）

5.3　地漏选择技巧

5.3.1　地漏材质选择有讲究

由于地漏埋在地面以下，而且要求密封好，并不能经常更换，因此选择适当的材质非常重要。市场上的地漏从材质上分主要有：全铜材质、不锈钢材质、PVC材质、合金材质等，如图5-4所示。

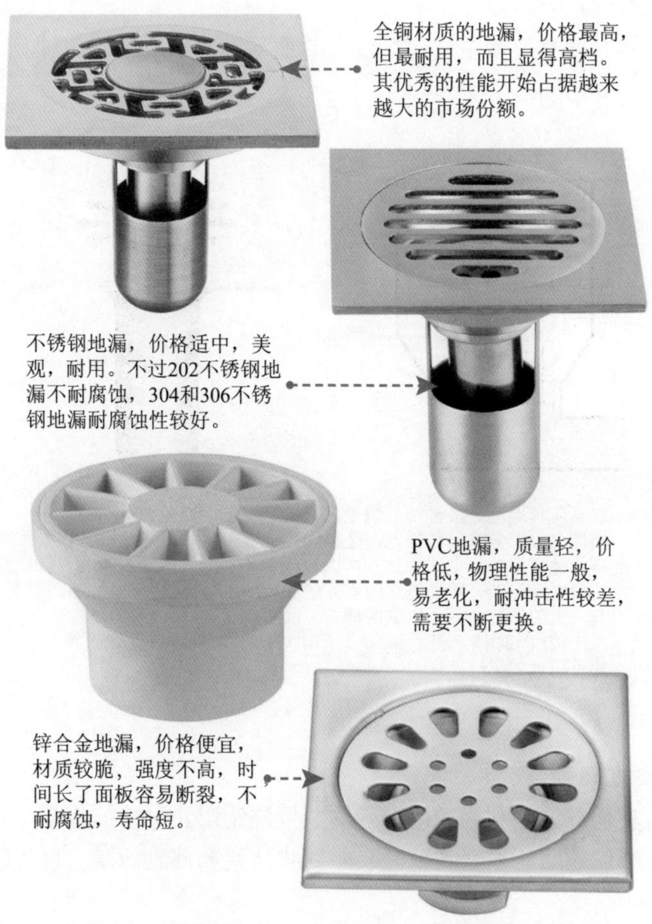
全铜材质的地漏，价格最高，但最耐用，而且显得高档。其优秀的性能开始占据越来越大的市场份额。
不锈钢地漏，价格适中，美观，耐用。不过202不锈钢地漏不耐腐蚀，304和306不锈钢地漏耐腐蚀性较好。
PVC地漏，质量轻，价格低，物理性能一般，易老化，耐冲击性较差，需要不断更换。
锌合金地漏，价格便宜，材质较脆，强度不高，时间长了面板容易断裂，不耐腐蚀，寿命短。
总结：全铜镀铬地漏最好，美观、耐用，价格最高；不锈钢性价比最好，304或306不锈钢地漏耐用、美观，价格适中；其他两种地漏价格较便宜，耐用性较差。

图5-4　地漏材质

5.3.2　防臭地漏大比拼

选购地漏，除了材质外，下水畅快和防臭也很关键。现在市场上的地漏基本上都具有防臭功能，根据防臭原理、设施、方式的先进程度，价格也不尽相同。在选购时应根据需要选择最适合的一款。

按防臭方式地漏主要分为三种：水封防臭地漏、自封防臭地漏和三防地漏。

1．水封防臭地漏

常见的水封防臭地漏主要包括浅水封地漏和深水封地漏两种。水封防臭地漏的原理如图5-5所示。

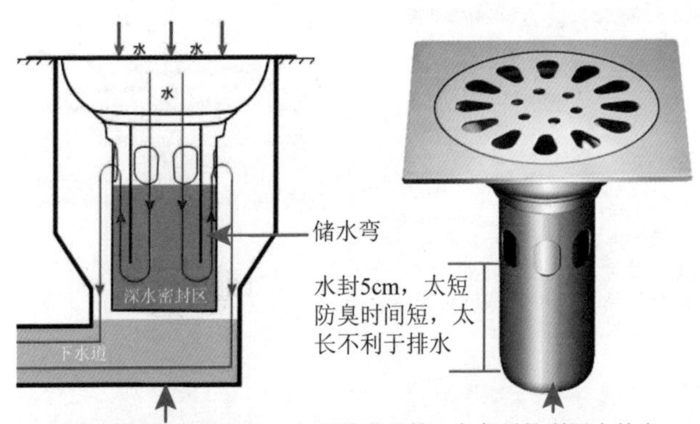
水
水
水
储水弯
深水密封区
下水道
水封5cm，太短防臭时间短，太长不利于排水
水封防臭地漏是最传统，也是最常见的。它主要是利用水的密闭性来阻止异味的传播，在地漏的构造中，储水弯是关键。这样的地漏应该尽量选择储水弯比较深的，不能只图外观漂亮。按照国家标准，新型地漏的本体应保证的水封高度是5cm，并有一定的保持水封不干涸的能力，以防止泛臭气。如果其储水弯比较浅（如浅水封地漏），其储水弯的水比较容易蒸发没了，导致防臭效果较差。

图5-5　水封防臭地漏

2．自封防臭地漏

自封防臭地漏就是利用地漏自带的装置隔绝阻止臭味的传播。常见的自封地漏主要有翻板地漏、弹簧式地漏、磁铁式地漏和硅胶地漏。自封防臭地漏的原理如图5-6所示。

翻板地漏中的翻板利用重力原理，有水来的情况下打开，没水的情况下合闭。翻板地漏结构比较简单，价格比较便宜。不过地漏芯翻板如果缠上杂物，合闭时会造成堵塞封合不严实，就会漏气不防臭。

图5-6　自封防臭地漏的原理

弹簧式地漏主要利用水的重力打开盖板，水就从盖板下去，而没有水的情况下盖板不会打开。上弹式需要按压两次才能完成，一般多用于洗漱盆。弹簧自封地漏具有排水快的优点，但是由于弹簧性能逐渐减弱，直至失效，寿命不长。此外，弹簧容易缠绕毛发、织物，不易清理。

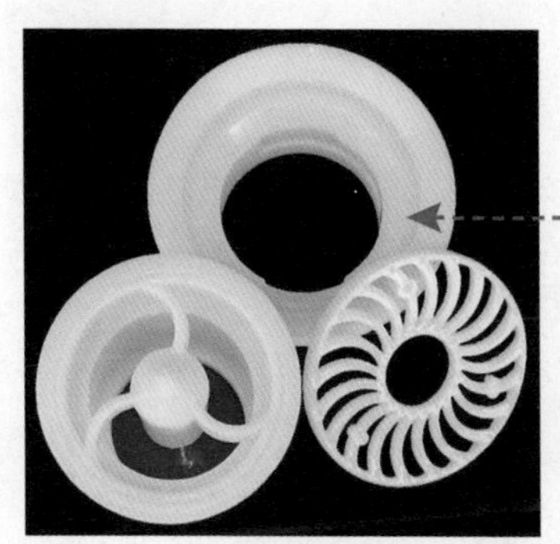

磁铁式地漏主要是利用两片磁铁的磁力吸合密封垫来密封。地漏有水时打开，没水时关闭。磁铁地漏适合使用在厨房，由于磁铁容易吸附各种杂质和被头发缠绕，因此不能安装在浴室。此外由于污水中会含有一些铁质杂质吸附在吸铁石上，一段时间后，杂质层就会导致密封垫无法闭合，防臭效果也会变差。

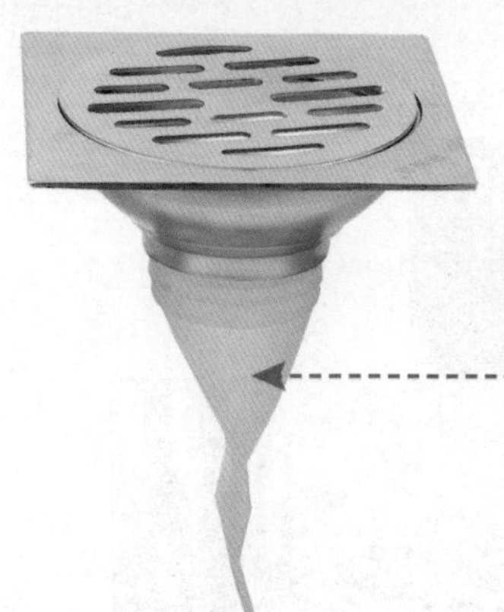

硅胶地漏主要用硅胶做成鸭嘴形出水口，排水时，冲开口，特别顺畅。不排水时，闭合严实，防臭效果较好。此外，地漏排水时能把包括头发、杂质之类的东西直接冲下去，不会引起管道堵塞，基本算得上免清理地漏。不过，时间长了硅胶闭合不严时，防臭效果就会变差，如果硅胶闭合不紧，还有可能被冲下下水管道。

图5-6　自封防臭地漏的原理（续）

3．三防地漏

三防地漏是指防臭、防虫、防溢水的地漏。三防地漏是迄今为止最先进的防臭地漏。如图5-7所示。

三防地漏一般都是T形的地漏，地漏下面的排水管里会装个小浮球，这个小浮球受到水管和气压的压力，就会顶住，从而起到防臭、防虫、防溢水的作用。

图5-7　三防地漏

总结：防臭效果最好的是深水封地漏和三防地漏。

5.4 需要注意的问题

安装地漏应注意的问题如图5-8所示。

问题1：尺寸。房子在交房时排水的预留孔都是比较大的，装修时需要装修人员予以修整。许多消费者购买地漏都是根据装修队修整过的排水口尺寸去选购地漏，但市场上的地漏却全部是标准尺寸，所以选购不到满意的产品的情况时有发生。因此在这里提醒消费者，应在装修的设计阶段就先选定自己中意的地漏，然后根据地漏的尺寸让装修队施工。另外地漏盖板的开孔孔径应控制在6~8mm之间，防止头发、污泥、沙粒等污物进入地漏。

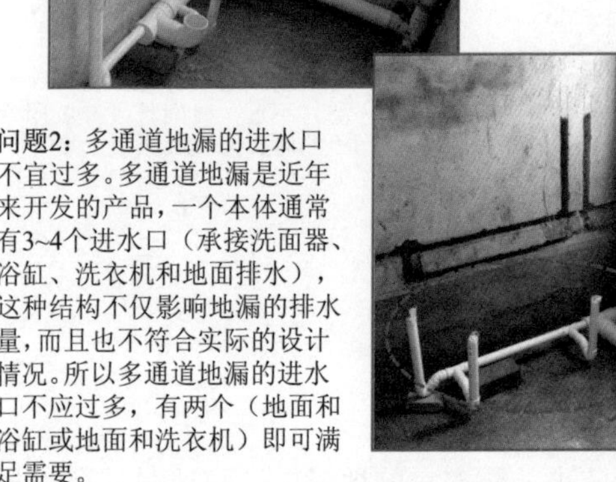
问题2：多通道地漏的进水口不宜过多。多通道地漏是近年来开发的产品，一个本体通常有3~4个进水口（承接洗面器、浴缸、洗衣机和地面排水），这种结构不仅影响地漏的排水量，而且也不符合实际的设计情况。所以多通道地漏的进水口不应过多，有两个（地面和浴缸或地面和洗衣机）即可满足需要。

图5-8　安装地漏应注意的问题

5.5　地漏施工技巧

地漏作为污水流经的最终管口，安装处理不到位很容易藏污纳垢，后期的返味会令人非常难受。地漏施工方法如图5-9所示。

现场视频　即扫即看

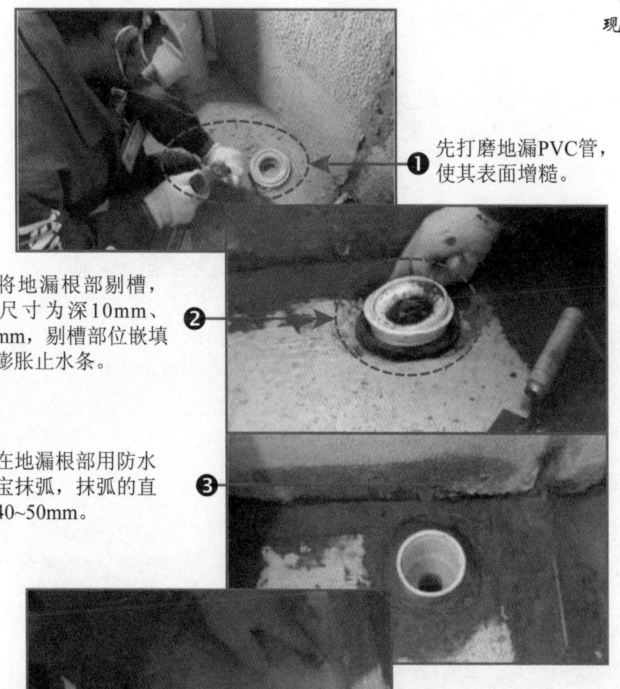
❶ 先打磨地漏PVC管，使其表面增糙。
❷ 然后将地漏根部剔槽，槽的尺寸为深10mm、宽20mm，剔槽部位嵌填雨水膨胀止水条。
❸ 接着在地漏根部用防水堵漏宝抹弧，抹弧的直径为40~50mm。
❹ 铺贴胎体增强布。布的宽度以200~300mm为宜，平面搭接宽度150~250mm，地漏内返尺寸以50mm为宜。　且增强布不得有褶皱、不平、翘边等现象。

❺ 等地漏附加层干燥成膜后，开始做防水涂层。

图5-9　地漏施工方法

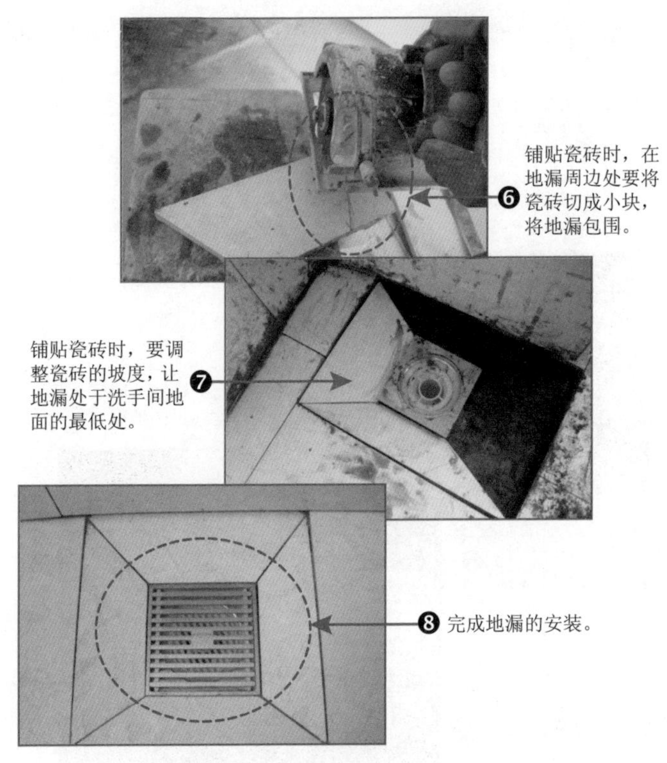
❻ 铺贴瓷砖时，在地漏周边处要将瓷砖切成小块，将地漏包围。
❼ 铺贴瓷砖时，要调整瓷砖的坡度，让地漏处于洗手间地面的最低处。
❽ 完成地漏的安装。

图5-9 地漏施工方法（续）

5.6 别人的装修遗憾与体会

装修遗憾与体会1：个人认为根据用水量选择地漏，如果用水量大而且频繁，选择下水口较大，水封较浅（拿几个地漏比较一下就知道了），而且不带橡皮/塑料密封圈的，容易排水的，只要水不干就行，如果不太经常用水的地方，采用带塑料/橡胶的就好。我就买了一个带弹簧的。

装修遗憾与体会2：卫生间淋浴地漏返味，另外，洗衣机旁的地漏用了可以直接插下水管的那种地漏，大错！返味直接到洗衣机。

装修遗憾与体会3：地漏旁边的瓷砖铺贴处理也至关重要，我家淋浴地漏的两侧各铺了一块瓷砖，且在瓷砖一侧的中间位置，水流到地漏的位置总是不会彻底流干净，总有存水。建议当卫生间地砖较大、地漏又恰好不在砖缝的时候，正常的做法应该是将瓷砖切割成四部分，让紧挨地漏旁瓷砖的四个边都最低，以达到不存水的目的。如图5-10所示。

图5-10　4种正确的铺砖方法

装修遗憾与体会4：淋浴地漏安装的深水封防臭地漏，每次洗澡时，水排的太慢，积水能没了拖鞋，因此建议买淋浴防臭地漏一定要买排水快的，还得防臭好的。

装修遗憾与体会5：地漏做少了。卫生间5平方米，装修时只在坐便器旁边和洗手盆下面安了地漏。当时看起来挺不错，可使用起来非常不方便。用的是淋浴，一洗澡水就溅一地，弄得整个卫生间地面都湿了。另外，由于无法排水，洗衣机根本不能使用。建议根据洗衣机位置安排好洗衣机的排水地漏。

第 6 章

马桶的选购与施工

卫生间是装修工作中的重头戏，马桶是卫生间必不可少的洁具，每天都会用到，因而其选购特别重要，选不好会直接影响你的日常生活。那么市场上的马桶种类繁多，怎样才能挑选到一款心仪的马桶呢？本章将进行重点讲解。

6.1 马桶的种类

市场上的马桶按排污方式区分有冲落式、虹吸喷射式和虹吸旋涡式等。另外根据马桶水箱的情况，还分为分体式、连体式、挂墙式三种。如图6-1所示。

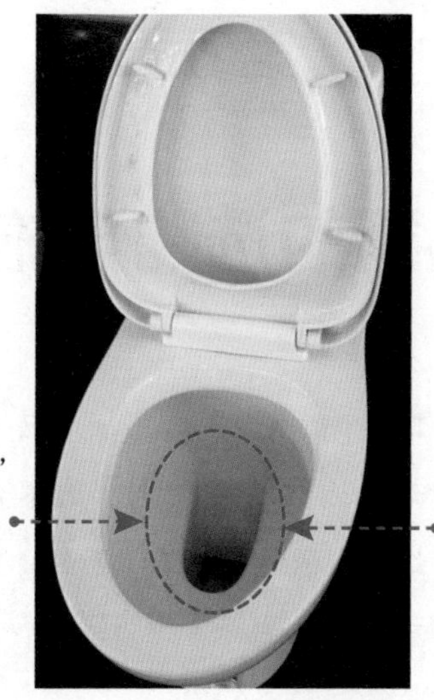

冲落式坐便器是最传统的，也是目前国内中、低档马桶中最流行的一种排污方式，主要是利用水流的冲力排出污物。

冲落式坐便器特点：池壁较陡、容易产生积垢现象、噪声大、价格便宜，用水量少。

（a）冲落式马桶

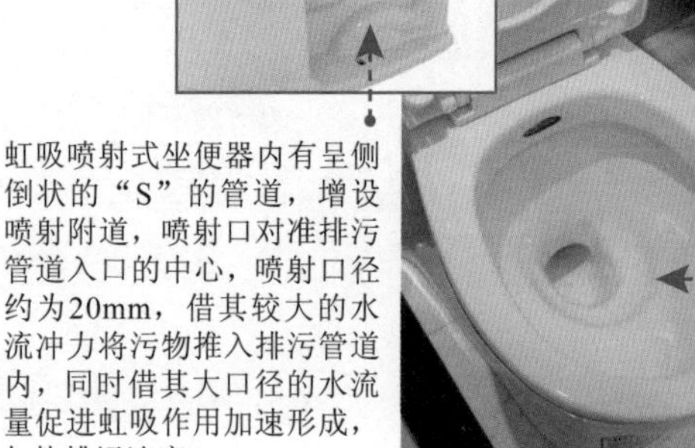

虹吸喷射式坐便器内有呈侧倒状的“S”的管道，增设喷射附道，喷射口对准排污管道入口的中心，喷射口径约为20mm，借其较大的水流冲力将污物推入排污管道内，同时借其大口径的水流量促进虹吸作用加速形成，加快排污速度。

虹吸喷射式坐便器特点：池壁坡度较缓、可减少气味、防止溅水、噪声较小。

（b）虹吸喷射式马桶

图6-1　马桶种类

旋涡式坐便器是档次最高的，利用冲洗水从池底沿池壁的切线方向喷出促成旋涡，随着水位的增高充满排污管道，当便池内水面与便器排污口形成水位差时，虹吸形成，污物随之排出。

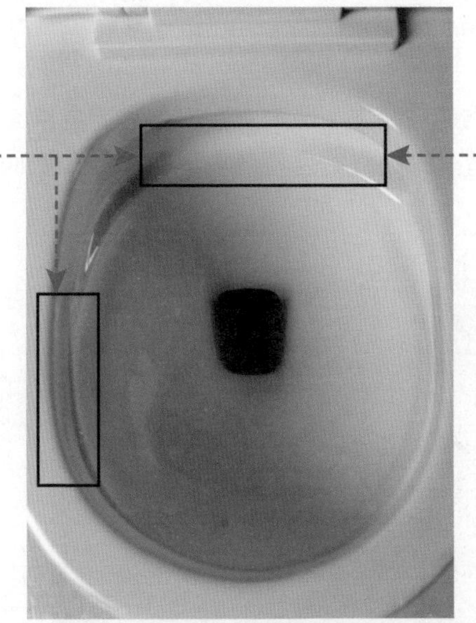

旋涡式坐便器的特点：水箱与便器合为一体、冲水过程迅速彻底、存水面积大、气味小、噪声低。

（c）旋涡式马桶

分体式坐便器的水箱与座体分开设计、安装。价格便宜、维修简单、占地较大，不易清理。

（d）分体式

连体式坐便器的水箱、马桶座体合二为一。安装省事，便于清洁。占地较小，造型多、价格比分体高。

（e）连体式

挂墙式坐便器的水箱嵌入墙体内部，可以“挂”在墙上使用。节省空间，质量要求极高，价格比较贵。

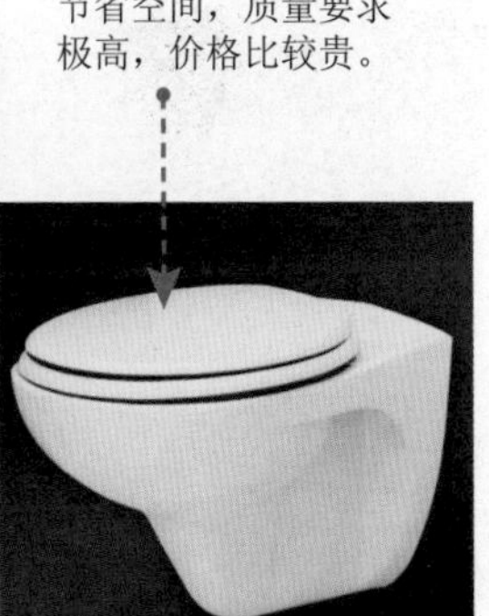

（f）挂墙式

图6-1　马桶种类（续）

6.2 如何选购马桶

近年来马桶种类越来越多，品牌也层出不穷。所以大家在选购马桶时，要根据自己家庭实际情况来选择更为妥当。马桶选购方法如图6-2所示。

首先要量好排水口中心到墙的距离，然后选择同等距离的坐便器，否则无法安装，一般距离为305mm或400mm。

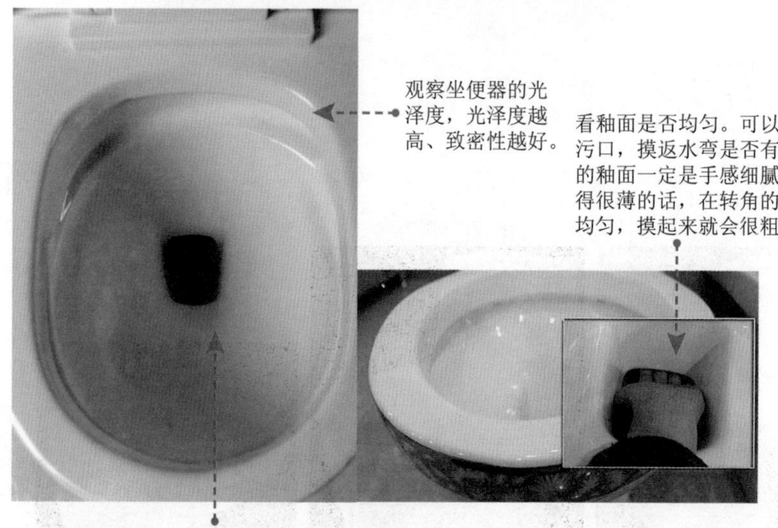
观察坐便器的光泽度，光泽度越高、致密性越好。
看釉面是否均匀。可以把手伸进排污口，摸返水弯是否有釉面。合格的釉面一定是手感细腻的，釉面用得很薄的话，在转角的地方就会不均匀，摸起来就会很粗糙。
选择不同的排水方式。冲落式及虹吸冲落式注水量约为9升左右，排污能力强，只是冲水时噪声大。旋涡式一次用水量较大，为13~15升，但它具有良好的静音效果

图6-2 马桶选购方法

6.3 马桶的安装技巧

马桶理想的安装高度为360~410mm。卫生间排水管道有S弯管的，应尽量选用直冲式便器，选用虹吸式便器后，安装上应留排气孔，使之保持同一气压以达到虹吸效果。马桶的安装方法如图6-3所示。

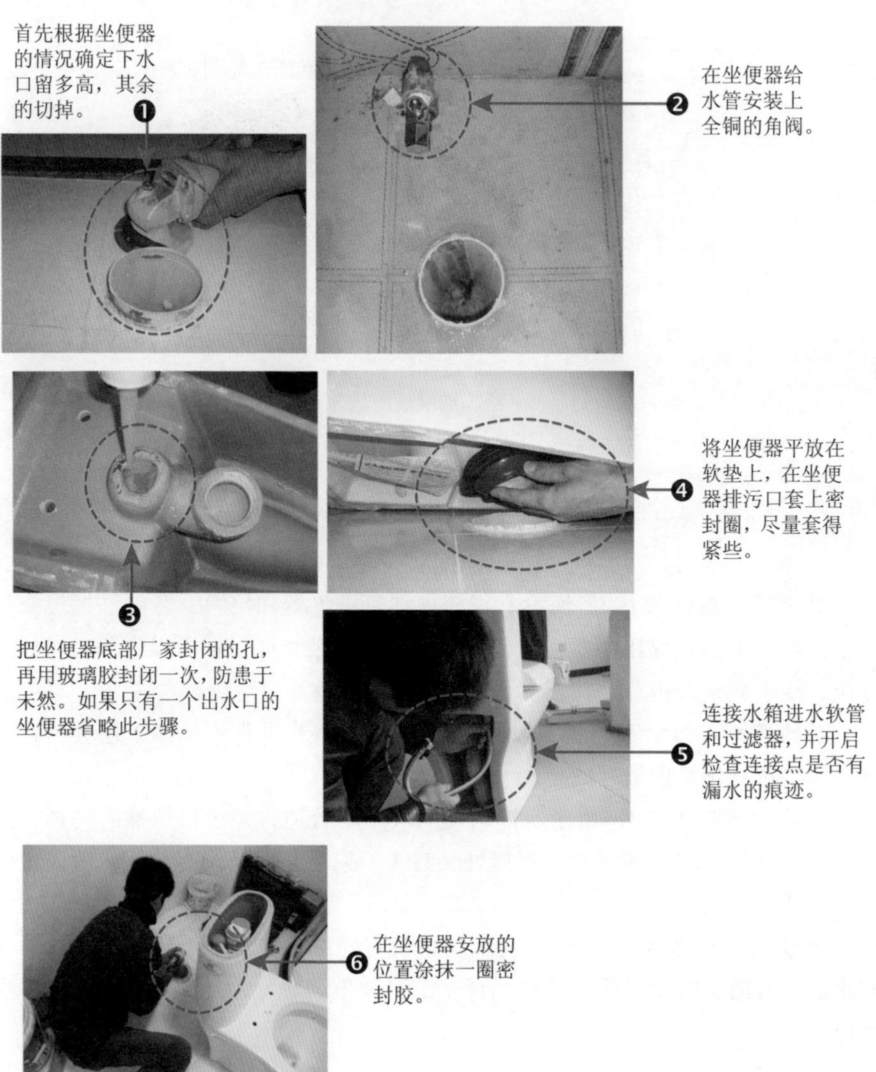
首先根据坐便器的情况确定下水口留多高，其余的切掉。❶
❷ 在坐便器给水管安装上全铜的角阀。
❸ 把坐便器底部厂家封闭的孔，再用玻璃胶封闭一次，防患于未然。如果只有一个出水口的坐便器省略此步骤。
❹ 将坐便器平放在软垫上，在坐便器排污口套上密封圈，尽量套得紧些。
❺ 连接水箱进水软管和过滤器，并开启检查连接点是否有漏水的痕迹。
❻ 在坐便器安放的位置涂抹一圈密封胶。

图6-3　马桶的安装方法

将排污口清理干净，然后抬起坐便器，使排污口中心下水孔对正（如果坐便器需要螺栓固定，安装时要注意将固定在地板上的螺栓穿过坐便器的安装孔），然后向下压紧，直至坐便器平稳。

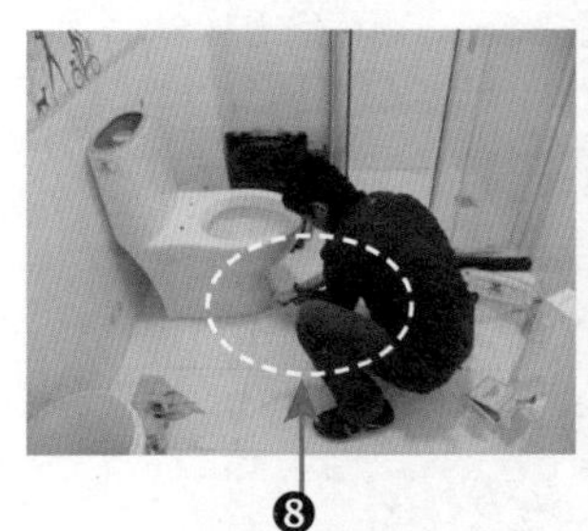

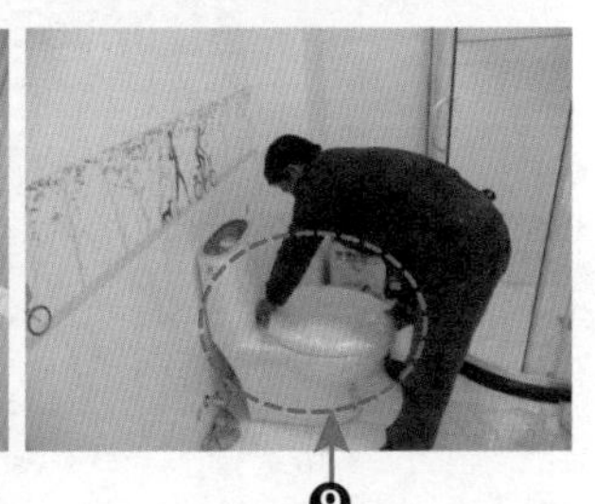

❽ 坐便器与地面的接触面打上密封胶。

❾ 按照盖板说明书的要求和步骤安装盖板。

图6-3 马桶的安装方法（续）

6.4 别人的装修遗憾与体会

装修遗憾与体会1：后悔没有提前规划家里电器和尺寸，智能马桶没有插座，沙发后面的插座用不了，装修时如果没有安装智能马桶可以先预留好插座点位，便于后期升级。

装修遗憾与体会2：后悔马桶没有买好的，现在冲洗不干净，还会堵，马桶一定要选择预算内最好的。

装修遗憾与体会3：由于所选马桶的坑距不合适，装了移位器的马桶，总是有异味溢出，将底座与地面连接处又封了一遍后，还是没有改善，所以最好选择合适坑距的马桶。

装修遗憾与体会4：在挑选马桶时，没有仔细挑选马桶的釉面，导致马桶冲水后，有时会有少量污物沾在马桶壁上，冲不彻底，还要用马桶刷再刷一次才行。

装修遗憾与体会5：由于挑选马桶时，没注意马桶陶瓷的吸水率，选了一款吸水率高的马桶。导致马桶用了一段时间以后，表面看上去脏脏的，污垢很难清理掉。

第 7 章

用暖气片还是地暖

目前国内的采暖方式有很多种，但是只有三种是使用频率比较高的，分别是地暖、暖气片、空调。这三者当中，地暖和暖气片取代空调作为新型节能的取暖设备，被人们广泛使用。那么地暖和暖气片比较，哪个更适合普通家庭呢？

7.1 暖气片和地暖优劣对比

装地暖还是暖气片，正所谓寸有所长，尺有所短，两者各有各的优势和缺点。下面详细对比一下地暖和暖气片的优缺点方便大家挑选适合自己的，如图7-1所示。

（1）舒适度比较：地暖更舒适。

- 地暖是目前公认的最舒适、最时髦的采暖方式。采用的是低温地板采暖的方式供暖，“温足而凉顶”，脚下温暖舒适，适合人体温感需求；温度均衡，散热均匀，无风吹拂感，不易产生浮尘，无噪声，卫生环保。
- 暖气片：是以对流为主的采暖方式。暖气片先加热其周围空气，使空气在房间内形成对流从而达到采暖目的。这种采暖方式是暖气片周围的温度高，随着与暖气片距离的加大，温度递减，同一层面的温度温差较大，这一现象在大空间房间内尤其明显，舒适感相对差一些。

（2）升温速度比较：暖气片升温更迅速。

- 地暖：地暖升温较慢，一般需24小时开启，才能达到最佳的舒适度。因为地暖采用的是低温热水辐射，散热较慢，需要一定的时间才能对房间进行加热。
- 暖气片：升温速度远远超过地暖，一般打开暖气片半小时左右，就能感觉到温暖，也不需长期加热，可以做到随走随关，适合上班族使用。

（3）节能性比较：地暖更节能。

- 地暖：虽然地暖需全天加热来保证温度的平衡，但是其节能程度去远远高于暖气片。因为地暖采用的是低温辐射散热，且地暖具有控温，调温的功能，虽开启时间长但耗能少。
- 暖气片：暖气片属于空气对流散热，要求水温要达到一定高度，且暖气片没有控温装置，在热水冷却之后又要进行循环加热，所以对能源的损耗高于地暖的30%，在节能程度上，地暖占明显优势。

（4）安装便捷度比较：暖气片安装更方便。

- 地暖：地暖是一个隐蔽的工程，工程量浩大，尤其是地暖管的敷设要十分小心，避免后期出现漏水的麻烦，而且只有毛坯房才能安装地暖。
- 暖气片：暖气片有明装和暗装两种方式。暗装管道隐藏，施工略为复杂、已经装修好的房子只能选择明装安装方式，走明装管道，施工周期短，方便快捷。

（5）安装价格比较：价格相当。装地暖还是暖气片还要考虑价格问题，整体而言，地暖和暖气片的价格差不多。根据使用的材质、品牌不同价格也不同。

总结：采用装地暖还是装暖气片，首先，已经装修好的房子只能安装暖气片。若是毛坯房，两者都可以，总体来说，地暖更舒适，适合家里长期有老人小孩的居民；暖气片即开即热，更适合生活节奏快的都市一族。

暖气片升温快，适合所有的地板材质，适合所有的房子（装修过的也可以）；但会占用一定空间，舒适度较差

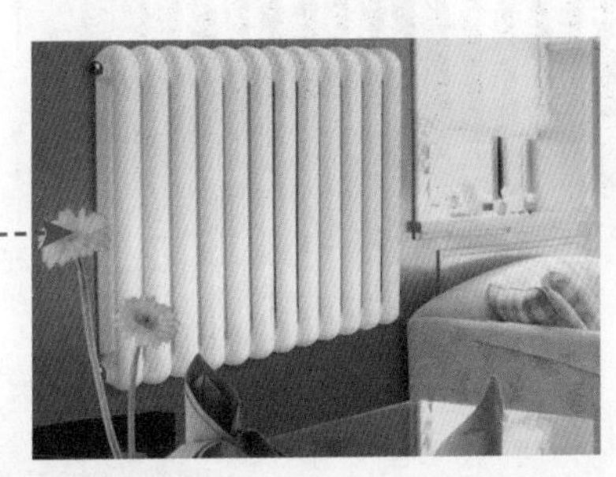

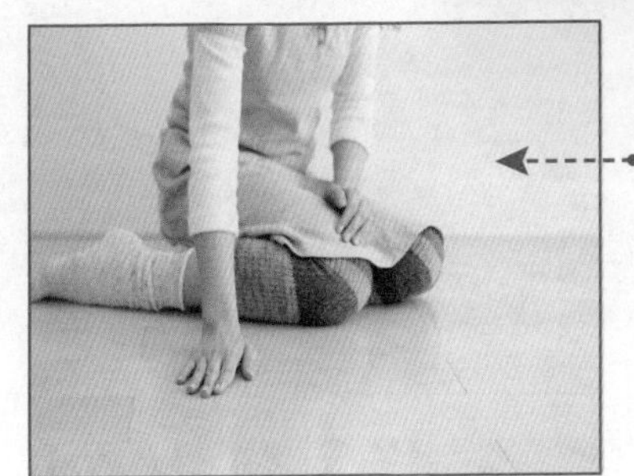

地暖的舒适度更好，节约空间，运行成本较低，热稳定性好，使用寿命长。但对地板有一定要求（最好是瓷砖），占用一定的层高（5cm左右），适合毛坯房。

图7–1　暖气片和地暖优劣对比

7.2 如何挑选与安装暖气片

7.2.1　辨别暖气片材质

辨别暖气片的好坏可以从材质入手。暖气片从材质上大致可以分为铸铁暖气片、铝合金暖气片、钢铝复合暖气片、钢制暖气片、铜铝复合暖气片、铜制暖气片等。如图7-2所示。

（1）铸铁暖气片
优点：机械强度大、价格便宜、经济实惠。
缺点：外形粗糙、笨重；造型单一；散热效率低；承重能力较差；接口处易漏水。
价位：中低档价位。

（2）铝合金暖气片
优点：传热能力强，耐酸、耐氧化；体积小、重量轻、散热效率高。
缺点：壁薄，容易发生碱腐蚀，产生泄漏，对水质有要求。
价位：中档价位。

（3）钢铝复合暖气片
优点：存水量大，散热效果好，重量轻、强度高外形美观；体积小、重量轻；承重能力强；散热效率高，适合碱性。
缺点：壁厚比铸铁薄，如果水质含氧量高，容易产生腐蚀。
价位：中高档价位。

图7-2　从材质辨别暖气片好坏

（4）钢制暖气片
优点：质量稳定，热性能好，工作压力较高；存水量大，散热效果好；壁厚，耐腐蚀。
缺点：在供暖水质不好的条件下，易氧化腐蚀，需要满水保养，装饰性较差。
价位：中档价位。

（5）铜铝复合暖气片
优点：承压高、装饰性好、耐腐蚀、使用寿命长，导热性能好，散热量大，高效节能，而且适合碱性水质的采暖需求。
缺点：存水量较少，保温时间短。
价位：中高档价位。

（6）铜制暖气片
优点：导热性能极强，散热效果好，耐腐蚀，使用寿命长。
缺点：造价高、不易运输，市场占有率极低。
价位：高档价位。

图7–2　从材质辨别暖气片好坏（续）

总结：钢制暖气片不能在开放式无压锅炉或蒸气供热系统中使用；铝合金暖气片不能在水质PH值过大的供热系统或蒸气供热系统中使用；铜铝复合暖气片对水质无特殊要求。从目前市场情况来看，钢制暖气片和铜铝复合暖气片使用效果最好，还能美化家居环境，受到越来越多用户的青睐。

7.2.2 挑选暖气片的技巧

选择暖气片应注意的问题如图7-3所示。

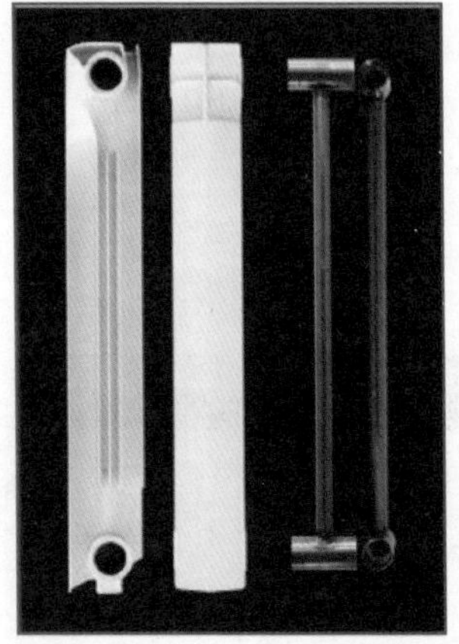

（1）选购暖气片首先要考虑暖气片的材料
因为材质决定了它的供热性能、安全性、可靠性及寿命的长短。从散热性能来讲，铜铝复合和铝合金的最好，其次是钢制的，再次是铸铁。

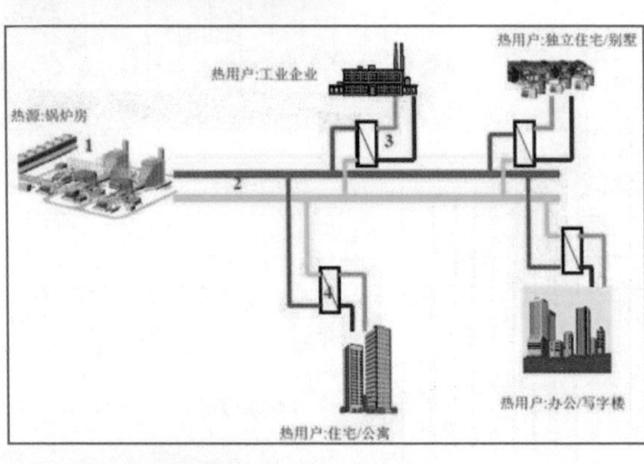
热用户:独立住宅/别墅
热用户:工业企业
热源:锅炉房
1
3
2
4
热用户:办公/写字楼
热用户:住宅/公寓

（2）了解供热系统
各地方的热水水质差别很大，有的含氧量高，有的水质偏酸性，有的水质偏碱性，因此在选购暖气片前，要向供热单位或小区物管单位了解本小区的供热系统是什么形式，根据其水质特点决定购买什么材质的散热器。如钢制暖气片不能在开放式无压锅炉或蒸气供热系统中使用；铝合金的不能在水质PH值过大的供热系统或蒸气供热系统中使用。

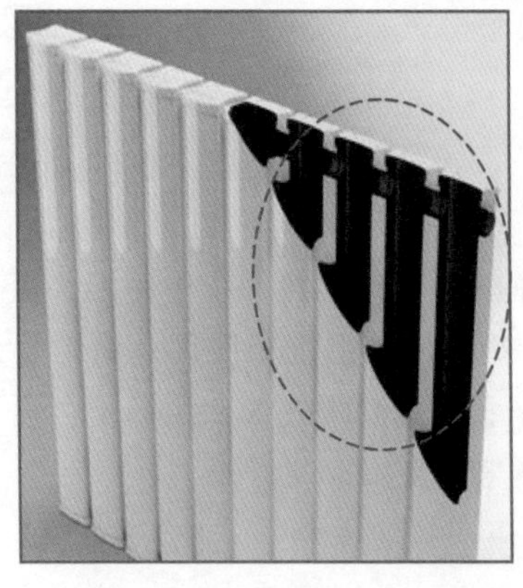

（3）辨别内防腐层
一般正规品牌暖气片的内防腐材料是高压打进去的，无死角、气泡，防腐性能好；小品牌暖气片的内防腐层是手工灌进去的，存在死角、气泡等，防腐性能差。选购暖气片时，要看其是否是专业防腐，方法：通过用手摸内水道检查和查看防腐检测报告等来综合判断。

图7-3　选择暖气片应注意的问题

（4）尽量选择品牌的产品

良莠不齐的市场直接造成了行业和市场的无序，产品、零配件不合格，安装不规范，材质与系统不配套等问题不断出现。所以，消费者最好到正规市场选择大品牌的暖气片，除有质量保证外，还有完善的安装和售后保障体系。

（5）看其安装和售后

暖气安装质量不过关，如定位不准、安装不牢、插接不到位、丝扣连接缺乏规范等，容易造成接头处漏水，甚至脱管跑水等问题。一般品牌暖气片会有专业的安装队伍，而且它的售后质保期比较长，购买时应该会签订合同。

（6）计算所需的数量

如果暖气片标注的参数是散热面积，则所需的柱数就是房间的面积除以散热面积。如房间面积为20m²，选择图中的650型暖气片，其散热面积为1.5m²，则所需的柱数为：20/1.5=13.3，约为14柱。

型号	中心距	满高	间隙	单片宽度	单片厚度	工作压力	散热面积
列宾-650	600MM	650MM	7MM	75MM	75MM	1.5MPa	1.5㎡
列宾-1550	1500MM	1550MM	7MM	75MM	75MM	1.5MPa	3.5㎡
列宾-1850	1800MM	1850MM	7MM	75MM	75MM	1.5MPa	4㎡

注：1.本表参数是在进水温度95度，出水70度的情况下。
2.本表所列使用面积为约数，具体使用面积还要根据供暖温度、供暖时间、建筑围护结构等因素调整。具体可以咨询专业客服。

SJLZ四水道铝合金柱翼式散热器技术参数

同侧进出口中心侧(mm)	片总高(mm)	单柱宽(mm)	单柱厚(mm)	容水量(L/柱)	接口尺寸(GLW)	工作压力(Mpa)	散热量(W/柱)	参考取暖面积(m²/柱)
300	346	100	40	0.68	3/"4.1"	0.8	75	1
400	446	100	40	0.9	3/"4.1"	0.8	105	1.4
500	546	100	40	1.12	3/"4.1"	0.8	124	1.7
600	646	100	40	1.3	3/"4.1"	0.8	148	2.0
800	846	100	40	1.7	3/"4.1"	0.8	198	2.6
1200	1246	100	40	2.6	3/"4.1"	0.8	315	4.2
1500	1546	100	40	3.25	3/"4.1"	0.8	380	5.2
1800	1846	100	40	3.9	3/"4.1"	0.8	46[illegible]	6.2

如果暖气片标注的参数是散热量，则所需的柱数就是房间需要的散热量除以暖气片的散热量。一般楼房每平米约需80W左右的散热量，平房每平米需要100W的散热量。如果楼房客厅的使用面积为20m²，所需的散热量约为1600W（取中间值），选择图中1500型，其散热量为460W，则需要的柱数为：1600/380=4.21，约为5柱。

图7-3　选择暖气片应注意的问题（续）

7.2.3 暖气片安装要点

暖气片安装步骤和要点如图7-4所示。

❶ 先与暖气片销售商的技术人员一起进行实地测量设计，确定暖气片的型号、片数、进出水方式和具体的安装位置。技术员根据实际情况并与业主沟通，确定暖气片的型号、组数、每组片数和安装位置等，并与销售商签订暖气片购销合同。

❷ 与暖气片施工单位签订施工协议，以确保施工质量和风险，一般施工单位要在施工协议上注明，暖气系统的施工至少要质保一个采暖季。如果暖气片销售单位和施工单位为同一个单位最好。

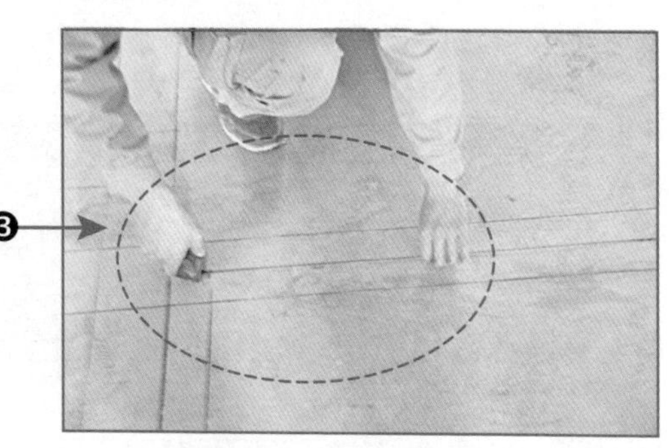

❸ 暖气片安装的前期施工。施工时间是在墙壁改造后，水电施工前或施工后，并且必须在其他装修工序施工前进行。前期施工包括暖气设备的定位、开槽、布管（或改管道）、管道连接（焊管）、集分水器的安装等。

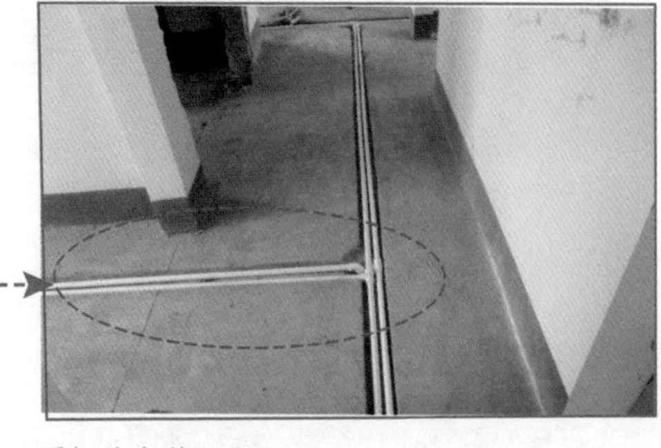

注意：为了美观，如果是在装修前进行的暖气安装，暖气主管与暖气片连接的支管一定要暗埋入地面下或墙内，与暖气片连接时只能看到温控阀门；另外，注意爱护暖气管道和设施，不得移动、损坏。

图7–4 暖气片安装要点

打压测试。

（1）将试验管道末端封堵，缓慢注水，同时将管道内气体排出。

（2）充满水后，进行水密性检查。

（3）加压宜用手动泵缓慢升压，升压时间不得少于10分钟。

（4）升至规定试验压力后（工作压力的1.5倍，不少于1.0Mpa；如果暖气片系统的工作压力较大，试验压力要相应增加），停止加压，稳压1小时，压力降不得超过0.06Mpa。在30分钟内，允许两次补压，升至规定试验压力。

（5）在工作压力的1.15倍状态下（工作压力一般不大于0.6Mpa，即试验压力为0.8Mpa即满足要求），稳压2小时，压力降不得超过0.03Mpa，同时检查各连接合格。

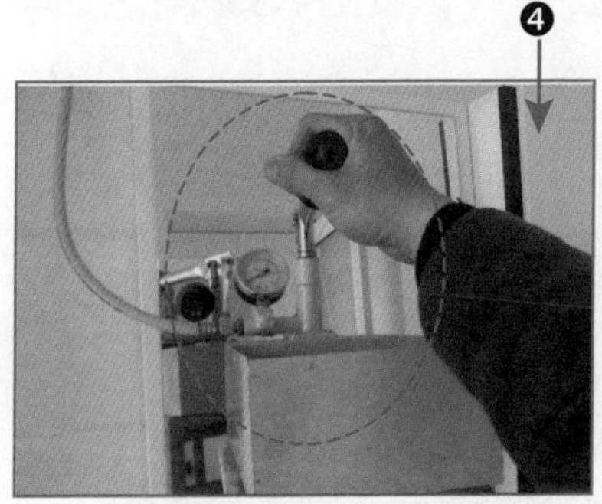
4

暖气片后期安装。在装修工作进行到墙壁已粉刷完毕或贴好墙纸后，进行暖气后期工程施工。后期工程包括：暖气片的安装（暖气片的固定悬挂、阀门与暖气片和供暖管的连接）、整个系统加压检测和暖气片的调试等。

5

注意：后期工程加压检测：

（1）在加压前，要对整个系统进行冲洗，确保系统中没有杂质。

（2）在确保管道末端都封堵，并且散热器的堵头和排气阀都拧紧的情况下，对系统进行缓慢注水，同时利用散热器的排气阀以及集分水器的排气阀将整个系统的气体排出。

（3）加压宜用手动泵缓慢升压，升压时间不得少于10分钟。

（4）升至规定试验压力后（参考0.8Mpa）(工作压力的1.5倍，但不少于0.6Mpa)，停止加压，稳压2小时，压力降不超过0.05Mpa，同时检查各连接处无渗漏为合格。

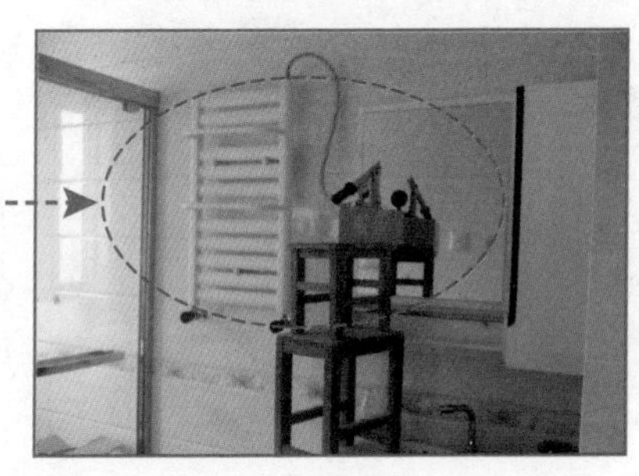

图7–4　暖气片安装要点（续）

7.3 如何挑选地暖

7.3.1 常用地暖有哪几种

常用地暖的种类包括水地暖和电地暖，如图7-5所示。

水地暖。它是以温度不超过60℃的热水为热媒，在加热管内循环流动，加热地板，通过地面以辐射和对流的传热方式实现供暖。水地暖温暖舒适、美观健康、环保节能。水地暖有高度可靠的安全性，管道使用寿命长。

（1）干式水地暖。干式水地暖就是不用浇混凝土在挤塑板和盘管上面，即不用回填，又称为超薄地暖。多应用于楼层较矮的房间，或精装修的房间。因只能用地板（干式不能铺大理石、地砖），导热慢，价格偏贵，实际家装中应用不多。

（2）湿式水地暖。就是在铺好保温层和管道后浇筑水泥，然后再铺地面材料（地砖、大理石、地板）。

湿式地暖是目前水地暖中最为成熟的安装工艺，也是比较传统的地暖方式。价格相对较为低廉，是国内地暖市场的主导工艺，市场占有率约为90%。混凝土有保护和固定水暖管道、传热和蓄热的作用，使热量均匀分布，防止局部过热或过冷的情况。湿式地暖的敷设相对其他地暖来说，工程量大，但造价比较低，使用寿命较长。

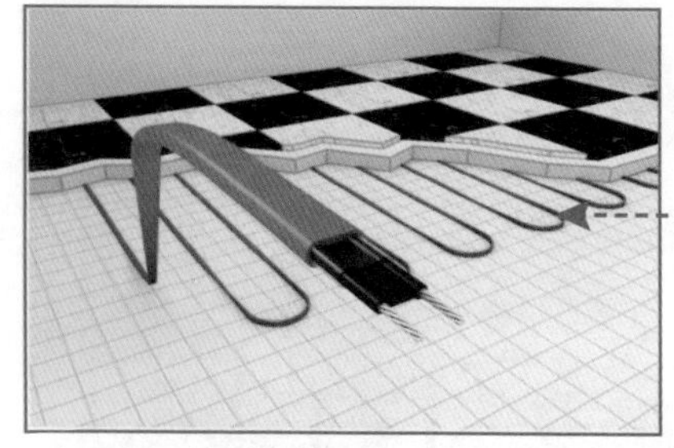

表面允许工作温度上限为65℃的发热电缆敷设在地板中，以发热电缆为热源加热地板，以温控器控制室温或地板温度，实现地面辐射供暖的供暖方式，有舒适、节能、环保、灵活、不需要维护等优点。目前电地暖的种类有发热电缆、电热膜、碳纤维等。

图7-5 地暖的种类

总结：生活中常用的地暖一般是湿式水地暖，其市场占比最大。电地暖适合小面积安装。

7.3.2 选择水地暖还是电地暖

地暖是选择水地暖还是电地暖，我们将从优缺点、使用成本、后期维护方面、保养方面、电磁辐射方面等进行对比，如图7-6所示。

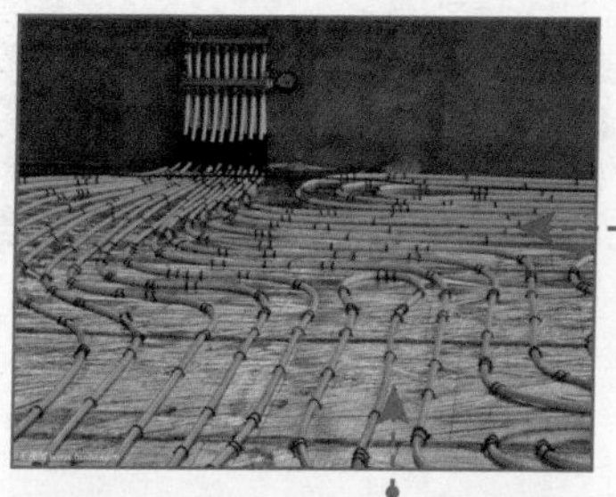

水地暖的优点：没有辐射，发热平稳，适合老人小孩；水地暖管使用寿命长；可以提供生活热水；维修保养技术成熟。

水地暖的缺点：前期安装成本高；地面盘管需清洗，一般隔2~5年需清洗一次；锅炉需要保养，一般每两年需要保养一次。

电地暖的优点：免维护，不需清洗；后续保养成本低；使用寿命高，碳晶地暖理论上的使用寿命可达50年以上。

电地暖的缺点：不能提供生活热水，有轻微辐射；一旦有坏区需全部更换；如果大面积长时间使用，就电价来讲后期使用成本较水地暖高。

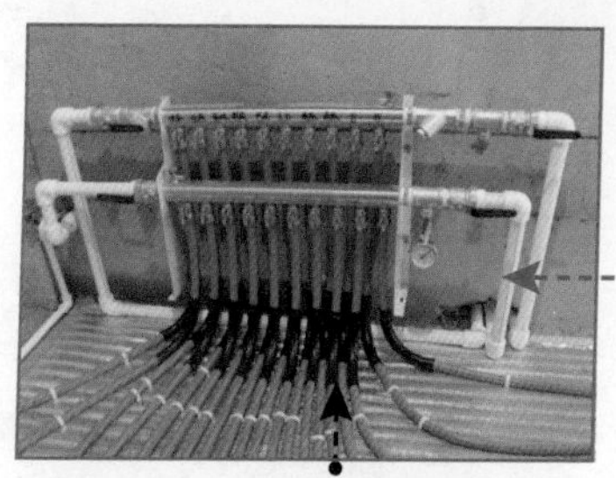

水地暖安装成本：
水地暖由于锅炉在整个采暖材料中最为重要，占用资金也最多，但是价格相对固定，所以水地暖一般意义上存在采暖面积越大，地暖的单位建设成本越低；采暖面积越小，单位面积建设成本越高。
使用成本：天然气，每燃烧1m^3天然气可产生38兆焦（10.6千瓦•时）的能量，相当于10.6度电，约等于5.173元（电价约为0.488元）。远高于天然气。

后期维护：水地暖后期难免需要进行维护，包括锅炉（寿命12~15年），锅炉内部零配件，分集水器（10年），各种阀门（寿命8~10年）管道清理及其他连接配件等，更换费用较高。

图7-6　水地暖和电地暖比较

电地暖安装成本：
电地暖不存在采暖面积与建设成本的反比例关系，基本都是统一价格。
使用成本：同样面积电地暖使用成本高于使用天然气的水地暖。

后期维护：发热材料只要不人为破坏，基本属于免维护。在后期维护方面，电地暖占有绝对的优势。

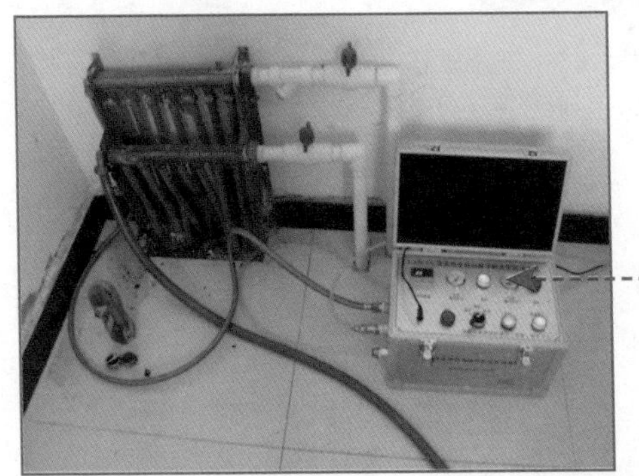

保养方面：
水地暖：地面盘管需要定期清洗，锅炉需要一年保养一次。
电地暖：基本不用保养。

电磁辐射方面：水地暖通过水管输送低温热水来传导热量，不会产生电磁辐射。电地暖系统通过通电发热材料来发热，会产生少量的低频电磁辐射，但其辐射值很小，与其他常见的家用电器并无区别，甚至比微波炉、电视机还小很多，不会对健康造成直接影响。

0.05

图7-6　水地暖和电地暖比较（续）

结论：如果你家里有老人小孩，如果24小时少不了生活热水相伴，如果你的房子超过130m^2，那么水地暖最适合你。如果你想省心省力不去为地暖后期维护伤神费心，如果你想热就热想冷就冷不需要24小时保持开动状态，如果你房屋面积小于120m^2，那么电地暖最适合你。

7.3.3　水地暖主要设备的选购

水地暖系统主要包括如下部件：

锅炉、地暖管、分集水器、房间温控器、循环泵、阀门等金属配件、地暖保温、反射膜、固定地暖管的材料、钢丝网、卡钉、水泥回填层等。

一套品质优良的地暖系统必须是每一个环节都要做到最佳匹配，仅靠一台“名牌”主机，未必就能打造出一套高品质的地暖系统，同时辅助材料的优劣也决定着地暖系统的品质和质量。接下来详细讲解主要部件的选购方法。

1. 锅炉的选购

锅炉的选购方法如图7-7所示。

燃气供暖使用费用略高于集中供热，但要比电采暖廉价很多，燃气锅炉分为壁挂炉和落地式锅炉两种，普通家庭主要采用壁挂炉采暖，既方便又节省空间，壁挂炉不仅可以为地暖系统提供低温热水，还可以满足生活用水。

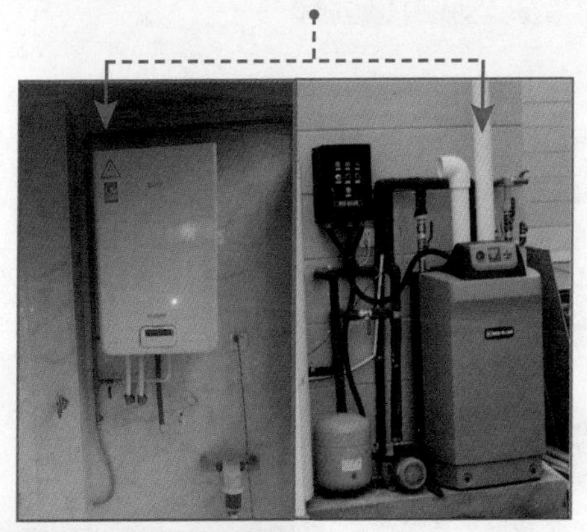

关于地暖锅炉品牌：目前市场地暖锅炉主流品牌集中在德国和意大利两个国家，其中一线品牌如：德国菲斯曼、意大利斯密、德国威能，二线品牌如：意大利阿里斯顿、德国贝雷塔、德国博世，一线品牌和二线品牌的主要区别在于知名度和市场占有率，从使用效果上看，基本上都能满足普通家使用。

电锅炉地暖的电锅炉主要应用于无集中供热和无天燃气的居民住宅，电锅炉供应地暖使用可以自行调节水温，但后期的运行费用要高于燃气供热。

图7-7　地暖锅炉的选择

2. 地暖管的选购

地暖管的选择如图7-8所示。

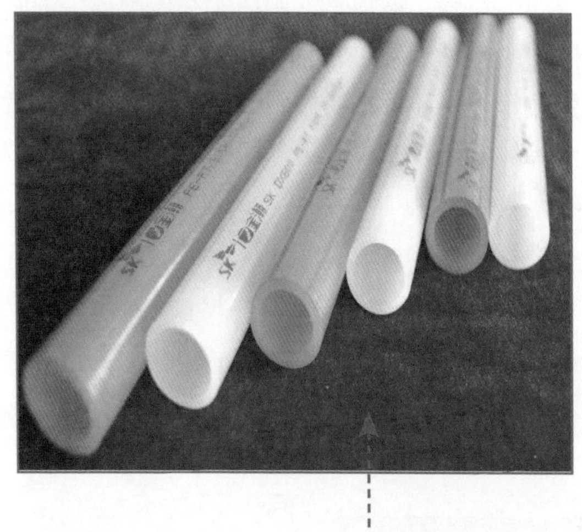

（1）选择合适的地暖管材：常用的地暖管材有：PE-X管、PE-RT管、PB管。

- PE-X管是欧美必须要求使用的地暖盘管，价格较高。低温韧性好，耐高温，抗应力开裂性好，但不能热熔焊接。如果有接口，易发生漏水，最好用整根的管子。
- PE-RT管价格适中，柔韧性和耐低温性能很好，性价比较高，可以热熔连接，接头可靠，不易发生渗漏，是目前地暖采用中的通用管材。
- PB管价格最高，耐压性能高，耐高温和低温性能好，抗冲击性能好，容易弯曲而不反弹，是几种地暖管材中最柔软的。

（2）看地暖管材的表面：品质好的地暖管材表面比较光滑，不凹凸、没有气泡和明显的色差及杂质，而且地暖管材上都标明地暖管材的型号、规格和品牌。好的地暖管材上面的印字比较清楚而且不易脱落。

图7-8　地暖管的选择

（3）用手去感觉管材是否有沟棱，品质好的管材摸起来感觉细腻、光滑，软硬程度适中。

（4）比较地暖管材的柔韧度和壁厚：品质好的地暖管材的壁厚能达到要求，并且与标注统一。

（5）选择正规的品牌。在选购地暖管材时，一定要选择正规厂商的产品，如日丰、金德、保利、宏岳、伟星、道诚、日泰、瑞泽、JOMUGY九牧、乔治费歇尔等。

图7–8　地暖管的选择（续）

3．分集水器的选购

分集水器的选购如图7-9所示。

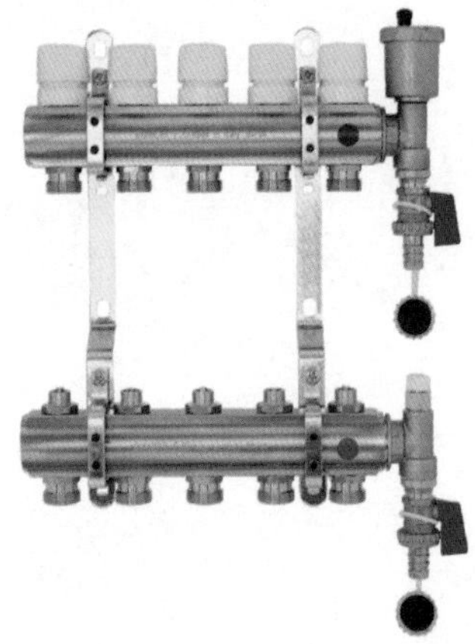

（1）选择产品时应该充分考量产品的做工和材质。一般来说应选择一体成型而非拼接式的产品以免漏水情况的发生。目前市场上常见材质有纯铜、纯铜镀镍、不锈钢、合金镀镍等。如果地暖管采用热塑性管材（如PB/PE-RT等）最好采用纯铜镀镍或不锈钢的分集水器。可以防止分集水器接口被腐蚀。一般劣质产品含铜量低、脆性大，防腐性能差。

（2）看分集水器的壁厚。分集水器的壁越厚越好，越耐用，常见的壁厚为2.0mm、2.5mm、3.0mm、3.5mm等。劣质产品一般为节约成本而虚标壁厚，从而带来极大的安全隐患。

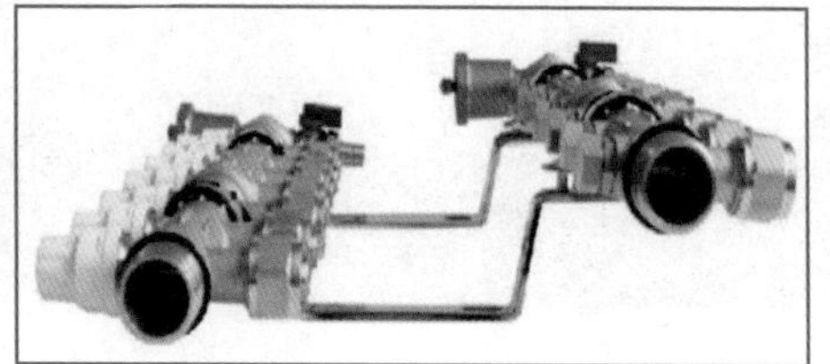

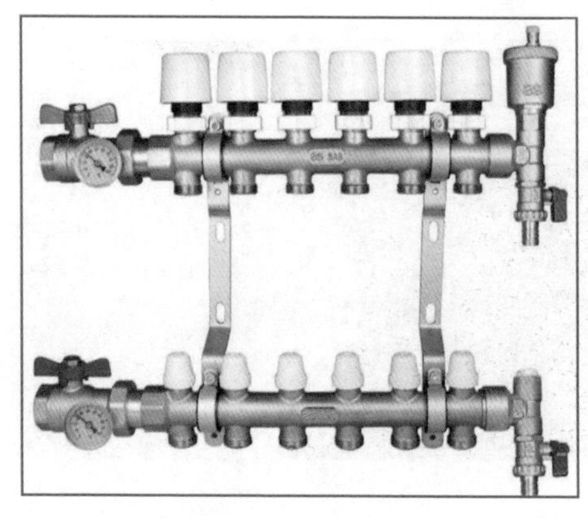

（3）看分集水器内外表面光洁度，不得有裂纹、砂眼、冷隔、夹渣、凹凸不平等缺陷。表面电镀的连接件色泽应均匀，镀层牢固，不得有脱镀的缺陷。

图7-9　分集水器的选购

4．温控器的选购

温控器选购方法如图7-10所示。

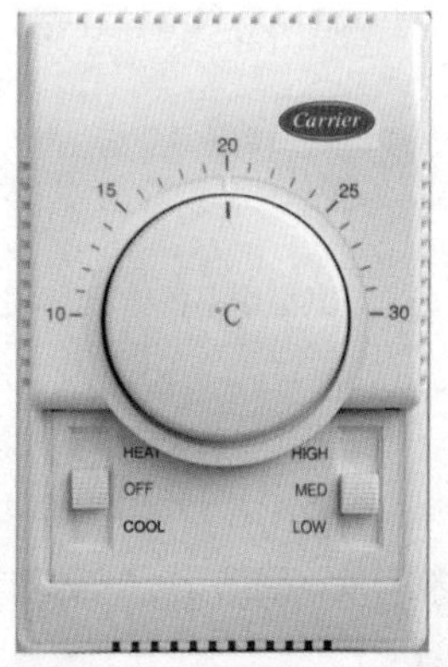
Carrier
20
15
25
10
°C
30
HEAT
OFF
COOL
HIGH
MED
LOW

（1）选哪种温控器：当前市场的地暖温控器主要有两种，一是电子式温控器，二是数字显示式温控器。电子式地暖温控器应用较早，其内部电路为模拟电路。在电子式地暖温控器的外部面板上集成了控制装置以及温度显示模块。这种地暖温控器操作简单，可靠性较好，但不能实现智能化操作。

数字显示式地暖温控器的面板上带有LCD显示屏或LED显示屏，能够直观、准确地显示出当前室内温度以及地暖采暖系统的运行状态。除此之外，市场中的部分数字显示式地暖温控器还带有编程功能，能够预设地暖系统的工作状态，从而实现智能化控制。

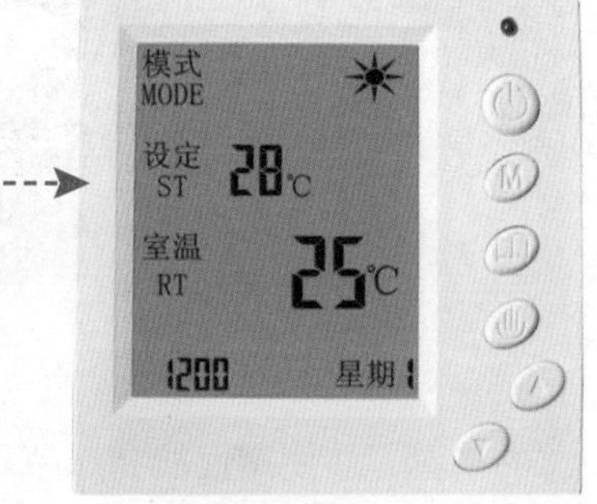
模式
MODE
设定
ST
28℃
室温
RT
25℃
1200
星期

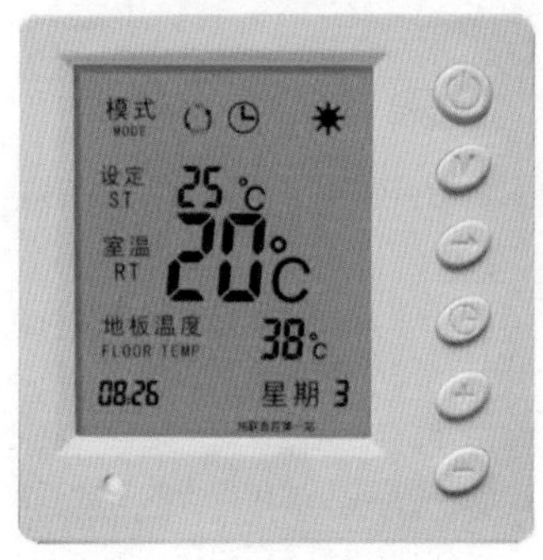
模式
MODE
设定
ST
25℃
室温
RT
20℃
地板温度
FLOOR TEMP
38℃
08:26
星期 3

（2）最好选择内控外限功能的温控器。温控器控温方式包括：内置控温（温控器自身带有测温传感器，外置传感器无效），外置控温（通过外置式传感器来测控地面温度），内控外限（具有2路独立测控电路，在内置控温的同时，外置限温仍然有效）等。

图7-10　温控器选购方法

5. 地暖保温板

地暖是一个隐蔽的系统工程，要使地暖节能，就要看保温材料选择的质量好坏。如果保温板质量差的话，热量就会朝阻力小的地方流动，热量就会转向透过保温板向楼下传递。因此选购好的保温材料非常重要。如图7-11所示为保温板选购方法。

挤塑板又名XPS（聚苯乙烯挤塑保温板），是第三代硬质发泡保温材料。
挤塑板强度高、抗压性好，不易破损，性能稳定，环保无害。挤塑板的导热系数仅为0.028w/（m·k），比泡沫板更低，保温效果更好。另外，其吸水率很低，防潮抗水性非常好。

泡沫板又名EPS（聚苯乙烯泡沫板），其密度系数小，抗冲击能力良好，具有独立的气泡结构，其表面吸水率低，防渗透性能好，性能不受气温影响。但泡沫板的强度和承重能力较差，容易开裂，寿命较短。

图7–11　保温板选购方法

总结：总的来看，从使用性能和产品质量来说挤塑板要优于泡沫板。由于地暖拆修成本非常大，因此地暖保温板最好选择挤塑板。

6．循环泵

地暖循环泵的选购方法如图7-12所示。

WILO

循环泵的主要作用就是解决水在燃气采暖锅炉与供热系统之间循环流动时的动力问题。简单地说，就是要把燃气采暖热水炉产生的热量有效、及时地输送到采暖末端。循环泵作用的主要表现方式就是扬程和流量。

图7–12　地暖循环泵的选购方法

地暖循环泵的扬程和流量：循环泵的扬程用来克服采暖系统阻力，确保把热媒水送到采暖系统末端；循环泵的流量是为了满足足够量的热媒水到达采暖系统末端。如果忽略了这两个指标，必然会对采暖效果带来影响。现在市场上各品牌壁挂锅炉所配置的循环泵大多数的功率60～350W；扬程5～10M；流量100～0L/min。一般100m²的房间选择100W左右的循环泵即可。

图7-12　地暖循环泵的选购方法（续）

7.3.4 地暖房间铺瓷砖还是木地板

地暖房间铺瓷砖还是木地板需要根据它们的优缺点来综合考虑。如图7-13所示。

瓷砖的优点就是导热性好、环保、散热快和耐水。但是因为地砖是需要铺上水泥的，万一地暖有什么问题只好敲掉才能维修。所以如果选择瓷砖，那就要选择好一点的地暖产品。

木地板的散热速度没有瓷砖好，但是地板舒服温暖，保温性好。如果有什么事维修起来更加简单一些，要选择质量好的地板材料。

图7-13　选择瓷砖还是木地板

总结：

（1）导热性瓷砖较好。地板材料的导热顺序是：瓷砖、实木复合地板、强化地板、实木地板。

（2）保温性木地板更强。当关闭地暖后，铺木地板的屋内能更长时间保持较高的温度。

（3）环保性能瓷砖更胜一筹。如若选择木地板，尽可能选择甲醛含量低的地板。

（4）舒适度木地板更温暖。木地板会给人带来温暖舒适的感觉。

（5）稳定性瓷砖更可靠。由于瓷砖含水率低，高温不变形，稳定性较好。不过复合木地板的稳定性也很好。

7.4 地暖施工要点

地暖素有“七分在安装”的说法，因此地暖安装施工必须严格按标准施工流程进行。

7.4.1 地暖设计

地暖设计如图7-14所示。

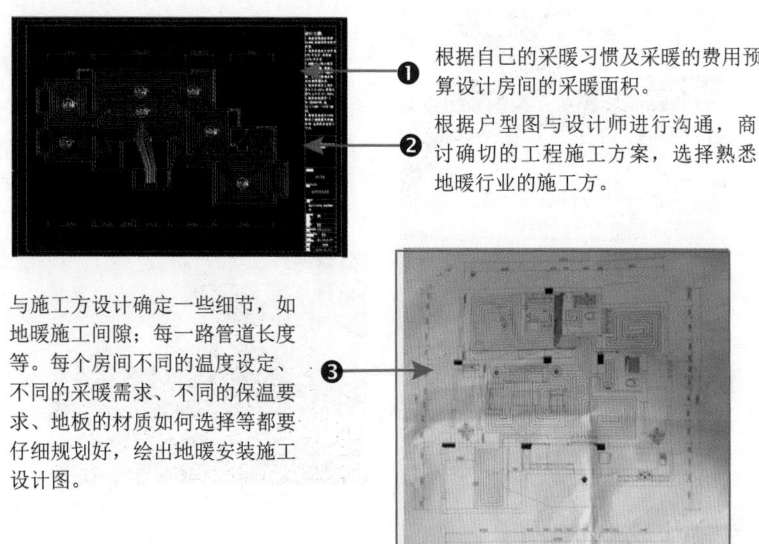
❶ 根据自己的采暖习惯及采暖的费用预算设计房间的采暖面积。
❷ 根据户型图与设计师进行沟通，商讨确切的工程施工方案，选择熟悉地暖行业的施工方。
❸ 与施工方设计确定一些细节，如地暖施工间隙；每一路管道长度等。每个房间不同的温度设定、不同的采暖需求、不同的保温要求、地板的材质如何选择等都要仔细规划好，绘出地暖安装施工设计图。

图7-14 地暖设计

7.4.2 安装准备工作

安装准备工作如图7-15所示。

❶ 尽量为每个房间单独安装温控器，温控器底壳采用86型底壳，在房间方便的操作处开槽预埋底壳，然后再穿线连接分集水器上的热执行器，注意：使用RVSP屏蔽双绞线需单独敷设线管以避免干扰。

❷ 整平地面并清理干净。地面整平要先将地面凹凸处剔除找平至±10mm，将地面上杂物等清理干净保证地面平整，墙、柱脚与地面呈90°直角。

❸ 安装总控系统。将分集水器水平安装于图纸上的指定位置，分水器在上、集水器在下，间距200mm。集水器中心距地面高度不小于30cm安装牢固。安装主管道时应保持3坡度，隔一定距离安装固定支架或掉卡。一个系统工程中，分水器8路以内通常用1620主管、1216支管（1组分水器8路以内、2组分水器相加不超过8路），超过8路（含8路）以上通常用2025主管、1216支管。

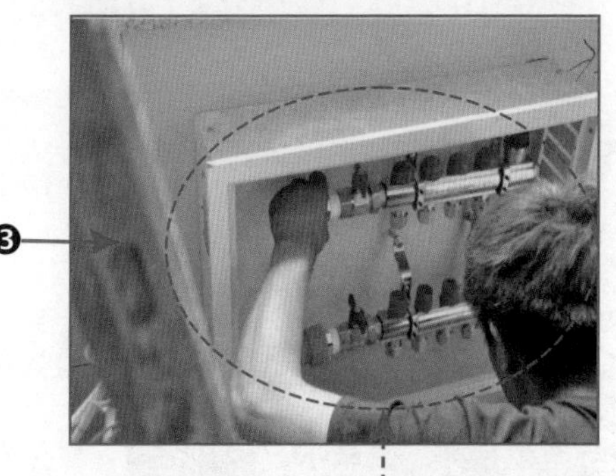

分水器罩子并非是装饰性的，后期在做橱柜时，在空间不足的情况下，可以拆除外罩。但在前期必须安装好分水器外罩，防止在装潢阶段，分水器受到重击或破坏，主要是起保护分水器不受损坏。

图7-15　准备工作

7.4.3 地暖施工方法

地暖施工方法如图7-16所示。

❶ 敷设保温层和反射膜。在找平层上敷设保温层，板缝处用胶粘贴牢固，保温层要敷设平整。之后开始敷设铝箔反射膜。反射膜要遮盖严密，不得有漏保温板或地面现象。

❷ 敷设钢丝网。钢丝网是为了能更好地固定采暖管与保护填充层，使其寿命延长。主要起到均匀温度和保护填充层，防止填充层在加热过程中开裂。

❸ 敷设地暖盘管。按照施工图纸敷设地暖盘管，通常盘管间距根据现场情况20cm左右调整，一个回路通常不建议超过80m管，覆盖面积不超过15m²。并用塑料卡钉将管材固定于复合保温板及反射膜上。当地面面积超过30m²或边长超过6m时，回路与回路之间应设置伸缩缝。切割宽度为2.5cm的保温板，用扎带固定在第一层钢丝网上作为伸缩缝。伸缩缝应从绝热层的上边缘到填充层的上边缘整个截面上隔开。此外，还要对管道进行水压冲洗、吹扫等，保证管道内无异物。盘管敷设完毕后用优质镀锌钢丝网放在地暖管上方，对地面起到一定的防裂作用。

图7-16 地暖施工

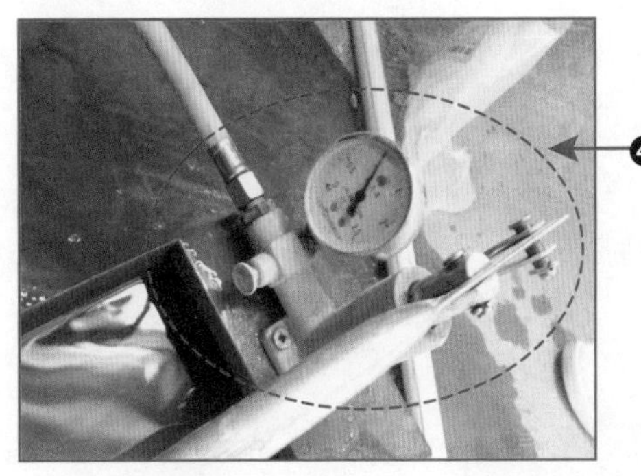

❹ 对地暖进行打压试验。当地暖管施工完成后进行打压实验。在分水器上选择两管道，分别装上压力表及阀门（不选同一回路的两根管道）。把分水器上的排气阀打开，然后向系统里接入自来水，等排气阀有水均匀流出时，关闭排气阀。关闭阀门，取下自来水管，装上打压泵对地暖打压，将系统压力升到0.6Mpa停止打压（最高不得超过0.8Mpa），关闭阀门，检查各接点有无渗水现象。拆下打压泵，装上堵头，再打开阀门，此时系统为正常压力，一直保持到施工结束。

❺ 细石混凝土回填找平地面。找平地面是最考验安装师傅手艺的时候。整个屋子的水平线必须在一个高度，一般地暖工程都是采用水泥沙浆将其抹平混凝土找平后地面高差不得大于5mm。

敷设混凝土时，在门口、过道、地漏等位置必须做好记号，防止后期施工中不当行为破坏地暖管道。提前告知师傅每个房间或独立区域的敷设材料，便于处理地面。

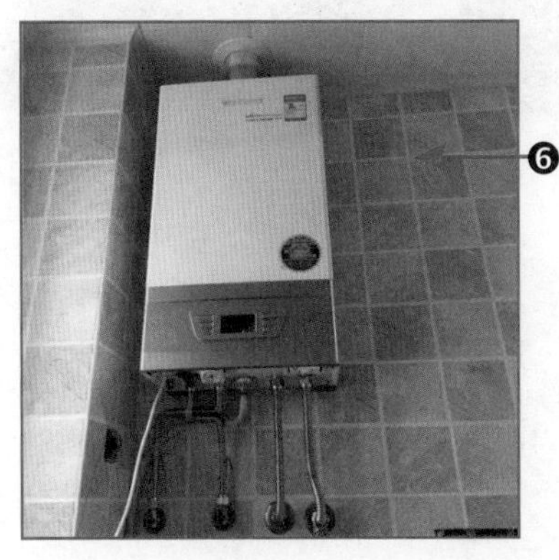

❻ 安装热源装置，壁挂炉设备。在装修接近尾声时，施工人员将锅炉安装好并进行调试。

图7-16　地暖施工（续）

7.5 需要注意的问题

7.5.1 地暖施工需要注意的问题

地暖施工需要注意的问题如图7-17所示。

（1）保温板应敷设在平整干净的结构面上。敷设时应切割整齐，间隙不得大于10mm，保温板之间应用胶带粘接平顺。

（2）电地暖的填充层施工完毕后，再用万用表和摇表（500MΩ）检测每根电缆，以检查发热电缆在填充层施工过程中有无损坏。

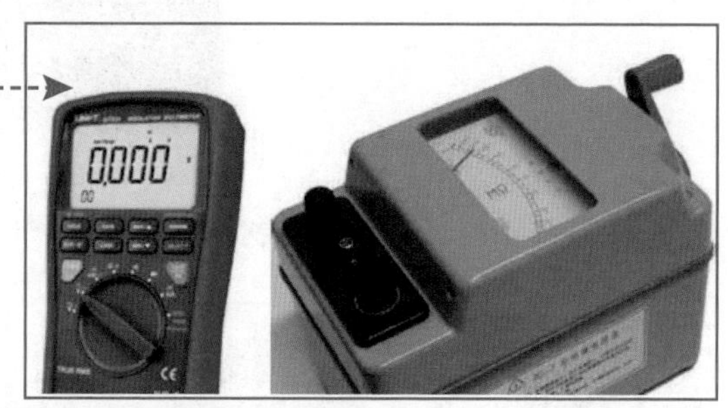
0.000
MΩ

（3）敷设地暖管道时一定要设置伸缩缝，因为地面容易热胀冷缩，所以为了防止地面出现裂缝，应该在墙、柱、门等垂直的部位设置伸缩缝。

图7–17 地暖施工需要注意的问题

（4）地暖管敷设一般都是在装修公司水电安装清理地面之后开始的，装修公司在地暖盘管之后，要禁止向地面钉钉子或者是用气枪对地面打钉子，因为地面在使用混泥土回填的时候，必须要严格的按照地暖安装标准，使用特定的沙子和水泥，按照一定的比例进行回填。

（5）要选择无甲醛的环保材料地板，避免温度升高挥发有害物质。当地板铺装完成之后，最好是做一下环保检测，确保甲醛等有害物质没有超标。

（6）采取保压施工。地面施工最好在管道保压的情况下进行，因为施工中地暖管道容易被损坏，保压情况下，地暖管道会喷出水来，容易发现破损，可以及时进行维修。

图7–17　地暖施工需要注意的问题（续）

7.5.2　暖气片施工需要注意的问题

暖气片施工需要注意的问题如图7-18所示。

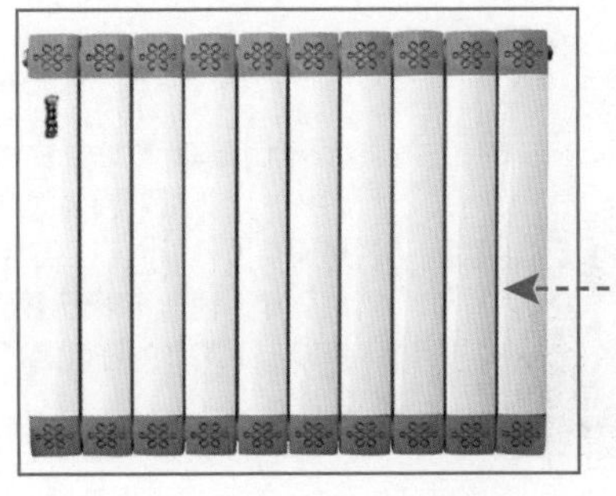

（1）根据水质选择暖气片材质。由于各地供暖水质不同，适合使用的暖气片也就不同，如有的地方水质中含氧量高，家中就不适宜安装一般的钢制暖气片，而应采用铜铝复合或者做过内防腐处理的暖气片。

图7–18　暖气片施工需要注意的问题

（2）暖气片安装位置遵循宜低不宜高原则，根据空气热气上升冷气下沉原理，暖气片越高造成的热最损失就越大。

（3）事先了解供暖系统的供暖方式。小区是采用分户式供暖，还是小区锅炉供暖，或是市政集体供暖，是采用开式供暖，还是采用闭式供暖。不同的供暖方式要采用不同的暖气片产品，否则会影响使用年限。

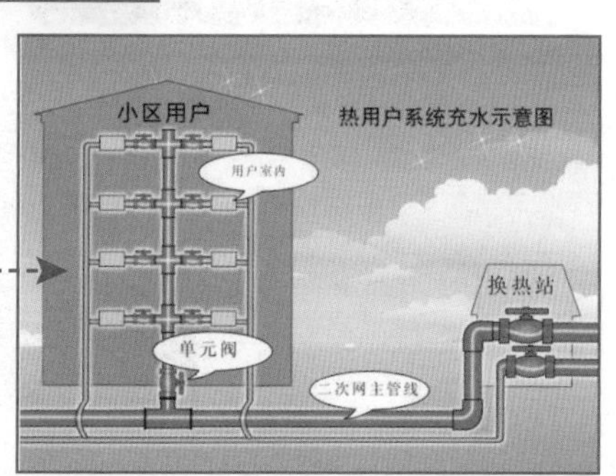
小区用户
热用户系统充水示意图
用户室内
换热站
单元阀
二次网主管线

（4）一般暖气片的客厅位置选择在靠近阳台附近，这样有利于空气对流流动。记住不要距暖气原主管太远，要在2～3m内，这样水流阻力不大，不会影响暖气散热效果。

（5）卧室暖气片安装位置要与床有一定距离，因为暖气片太热烤人使人难以入眠，尽量装在脚部位置，同样不要距主管太远，把握一定距离就可以。

图7-18　暖气片施工需要注意的问题（续）

（6）暖气片安装时，铝塑管必须用接头连接，不能打弯，否则容易导致管道漏水。每个接口都必须缠麻，接口与铝塑管要保持在同一水平位置上，以避免产生水压给接口造成压力，导致接口漏水。

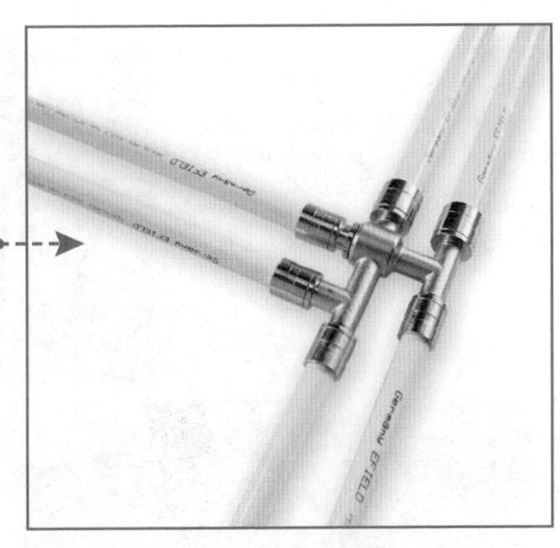

图7-18 暖气片施工需要注意的问题（续）

7.6 别人的装修遗憾与体会

地暖和暖气片的装修遗憾与体会如图7-19所示。

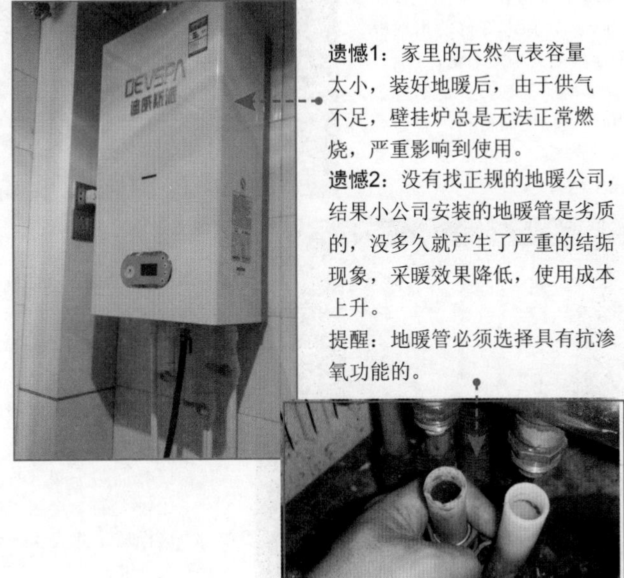
遗憾1：家里的天然气表容量太小，装好地暖后，由于供气不足，壁挂炉总是无法正常燃烧，严重影响到使用。
遗憾2：没有找正规的地暖公司，结果小公司安装的地暖管是劣质的，没多久就产生了严重的结垢现象，采暖效果降低，使用成本上升。
提醒：地暖管必须选择具有抗渗氧功能的。

图7-19 地暖和暖气片的装修遗憾与体会

遗憾3：为了省钱，选择了一般的壁挂炉，结果壁挂炉自带的水泵用了没多久表面就严重发黄，对水质的影响很大。
提醒：选择品质可靠的壁挂炉。

遗憾4：地面盘管铺好以后，工人在上面浇了厚达6cm的混凝土层，现在实际使用起来，总感觉地暖热得很慢。
提醒：浇筑混凝土时，应从地暖保温层开始往上浇4cm，太薄起不到保护盘管的作用，太厚则会明显拉长混凝土的蓄热时间。

遗憾5：在地暖表面敷设了实木地板，两个冬天用下来，原本好好的木地板都严重开裂了，让人心疼不已。
提醒：由于实木地板具有一定的含水率，如果用于地暖地面材料，容易因水分的蒸发而开裂，建议选择实木复合地板或强化地板。

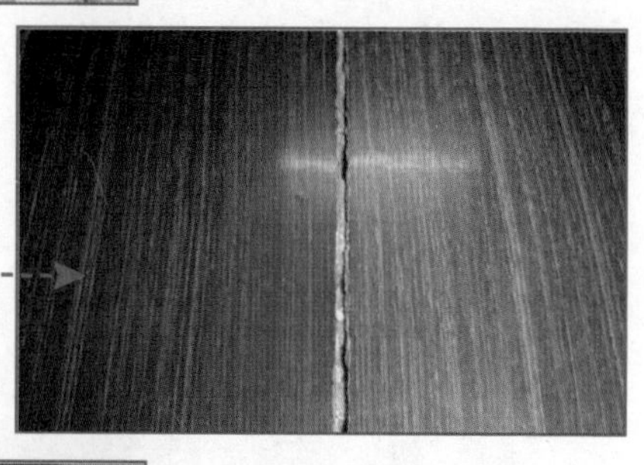

遗憾6：在街边小店购买名牌暖气片，使用2年后出了问题（承诺保修6年），小店已经找不到了，反映到厂家，厂家却发现暖气片是假冒的。
提醒：购买暖气片，要到比较大的专卖店里购买，这样质量才有保障，售后服务也更完善。

图7-19 地暖和暖气片的装修遗憾与体会（续）

第 8 章

瓷砖质量鉴别方法与施工技巧

瓷砖是家装中最大的单项支出之一，很多业主会问瓷砖是不是要买名牌，不是名牌的好不好?

瓷砖商家是销售毛利率最高的建材商家之一，如果买名牌瓷砖是非常贵的。如果不买名牌，多数业主会担心瓷砖的质量，其实一个新企业想创品牌，只能靠物美价廉，瓷砖企业中生产物美价廉产品的非常多，生产价廉物不美的企业也非常多，我们要做的事就是挑选出那些物美价廉的产品。

8.1 为什么选择瓷砖

装修时采用瓷砖的好处有很多，如图8-1所示。

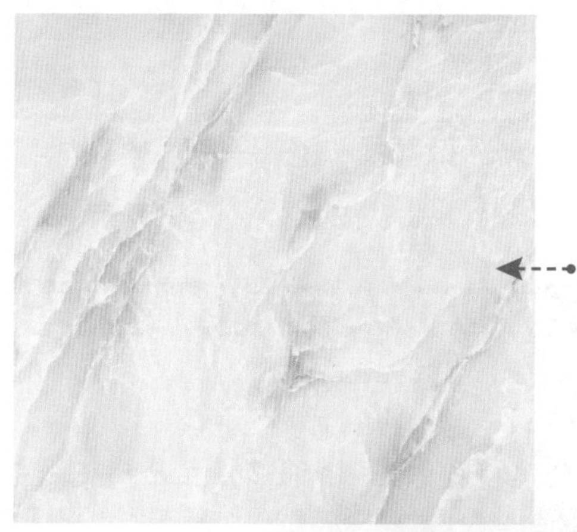

瓷砖是以耐火的金属氧化物及半金属氧化物，经研磨、混合、压制、施釉、烧结的过程而形成的一种耐酸碱的瓷质或石质建筑或装饰材料。其原材料多由黏土、石英砂等混合而成。瓷砖具有质地均质、工艺成熟、种类繁多、颜色花纹丰富、强度高、硬度大、容易打理等特性。

瓷砖经济实惠，好打理，耐磨，美观，便宜。而且有大量的品牌、颜色、花纹、风格可供选择。

图8-1 选择瓷砖的理由

8.2 看看瓷砖的种类

8.2.1 从制作工艺看瓷砖

瓷砖的种类繁多，很多人挑选瓷砖都会感觉晕头转向，但其实瓷砖总体就分5大类，如图8-2所示。

（1）釉面砖的表面用釉料烧制而成。釉面砖可分为陶制釉面砖（吸水率较高，强度相对较低）和瓷制釉面砖（吸水率较低，强度相对较高）。陶土烧制的背面呈红色，瓷土烧制的背面呈灰白色。依光泽不同，釉面砖又分为哑光和亮光两种。地面一般用哑光的，亮釉面砖通常用于厨房。仿古砖多为釉面砖。

釉面砖优点：
表面的颜色、花纹更加丰富，同时釉层部分具有非常好的耐污性能。

釉面砖缺点：
相对无釉砖的耐磨性和硬度都差一点，无法开槽车边，而且价格会相对贵一些。

（2）通体砖是将岩石碎屑经过高压压制而成。它的表面不上釉，而且正面和反面的材质和色泽一致，因此得名。通体砖一般用在阳台、过道等。

通体砖优点：
有很好的防滑性和耐磨性。防滑砖多为通体砖。

通体砖缺点：
通体砖是经打磨后，毛气孔暴露在外，油污、灰尘等容易渗入，一旦渗入是擦不掉的。使得砖体表面发黑、发黄、失去光泽，通体砖由于表面不上釉，因此其装饰效果较差。所以通体砖一般不用在厨房。

图8-2　瓷砖的种类

（3）抛光砖就是通体砖经过打磨抛光后而成的砖。抛光砖使用范围较广，可以用于客厅、卧室。不用于厨房和卫生间。

抛光砖优点：
表面光洁、硬度很高，非常耐磨。可以做出各种仿石、仿木等效果。

抛光砖缺点：
抛光砖比较容易脏，由于抛光时留有很多凹凸气孔，容易藏污纳垢。

（4）玻化砖是由石英砂、泥按照一定比例烧制而成，经打磨光亮但不需要抛光，表面如玻璃镜面一样光滑透亮。可以用于客厅、卧室、过道等。

玻化砖优点：
玻化砖吸水率小、抗折强度高，质地比抛光砖更硬、更耐磨。

玻化砖缺点：
玻化砖相对于抛光砖比较耐脏，但由于打磨后，毛气孔暴露在外，灰尘、油污等容易渗入，价格较高。

图8-2　瓷砖的种类（续）

（5）马赛克瓷砖是一种特殊的砖，它一般由数十块小砖组成一个相对的大砖。又叫陶瓷锦砖。它是用优质瓷土烧成。可以用于卫生间、墙面和室外墙面等的装饰。

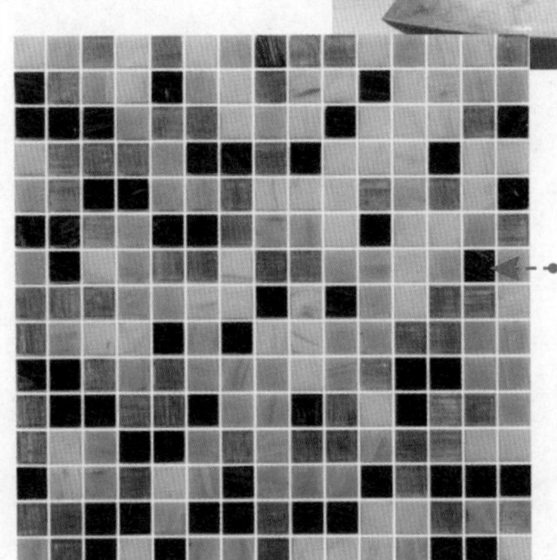

马赛克瓷砖优点：
耐酸、耐碱、耐磨、不渗水，抗压力强，不易破碎。

马赛克瓷砖缺点：
缝隙太多，容易脏，难清洗。

图8-2　瓷砖的种类（续）

8.2.2　主流瓷砖种类

目前主流的瓷砖种类有：全抛釉、玻化砖、瓷片、仿古砖等。如图8-3所示。

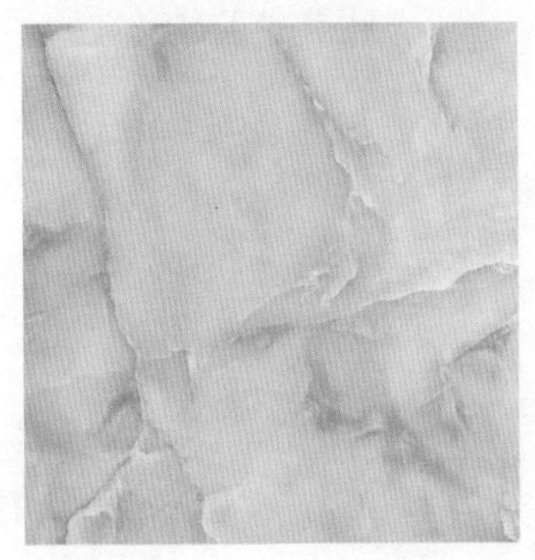

（1）全抛釉属于釉面砖的一种。其坯体工艺类似于一般的釉面地砖，主要不同是它在施完底釉后就印花，再施一层透明的面釉，烧制后把整个面釉抛去一部分，保留一部分面釉层、印花层、底釉。

图8-3　主流瓷砖品种

全抛釉色彩鲜艳，花色品种多样，纹理自然，表面平滑，釉面厚，耐磨，使用寿命长。

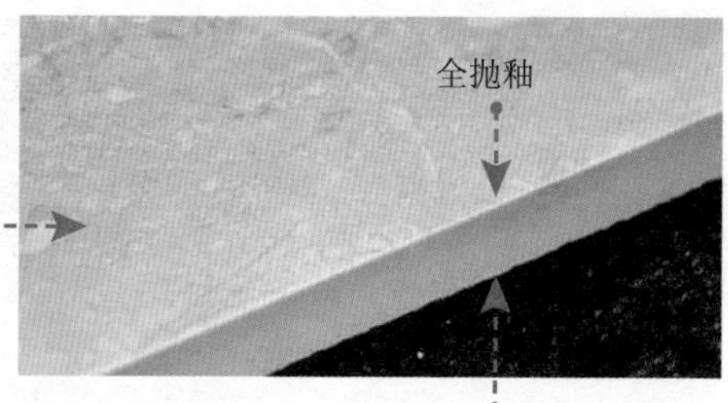
全抛釉

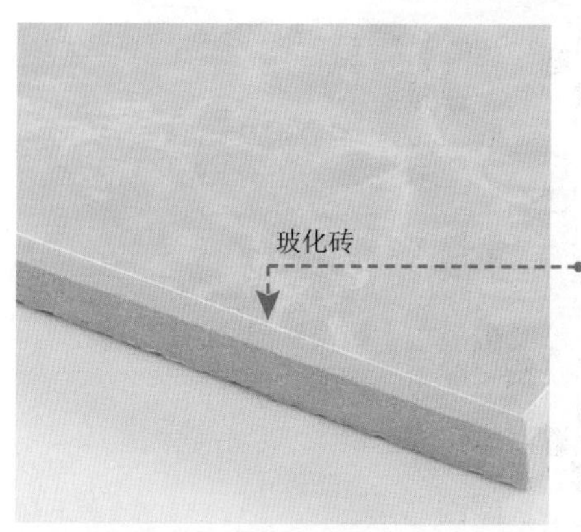
玻化砖

玻化砖和全抛釉区别的方法是看侧面，玻化砖有很明显的分层，而全抛釉没有分层，只有上面一层釉面。

（2）玻化砖比全抛釉价格便宜，硬度高更耐磨，吸水率低，但花色少。

（3）瓷片属于一种陶质釉面砖，瓷片是贴墙面用的表面有瓷面的薄层贴片，它是最适合贴在墙面的瓷砖。瓷片的厚度比较薄，分量轻，吸水率在10%左右。

瓷片花色较多，效果非常好，但施工难度较大。

图8-3　主流瓷砖品种（续）

（4）仿古砖是釉面瓷砖的一种，胚体为炻瓷质（吸水率3%左右）或炻质（吸水率8%左右）。其具有浓郁古典气息，具有很好的装饰效果。

仿古砖的优点：防污能力好、防滑性好、色彩丰富、复古性好、纹理设计好，耐磨。
仿古砖的缺点：表面不易做倒角、磨边等处理，硬度不如抛光砖，尺寸较小。

图8-3　主流瓷砖品种（续）

8.3　各个房间都需要什么样的瓷砖

装修时一般会遇到这样的问题，每个房间是铺同样的地砖还是要每个房间都不同，其实个人觉得还是要根据每个房间的不同特点，选择不同的瓷砖，但是一定要和整体的环境协调搭配。

8.3.1　客厅适合的瓷砖

客厅适合的瓷砖如图8-4所示。

客厅环境受温度、污染影响比较少，相对来说是比较良好的环境，对瓷砖本身功能性的材质要求不是很高，唯一需要注意的是，要根据客厅的光线、个人喜好来选择具体的花色，全抛釉和玻化砖可选。

图8-4　客厅适合的瓷砖

客厅面积如果小就尽量用小一些的规格，具体来说，一般如果客厅面积在30m²以下，考虑用600mm×600mm的规格；如果在30~40m²，考虑用600mm×600mm或800mm×800mm的规格；如果在40m²以上，考虑用800mm×800mm的规格。

全抛釉和玻化砖表面色彩艳丽，色差少，性能稳定，耐腐蚀、抗污能力强，同时敷设在客厅也能够显示出居室的整体氛围。

图8-4　客厅适合的瓷砖（续）

8.3.2　卧室适合的瓷砖

卧室适合的瓷砖如图8-5所示。

卧室是人们最放松的地方，也是人们休息的主要场所，所以应当挑选给人感觉较为安静、舒适的地砖。其中，全抛釉、玻化砖和仿古砖可选。

卧室里的瓷砖千万不要盲目地追求大规格的，一般来说，30m²以下建议使用450mm×450mm的规格；30m²以上建议使用600mm×600mm的规格。

选用卧室的瓷砖，尽量选择一些颜色明亮的，在整体的布局中选择使用部分颜色明艳的瓷砖的目的就是能够让它为卧室增加亮度，瓷砖带来的光亮要比其他的灯光带来的光亮自然得多。在瓷砖的环保性能方面，用在卧室的瓷砖往往要比用在其他地方的瓷砖的要求要高一些，所以环保型瓷砖比较适合。

图8-5　卧室适合的瓷砖

8.3.3 厨房适合的瓷砖

厨房适合的瓷砖如图8-6所示。

厨房本身就需要是一个干净、明亮的场所，加上又会有许多相关的设备使用，所以地砖颜色多以浅色系或者冷色调为主，比如白色、灰色等，地砖要以耐擦洗、不容易沾油、防火、防滑的材料为主，一般会使用光滑釉面瓷砖，日常清洁方便。

厨房的油烟较多，所以选择厨房瓷砖一定要选方便选清洁的。使用光滑的釉面砖，清洁起来就非常方便。可以选择瓷片、玻化砖、仿古砖等。

厨房地面瓷砖材质最好选择哑光面的釉面砖，以减少厨房地面潮湿引起滑倒的危险。可以选择哑光釉面砖、仿古砖等。

厨房不要选用表面凹凸不平的瓷砖，因为厨房本来就是一个容易“藏污纳垢”的地方，只要做饭，避免不了有油烟产生，很容易粘附在墙上甚至地面上，如果选用凹凸不平的瓷砖，擦洗起来将会非常麻烦。

图8-6 厨房瓷砖选择

8.3.4 卫生间适合的瓷砖

卫生间适合的瓷砖如图8-7所示。

卫浴间一般很潮湿，应选择吸水率低的。卫生间墙砖可以选择瓷片、玻化砖、仿古砖、釉面砖、马赛克瓷砖等。

卫生间用水较多，地面很容易湿滑，而且使用频率较高，所以卫生间地砖可以选择仿古砖、哑光釉面砖、马赛克瓷砖等。颜色方面尽量用深色。

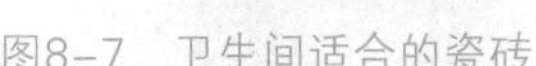

图8–7　卫生间适合的瓷砖

8.3.5　阳台适合的瓷砖

阳台适合的瓷砖如图8-8所示。

如果是封装的阳台，和室内打通之后，可以选择与室内相同的瓷砖。如果阳台不封装，可以使用防水性能较好的瓷砖（如釉面砖、仿古砖等），如果需要在阳台晾衣服，应以防滑地砖为首选（如仿古砖、马赛克瓷砖等）。

图8–8　阳台适合的瓷砖

8.4 轻松辨别瓷砖质量优劣

现在市面上的瓷砖种类越来越多，质量也是良莠不齐，价格也是有高有低。很多朋友在进入建材市场后，因为不知道如何去判断瓷砖的好坏，所以容易进入一个误区，认为产品价格高的就是真材实料，价格偏低的反而买着不放心。其实，市面上的瓷砖有很多类型，厂家都是根据不同的产品类型和卖场定位来定价的。

比如全抛釉价格一般较高，而一些工艺比较成熟的产品，价格相对比较低。另外，由于卖场定位不同，同样的一款产品放在不同卖场，价格多少也会有所差别。所以，在选购瓷砖时，一定要学会了解材质和从多方面进行对比，才能买到称心如意的产品。而不是一味盯着价格看。

瓷砖好坏的鉴别方法如图8-9所示。

❶ 准备工具。建议去挑瓷砖的时候带上矿泉水一瓶，油性笔一支。

另外，将两块同一品种的砖面对面重叠在一起，四角对齐，转动其中的一片，转动容易者质量差，反之则好。此法不能用于检测仿古砖。

❷ 检查瓷砖吸水率。如果瓷砖吸水率高，以后家里可能会潮湿，严重影响家人健康。另外，吸水率高说明瓷砖密质疏松。

方法：将水倒在瓷砖的正反两面，细心观察水的渗透情况，十几分钟过，如果水还没有吸进去，说明瓷砖吸水率较低，符合标准。

❸ 看瓷砖平整度。瓷砖平整度不好，后期铺好后会翘起。轻则敲掉翘起的瓷砖重新贴，重则可能要把所有的瓷砖都敲掉，重新买。所以在买瓷砖的时候一定要辨别好，瓷砖表面是否平整。

方法：把两块同款的瓷砖并在一起，看中间有没有缝隙，好瓷砖几乎不可见缝隙。

图8-9　瓷砖好坏的鉴别方法

看瓷砖的边角直度。如果边角不是一个直角，那瓷砖与瓷砖之间就会缝隙很大，要用很多的勾缝剂去勾缝，而且效果十分难看。

方法：用此块同款的瓷砖拼接成一个四边形，看看中间的缝隙大不大，好瓷砖几乎无缝隙。

❹

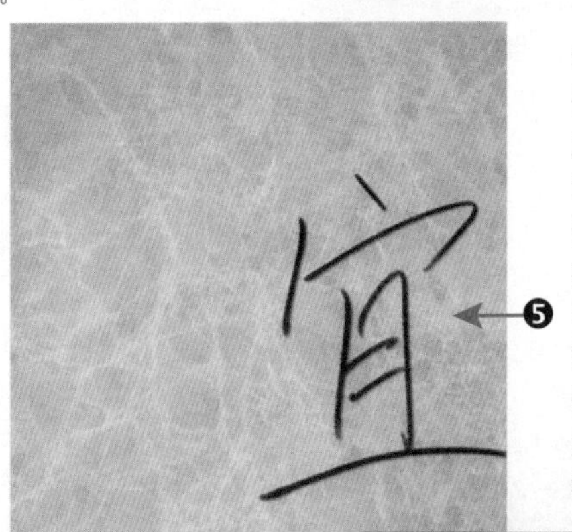

❺

看瓷砖的耐污度。瓷砖将会陪伴我们很长的一段生活时间。如果耐污度不好，或者脏了不容易清洗，估计不到三四年，整个家就会脏的不像样。到时候连你的家人都不想待在家里！所以，买一款耐污程度还不错的瓷砖是相当重要的。

方法：用一支油性笔在瓷砖表面随便写几个字，等一会墨水干了，再用抹布或者纸巾擦擦看，是否容易清洗掉。好瓷砖很容易擦掉。

看瓷砖的耐磨程度。瓷砖的耐磨程度决定了瓷砖的使用寿命，任何人在看到瓷砖表面全是划痕的时候，心里都会很不舒服，想敲掉换新的。

❻

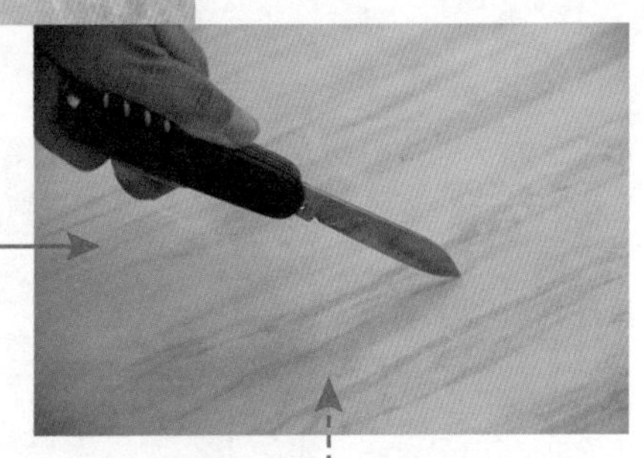

方法：用身边任何可以拿来用的利器（小刀或者钥匙），往瓷砖表面刮，看看是否会把瓷砖表面的釉层刮掉，好瓷砖是刮不花的。如果连这样小小的刻划也不能承受，可以断定的是这款瓷砖质量不太好。

听声音。用硬物轻击瓷砖，瓷砖声音有金属质感的质量较好，地砖声音浑厚且回音绵长如敲击铜钟之声较好。如果声音混浊沉闷，没有回音的则为次品。

❼

图8-9　瓷砖好坏的鉴别方法（续）

8.5 瓷砖施工技巧

8.5.1 瓷砖施工流程

瓷砖施工流程如图8-10所示。

铺地砖
现场视频　即扫即看

贴墙砖
现场视频　即扫即看

❶ 清理墙面。水泥与墙面之间如果有空洞或空隙就很容易导致空鼓状况出现。因此在贴砖之前，要处理好墙面，可用线测试墙面是否横平竖直。

❷ 弹线放样。铺贴瓷砖前需事先找好垂直线，以此为基准铺贴的瓷砖高低均匀、垂直美观；此外，施工前在墙体四周需弹出标高控制线，在地面弹出十字线，以控制地砖的分隔尺寸。

❸ 预排砖。铺墙砖前还应该预先进行放线定位和排砖，非整砖应该排放在次要部位或阴角处。在墙面上确定好水平及竖向标志，垫好底尺、挂斜铺、确认完阴阳角砖的位置后再开工敷设。

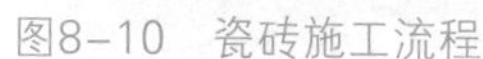

图8-10　瓷砖施工流程

❹ 贴瓷砖。贴瓷砖时，将调制好的浆料均匀地抹在瓷砖背面，要求浆料饱满。贴时要注意角与角、边与边是否贴齐、对准，并用定位器保持留缝的统一。待瓷砖放平再拿皮榔头对整块砖墙轻轻敲压，每个角落都敲到位。

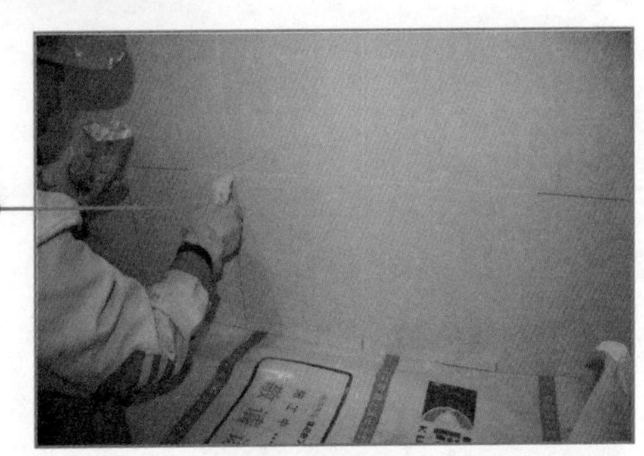

❺ 勾缝。地砖铺完后24小时进行清理勾缝，勾缝前应先将地砖缝隙内杂质擦净，用专用填缝剂勾缝。

图8-10 瓷砖施工流程（续）

8.5.2 瓷砖施工要点

瓷砖施工要点如图8-11所示。

（1）关于瓷砖湿铺和干铺的问题。一般墙砖只能湿铺；地砖干铺、湿铺都可，大地砖一般干铺。干铺法厚度大、成本高，不易变形、不易空鼓；湿铺法相对薄一点，适用于墙面、地面非大砖及对厚度有要求的地方，湿铺法不太适用于大砖，因为铺贴难度大、易空鼓。

图8-11 瓷砖施工注意的问题

什么是干铺法？地砖理论上讲应该采用干铺法，把基层浇水湿润后，除去浮沙、杂物。抹结合层，使用1:3的干性水泥砂浆，按照水平线摊铺平整，把砖放在砂浆上用胶皮锤震实，取下地面砖浇抹水泥浆，再把地面砖放实震平即可。采用干铺法可有效地避免地面砖在铺装过程中造成的气泡、空鼓等现象的发生，但是由于地面砖干铺法比较费工，技术含量较高，所以一般干铺法要比湿铺法的费用高很多。

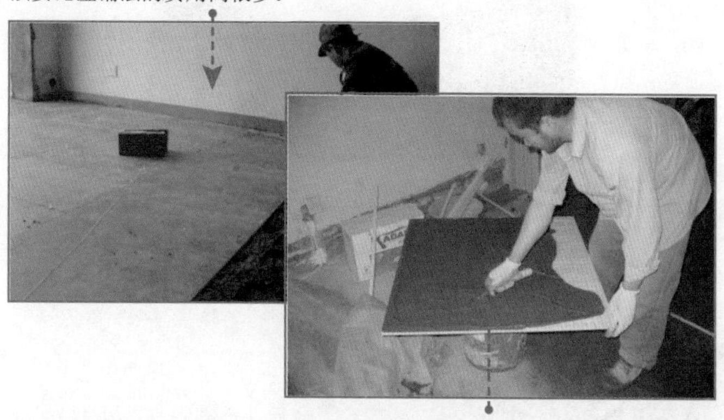

什么是湿铺法？是很多家装业主普遍采用的地面砖铺贴方法，这种方面工艺与干铺法的区别是将1∶3的干性水泥砂浆替换为普通水泥砂浆。采用湿铺法的瓷砖地面有可能产生空鼓与气泡，影响地面砖的使用寿命，但是由于湿铺法操作简单，且价格较低，所以现在很多家庭仍然采用湿铺法铺贴地面。

石井牌P.C 32.5 复合硅酸盐水泥
石井牌P.C 32.5 复合硅酸盐水泥
石井牌P.C 32.5 复合硅酸盐水泥

（2）正确选用水泥标号和调配水泥沙子的混合比例。遇到很多朋友反映瓷砖开裂的案例，其中有一些就是由于水泥沙子的混合比例不当所造成，或者水泥标号过高所致。一般贴墙砖的比例为1:3，贴地砖的比例为：1:2，水泥的标号为32.5。

（3）在贴砖前要清理墙面，并提前一天浇水湿润。有些不负责任的施工队在铺贴墙砖时，直接在刮过腻子的墙面贴砖，没有将腻子铲掉，这种做法的安全隐患非常大，由于水泥劲大，腻子上挂不住水泥，容易造成瓷砖的脱落，非常不安全。

图8–11　瓷砖施工注意的问题（续）

（4）瓷砖泡水应按需泡水，用多少泡多少，能够施工多少泡多少。经常看到一些客户去退没有使用完的瓷砖，结果发现有些不能退货，原因是瓷砖泡过水了。

关于瓷砖是否泡水。要分清楚是什么样的瓷砖？如果是吸水率较高的瓷砖，如普通的陶瓷砖铺贴前2个小时泡水，以砖体不冒泡为准，取出晾干待用。泡水可以减少瓷砖本身对砂浆水分的吸收，避免产生空鼓；如果是吸水率较低的瓷砖，如玻化砖、仿古砖等铺贴前可不用吸水（若不放心，可适量洒点水）。

（5）瓷砖在铺贴前做好预排砖计划。很多工人都是一拿到砖就铺，等铺到一定程度结果发现瓷砖排砖效果不好，比例不协调，于是拆下重新铺贴，因而造成不必要的损耗和浪费。

（6）通常瓷砖的留缝不能太小。瓷砖留缝太小容易缩短瓷砖使用寿命，瓷砖在经过热胀冷缩时挤裂釉面。无论是有缝瓷砖也好还是无缝瓷砖，在施工时一定要注意留缝。建议不小于1mm，普通墙砖以1.5~2mm为宜，仿古砖缝隙可以适当加宽。

（7）铺粘时遇到管线，灯具开关，卫生间设备的支承件等，必须用整砖套割吻合，禁止用非整砖拼凑粘贴。

图8-11　瓷砖施工注意的问题（续）

（8）瓷砖在铺贴时做好保护，不要划伤砖面，污染砖面。不要在没有干固的砖面上走动，做墙面刷漆、涂料地面没有使用保护膜等，这些情况是在施工的过程中经常会发生的，一般都会对瓷砖造成破坏。

（9）工人在施工过程中发现瓷砖问题要及时通知。这点是目前所有装饰公司在施工时做得比较差的地方，遇到这种情况不告知。等到全部铺好后，你发现有问题了，处理起来就会比较麻烦。

（10）填缝最好等贴砖24小时之后，瓷砖干固后再进行。现在很多工人为了赶进度，在瓷砖铺好后就马上开始勾缝，这样处理是非常不妥当的，由于瓷砖未完全干固，在勾缝的过程中，容易造成瓷砖松动，后期会造成瓷砖脱落，留下安全隐患。

（11）瓷砖铺贴好，应用小锤子轻击瓷砖表面，检查是否有空鼓存在，有的话应及时返工。因为存在空鼓的地方容易破裂。另外，用尺子测量瓷砖铺贴的是否平整。

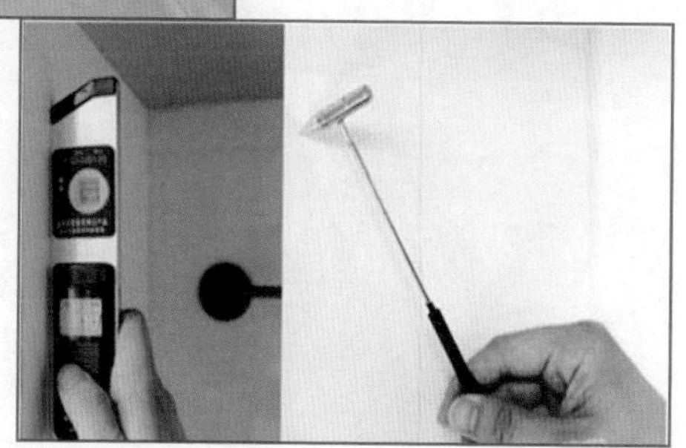

图8–11　瓷砖施工注意的问题（续）

8.6 别人的装修遗憾与体会

装修遗憾与体会1：在阳台放水池和洗衣机的地方，最好墙面地面都贴瓷砖，为了省钱就贴半高的墙砖。我家当时墙面没贴瓷砖，结果返潮，墙皮都掉了。

装修遗憾与体会2：客厅铺地砖一定要等地面水泥干透，再做踢脚线，我家当时工人为了赶时间，水泥没干透就开始铺砖，结果水泥里的水汽渗出来会使踢脚线（材质是中密度板）鼓胀、油漆泛白。

装修遗憾与体会3：铺瓷砖、地砖及吊顶前一定要帮工人想好排列，他们只管干活不管美观。第一次装修也不懂，工人直接开始铺砖，结果出现许多边边角角的补丁样的地方，感觉效果特别差。

装修遗憾与体会4：不要因为洗衣房不是很重要就铺普通的瓷砖，一定要铺好的。我家的洗衣房铺的是便宜的瓷砖，结果吸水，都出现色差了，哎！现在有可能会敲掉重新铺。

装修遗憾与体会5：瓷砖贴完后，留一点瓷砖备用，因为一段时间之后，一般都买不到你家使用的瓷砖花色。我家在装修完后，把剩余的瓷砖全部退回厂家了，没预留瓷砖。结果一年多以后有块瓷砖掉落摔坏，现在想修补一块，可是怎么都找不到一样花色的瓷砖，没办法只能将摔碎的瓷砖重新粘上。

装修遗憾与体会6：泡瓷砖时让工人用多少泡多少，不要一次都全泡上，否则会出现色差。我家贴瓷砖时，一次泡得太多，结果贴出的瓷砖看着有色差，影响整体效果。

第9章

木地板的选购与施工

实木地板舒适的脚感，天然的纹理和它的环保性赢得了很多业主的青睐，现代很多的家庭在装修过程中，特别是卧室都会选择木地板。不过木地板琳琅满目，选择起来比较费力，这也令很多业主大伤脑筋，下面就为大家分析一下木地板的选购技巧和施工方法。

9.1 木地板种类要选好

目前国内畅销、用于室内的地板无非三大类：实木地板，实木复合地板，强化地板。如图9-1所示。

（1）实木地板又叫原木地板，是天然原木经烘干、加工制成的，具有天然木材的纹理。从侧面可以看到内外材质是一致的。

优点：纹理自然好看，冬暖夏凉，软硬适中、脚感舒服，不含胶，无甲醛，有光脚踩到地上习惯的用户可以考虑。

缺点：实木稳定性差，会热胀冷缩、湿胀干缩，引起翘曲、起拱、开裂等问题。价格贵，导热性比较差，不适合安装地暖。

实木复合地板

优点：保留了实木地板的自然纹理和脚感舒服的特点。同时，相对于实木地板价格适中，耐磨性和稳定性比实木地板有所提高。最重要的是比实木地板更适合地暖。

缺点：用到胶水，会释放甲醛；内部结构分层，比较难看到内部质量。

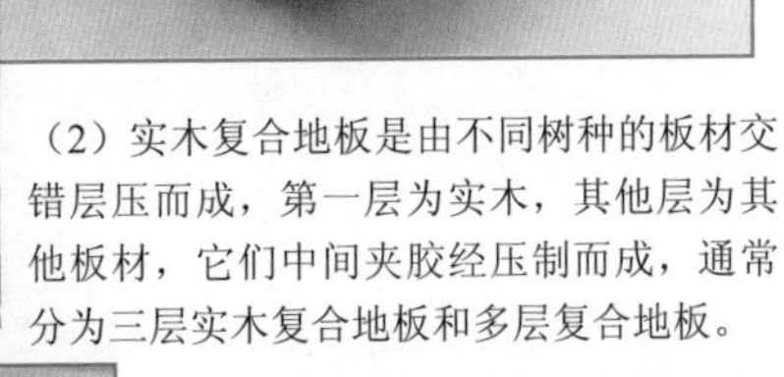

（2）实木复合地板是由不同树种的板材交错层压而成，第一层为实木，其他层为其他板材，它们中间夹胶经压制而成，通常分为三层实木复合地板和多层复合地板。

（3）强化地板也叫复合地板、强化复合地板，一般是由四层材料复合组成，即耐磨层、装饰层、高密度基材层、平衡（防潮）层。其中的基材层由天然或人造速生林木材粉碎，经纤维结构重组、高温、高压成型。

图9-1 木地板的种类

优点：同样有冬暖夏凉的优点；强度高、耐磨、防腐、防蛀，容易护理，颜色和花纹多，价格非常亲民，而且安装很方便。

缺点：硬度比较大，脚感跟实木地板没法比、用到胶水，会有甲醛量释放：厚度比较薄的胶水用得比较少，相对环保。如果在装了地暖的情况下，厚度越大的强化地板甲醛释放量越大。

三种木地板对比：

价格：实木地板>实木复合地板>强化地板

稳定性：强化地板>实木复合地板>实木地板

环保性：实木地板>三层实木复合地板>多层实木复合地板>强化地板

脚感：实木地板>三层实木复合地板>多层实木复合地板>强化地板

图9–1 木地板的种类（续）

9.2 如何选购木地板

面对市场种类繁多，价格各异的各类地板产品，如何选购出一款称心如意的地板呢？本节将重点讲解木地板的选购技巧。

9.2.1 实木地板怎样选购

实木地板的选购方法如图9-2所示。

❶ 选木种。木种分高中低档，而且价格和档次成正比。一般而言，普通档的有桦木、榆木、番龙眼等；中档的有圆盘豆（绿柄桑）、二翅豆、纽墩豆、印茄木（菠萝格）、白蜡木（水曲柳）等；高档的有柚木、橡木（柞木）、重蚁木、胡桃木、樱桃木、香脂木豆（红檀香）、花梨木等。

有时商家玩文字游戏，把“橡胶木”当成“橡木”来卖，鉴别方法是：橡木一般进口自欧洲、北美地区，是优质的硬木，手感厚重，有清晰的山形纹理，触感光滑细腻；橡胶木一般来源于东南亚，其密度远低于橡木，质地稀松，手感轻，纹理模糊，疤结、黑线较多。

如果商家对你说“我们的橡木是泰橡，从泰国进口的”，那他说的就是橡胶木。还有像非洲紫檀、巴西花梨，通常是生态实木（用木纤维、树脂、高分子材料混合挤压成型的），或者是其他树种用油漆覆盖、伪装成的。**结论**：选择常见木种，避免不熟悉或者所谓稀有的木种，以防上当受骗。

❷ 选等级。《实木地板国家标准》的等级分类是优等品、一等品、合格品，对应的商业用语是A级、B级、C级，应以国家标准为准。

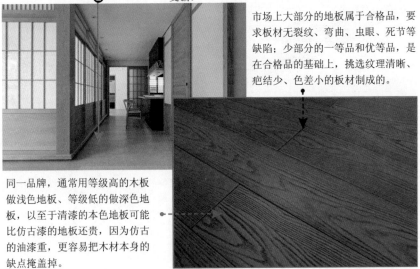

市场上大部分的地板属于合格品，要求板材无裂纹、弯曲、虫眼、死节等缺陷；少部分的一等品和优等品，是在合格品的基础上，挑选纹理清晰、疤结少、色差小的板材制成的。

同一品牌，通常用等级高的木板做浅色地板、等级低的做深色地板，以至于清漆的本色地板可能比仿古漆的地板还贵，因为仿古的油漆重，更容易把木材本身的缺点掩盖掉。

图9-2　实木地板的选购方法

❸ 选规格。实木地板的尺寸非常多，一般长910mm、宽122mm、厚18mm，如果比这个尺寸小，可称为非标板，比如长600或750mm的短板和宽90mm的窄板。

同种的地板（两拼、三拼的除外），越长越宽，价格越高。相对于标准板来说，非标准板性价比更高（因为材质一样，价格较低），如果预算有限，可以考虑。但是，如果商家推荐给你价格低于常理的所谓特价款，要先确认地板是否符合常见规格（不排除二手地板翻新后低价售卖的可能）。

❹ 鉴别。实木地板是三类地板中最贵的，因此，商家可能用强化地板、实木复合地板来冒充实木地板。鉴别实木地板的方法是：先观察地板的横截面，实木横截面的纹路是正面纹路的延续；再看铺贴好的地板中，有没有图案重复的，因为天然木材的纹理独一无二，绝不可能出现两块一模一样的地板！

图9-2 实木地板的选购方法（续）

9.2.2 实木复合地板怎样选购

实木复合地板的选购方法如图9-3所示。

要鉴别实木复合地板的表层是不是真的实木，方法也是观察地板的横截面，也能发现纹路是正面的延续。还要注意鉴别木皮的厚度，有商家会把表层0.6mm的充作1mm、2mm的来卖，从侧面看实木皮似乎很厚，其实是刷了一层厚漆。

有的实木复合地板表层是用小块木条两拼、三拼的，价格较低，而且在国外很流行（外国人非常喜欢色差大的小木条拼接效果），如果预算有限，可以考虑。注意：小心商家用强化地板冒充实木复合地板。

图9-3 实木复合地板的选购方法

9.2.3 强化地板怎样选购

强化地板的选购方法如图9-4所示。

❶ 选耐磨层。选购强化地板，主要看耐磨层的质量。你可以拿自己的钥匙尖等硬物，用力划地板表面，如果出现明显的凹坑，就说明耐磨层太软、转数低。另一种鉴别方法是：在光线下斜着观察耐磨层的氧化铝晶体颗粒，颗粒密度越高，反光也越强，越耐磨。

图9-4 强化地板的选购方法

高质量的强化地板，表面光亮，装饰纸纹理清晰，能模仿出木材的立体感和真实感。至于转数，6 000~9 000转足够一般家庭使用。如果商家极力推荐高转数的，并且高低转数的价格相差很多，就要小心了。因为在生产时，6 000转和9 000转的成本，每平方米相差只有3~5元。

❷ 选基材。鉴别方法是从横截面观察基材的密度，颗粒越均匀、空隙越小，密度越高，吸水率越低，使用年限越久。

图9-4 强化地板的选购方法（续）

9.3 购买木地板有哪些价格“猫腻”

买地板，一定要问清楚安装费、搬运费怎样计算，以及踢脚线、扣条等辅料的价格和安装费用。请记住，羊毛永远出在羊身上，商家赠送或者低价卖的一切东西，都不代表你占了便宜，赠品的成本往往平摊在其他费用中。如图9-5所示为商家常见的价格“猫腻”。

（1）踢脚线。好多品牌会随地板赠送踢脚线，但赠品的质量可能很差，比如把自家实木地板的环保性能夸上天，结果送了个密度板的踢脚线。如果遇到这种情况，别贪便宜，自己多花点钱，换成质量好的即可。

图9-5 商家常见的价格“猫腻”

（2）扣条。也叫压条、收边条，成本非常低，但打着品牌“专用”的旗号，一个扣条能卖到上百元。高价卖辅料赚利润是大品牌常用的价格“猫腻”。扣条用于地板与瓷砖的交界、房间门口处，使用频率非常高，容易损坏。扣条分金属、塑料和实木的。实木地板不宜用金属扣条，因为实木地板伸缩较大，用金属扣条很容易变形、翘边、脱落。

（3）防潮垫。也叫防潮膜、地膜、地垫宝、地板伴侣，一般由地板商家赠送，单独购买也非常便宜。推荐使用防潮垫，作为地板和地面（或龙骨）之间的隔层，能有效阻挡地面湿气进入地板，并在一定程度上增加弹性、提升脚感，但没有地面找平的功能。

（4）防虫粉。和扣条类似，没有任何品牌的地板会需要专用某一种防虫粉，如果商家这么说了那纯粹是为了获取更多的利润。防虫粉由樟木锯末制成，用于防治白蚁（木龙骨可能会有虫卵），或者墙角受潮、发霉引来的小虫子。

图9-5　商家常见的价格“猫腻”

9.4 地暖用什么地板

我们从三个方面比较了实木地板、实木复合地板和强化地板的性能，下面来看看到底哪一类地板适用于地暖环境，如图9-6所示。

（1）稳定性。安装地暖后，冬季想要房间温度上升到20~30℃，地板和地暖的接触部分就需要长时间保持50~60℃。在高温又极度干燥的环境中，实木开裂的风险很大。从稳定性来讲，实木地板不及实木复合地板（三层的不及多层的）；强化地板最佳。

1
2
3
4
5

（2）环保性。地板的环保性主要是看甲醛的释放量，而甲醛主要存在于添加的胶中。地板的环保标准认证通常都是常温条件下检测得出的；到了高温环境中，很可能造成甲醛大量挥发，导致室内甲醛超标。而且国内地板使用酚醛胶最为广泛，除甲醛外，其中的苯酚挥发也会对人体造成损害。从环保性来讲，应选择无胶或者少胶的地板，而强化地板是不合适的。

（3）导热性。物体越薄，导热越好，因此过厚的地板不利于取暖。强化地板是三种地板中最薄的（通常8mm）；实木地板本身较厚（通常18mm），有的还需要龙骨敷设，导致地板悬空于地暖之上，热量损失更多。

（4）综上，如果预算充足，选择柚木锁扣地板（锁扣的不需要打龙骨），价格通常在600元/m²以上；预算有限且在非要用地板的情况下（不接受仿木地砖），选择实木复合地板（三层或多层都可以），并且尽量选择可靠的大品牌。

图9-6 地暖用什么地板

9.5 木地板安装施工技巧

9.5.1 地板安装前要准备什么

实木地板和实木复合地板（强化地板对安装的要求稍低），三分靠质量，六分靠安装，一分靠保养。优秀的施工是减少返工和售后的关键。地板安装前的准备工作主要如图9-7所示。

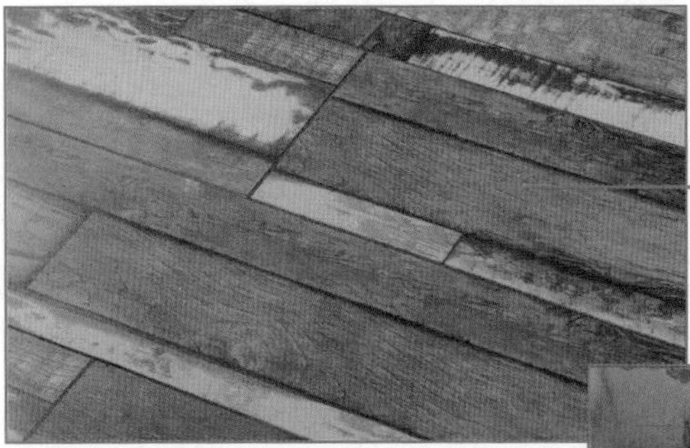

❶ 晴朗天气。不要在雨天安装木地板。通常，板材经过烘干、六面封漆以后，地板内部的含水率较低；但安装时总会裁切地板，雨天空气湿度大，湿汽进入地板后，会导致地板的含水率升高，为以后的使用留下隐患。

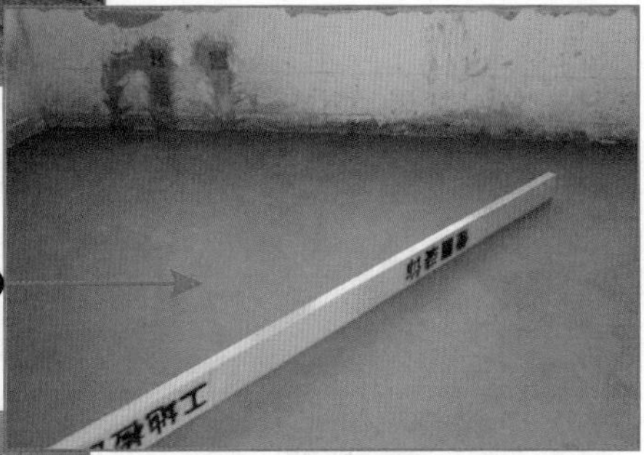

❷ 地面找平。铺地板之前，要保证地面平整度落差不超过1~3mm，否则会导致部分地板或龙骨悬空，铺上地板以后踩起来会嘎吱嘎吱响。判断方法是：用2m靠尺放在地面上，观察它和地面之间是否有空隙，如果空隙过大，要用水泥自流平等方法重新找平。

❸ 地面干燥。一定要在地面完全干透以后再铺地板。如果地面没完全干透，哪怕地板和地面之间铺了防潮垫，湿气也会从防潮垫的边缘扩散出来，导致边缘的地板发霉、变黑。

❹ 地面清扫。铺地板之前，地面一定要清扫干净（推荐用吸尘器），最好再刷一层地固或者地坪漆。尤其是边角处，要仔细清扫，原因和湿气扩散类似，灰尘容易从防潮垫的边缘处跑出来。刷地固能有效避免地面起沙，起沙的后果是：室内明明很干净，地板上却总有灰土。

图9-7 地板安装前的准备工作

9.5.2　木地板安装施工方法

地板的安装方式有两种：悬浮式和龙骨式。如图9-8所示。

现场视频 即扫即看

（1）悬浮式。即地板不固定在地面上，先铺一层防潮垫，然后把单片地板逐个拼接，最后连成整体。

优点：施工简单、工期短；局部损坏，替换方便。

缺点：易受潮；地板不固定，无外力牵制，易变形。适用于强化地板和实木复合地板，不适用于实木地板（除非锁扣的，或者木种的稳定性很强）。

（2）龙骨式。安装方法如下：先用钉子把龙骨固定在地面，铺一层防潮垫，再把地板固定在龙骨上。

优点：地板悬空于地面，不易受潮；龙骨有弹性，能保留木头的舒适脚感；因此龙骨式适用于实木地板和实木复合地板。

龙骨一般宽5cm、厚3cm，推荐松木的（东北落叶松等），质地较硬，还有天然气味可以防虫。千万别用杉木龙骨，质地太软，地板铺上以后踩起来很容易有响声。龙骨式通常不必额外地面找平（除非地上有明显的坑），可以用龙骨自身和木片堆叠来调整高度（木片可用木工阶段剩余的边角余料）。如果当地气候潮湿，可以在龙骨之间放一些无纺布袋装的竹炭、活性炭；但不要相信这样能净化甲醛，其功效微乎其微。

平扣还是锁扣。单片地板之间依次相扣，有平扣、锁扣两种连接方式。锁扣比较贵，因为加工设备昂贵，这也意味着该品牌具有一定规模；锁扣也比较紧，能有效抵抗木头变形；有的锁扣还带有橡皮条，能更好地防止水渗入地板缝隙。因此如果是实木地板，推荐使用锁扣。

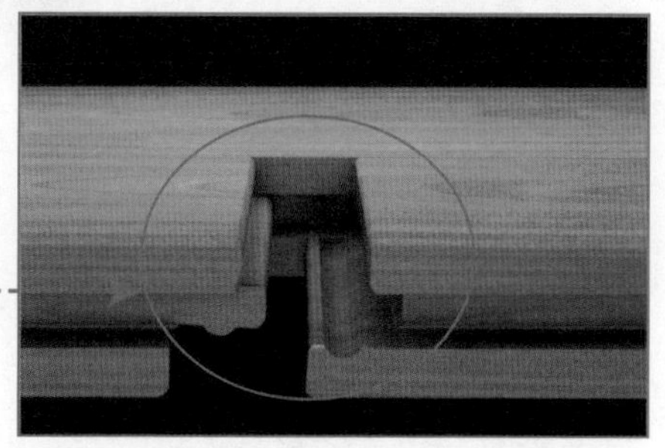

图9-8　木地板安装施工方法

9.6 别人的装修遗憾与体会

装修遗憾与体会1：我家木地板有几个地方踩上去后有响声，当初安装木地板时，没有找平地面，安装时发现龙骨与地面的间距较大，工人找来一些小垫片插在下面，十分不牢靠。现在走在上面有异响，特别烦心。

装修遗憾与体会2：客厅铺的木地板，室内明明很干净，地板上却总有灰土。当初安装地板时，地面龙骨铺好后，残留了许多木屑，工人没有打扫干净就直接铺地板了。导致现在的问题，今后再铺地板，一定要在铺龙骨后打扫干净。

装修遗憾与体会3：我家的木地板铺装时相邻板块之间未按要求预留伸缩缝，在受潮湿空气影响后，导致木地板板面局部向上拱起。

第 10 章

石材的选购与施工

时下家装工程中，石材越来越受业主青睐，被广泛应用于室内的局部设计，然而房间的各个部位应该使用什么样的石材呢？怎样挑选石材？安装时有哪些注意事项？本章将进行重点讲解。

10.1 石材使用位置与种类

10.1.1 家庭装修哪里可以用到石材

家庭装修中使用石材还是比较普遍的，那么在家庭装修中哪里可以用到石材呢？如图10-1所示。

经常用到石材的地方包括：窗台、过门石、橱柜、浴室柜和其他柜子的台面、地砖的踢脚线、电视背景墙等。

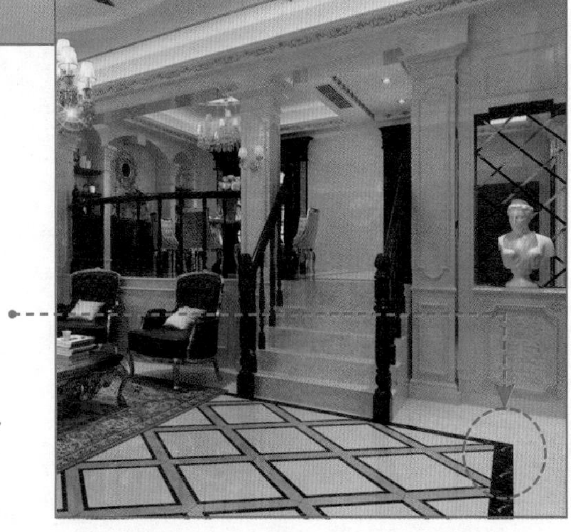

两种不同花色的瓷砖如果衔接的地方不好看，可以用石材过渡一下，如果地砖有突出的地方，比如房间中的错层结构或者别墅上层挨着楼梯的过道，这些地方如果用普通瓷砖铺贴地面，瓷砖太薄会很不好看，而且时间长了，这些地砖容易掉瓷豁口，一般在这些地方用比较厚的石材收口，和过门石的道理一样。

图10-1 家庭装修哪里可以用到石材

10.1.2 石材的种类有哪些

建筑装饰用天然石材是一种高级的装饰材料，主要用于装饰等级要求较高的工程中，天然石材如图10-2所示。

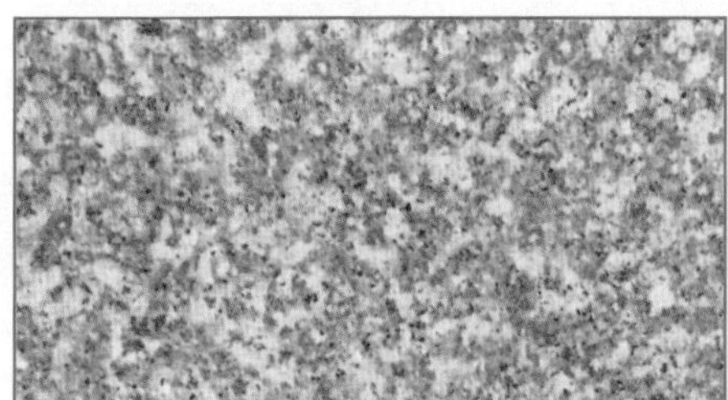

（1）花岗石是由地下岩浆喷出和侵入冷却结晶，以及花岗质的变质岩等形成。花岗岩耐磨性能好，热膨胀系数小，不易变形。其具有优良的加工性能，其加工精度可达0.5μm以下，光度达100度以上。花岗岩具有良好的装饰性能，可用于公共场所及室外的装饰。

大理石具有优良的装饰性能，不含有辐射且色泽艳丽、色彩丰富，被广泛应用于室内墙、地面的装饰。

（2）大理石主要是由沉积岩和沉积岩的变质岩形成的，是石灰石重结晶形成后的一种变质岩。大理石具有优良的加工性能，大理石的耐磨性能良好，不易老化，使用寿命长。

（3）砂岩又称砂粒岩，是由于地球的地壳运动，砂粒与胶结物（硅质物、碳酸钙、黏土、氧化铁、硫酸钙等）经长期巨大压力压缩黏结而形成的一种沉积岩。砂岩的颗粒均匀，质地细腻，结构疏松，吸水率较高，具有隔音、吸潮、抗破损，耐风化，耐褪色，水中不溶化、无放射性等特点。

砂岩不能磨光，属哑光型石材，故显露出自然形态，含有丰富的文化内涵。常用于室内外墙面装饰、家私、雕刻艺术品、园林建造用料。

（4）板岩主要是板状结构，基本上没有重结晶的岩石，是一种变质岩，沿板岩纹理方向可以剥成薄片。板岩的颜色随其所含有的杂质不同而变化，含铁的为红色或黄色;含碳质的为黑色或灰色;含钙的遇盐酸会起泡，因此一般以其颜色命名分类，如会绿色板岩、黑色板岩、钙质板岩等。板岩一般不再磨光，显示出自然形态，形成了自然美感。因此，砂石与板岩的纹路色彩优于大理石和花岗石，其装饰也常用于一些富有文化内涵的场所。

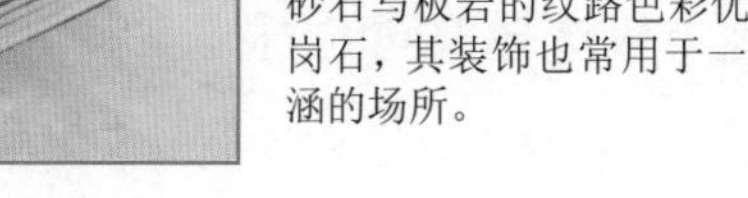

图10-2　天然石材

10.1.3 天然石材到底有没有辐射

过分强调石材的放射性污染是认知误区。人类就生活在有很多石材的大自然中，石材在人类建筑中应用已经有几千年的历史了，只要是国家规定的A类石材，放射性一般很低，可以放心选择使用。如图10-3所示。

科学地讲，绝大部分天然石材（包括全部大理石类、绝大部分板石类，以及大多数浅色系列的花岗石类）都是有辐射的，但是其辐射强度很小，对人体没有什么危害，只有少量含有某些特殊成分的天然石材，其辐射强度可能偏大。
国家的《建筑材料放射性卫生防护标准》中把天然石材分为A、B、C三类，家庭装修能用到的多数是A类石材，非常安全。
大理石是由沉积岩中的石灰岩经温高压等外界因素影响变质而成。由于其组成的方解石和白云石的放射性一般都很低，所以由放射性很低的石灰岩变质而成的大理石，放射性也是很低的。所以，天然大理石可以放心选择并使用。

图10-3　石材的辐射

10.1.4 不同地方应选择不同的石材

为美观和实用，石材在家装中涉及的面越来越广，但种类不同，具体的特性也就各异，要想为不同区域选择合适的石材，还是有一些讲究的。如图10-4所示。

（1）客厅地面。客厅比较适合选择用大理石铺地面，但因为天然石材表面有细孔，所以在耐污方面比较弱，一般在加工厂都会在其表面进行处理，表面非常光滑，所以家里有老年人就不应该大面积铺天然大理石地面了。另外如果家里装有地暖，可以选择耐高温性能更好的人造石材。

（2）电视背景墙。室内装饰中背景墙往往是一个装饰亮点，如果你想把自己的家装饰的比较有个性，可以选择花岗石做装饰墙，天然石材花纹自然，能很好表现创作意图，适合在墙面上做艺术造型，此外在玄关等局部做点缀也很不错。

（3）阳台。阳台通常选用复古瓷砖比较多，如果阳台上铺设大理石最重要的就是要求防滑和耐磨，现在市面上销售的天然石材，部分色泽是经过人工处理的，这些石材一般使用半年到一年左右就会显露出其真实“面孔”。

（4）橱柜台面。橱柜台面一般要求耐高温、硬度要高、耐脏污。常用的台面有石英石台面、天然石台面、人造石台面和不锈钢台面。其中，石英石台面耐高温、表面平滑、硬度高、耐脏污，性价比也较高，是橱柜台面推荐选材。

图10–4 家装中石材应用技巧

（5）卫生间。由于天然大理石防滑性较差，因此卫生间地面一般不选择天然大理石，而会选择吸水率低，防滑性好的瓷砖。而天然大理石可以用作洗脸盆台面。

（6）窗台。窗台上安装大理石，装饰作用是第一位的，在选择上可以选择质量较好的品种，目前市面上进口大理石允许用砂纸打磨表面的划痕，有了划痕用户自己处理一下就不再显现了，很多国产的人造大理石显然不能支持这种做法，越打磨越烂。

（7）门槛。门槛处安装大理石主要的作用就是防潮、隔湿，使用面积都不大，所以选材方面没有太多的讲究，只要根据家里整体装修风格选择搭配的颜色即可。

图10-4　家装中石材应用技巧（续）

10.2 如何选购优质家装石材

在装修的时候，很多人会选择石材来装修自己的新家，看起来比较的富丽堂皇，但是如何挑选石材呢，下面进行重点讲解，如图10-5所示。

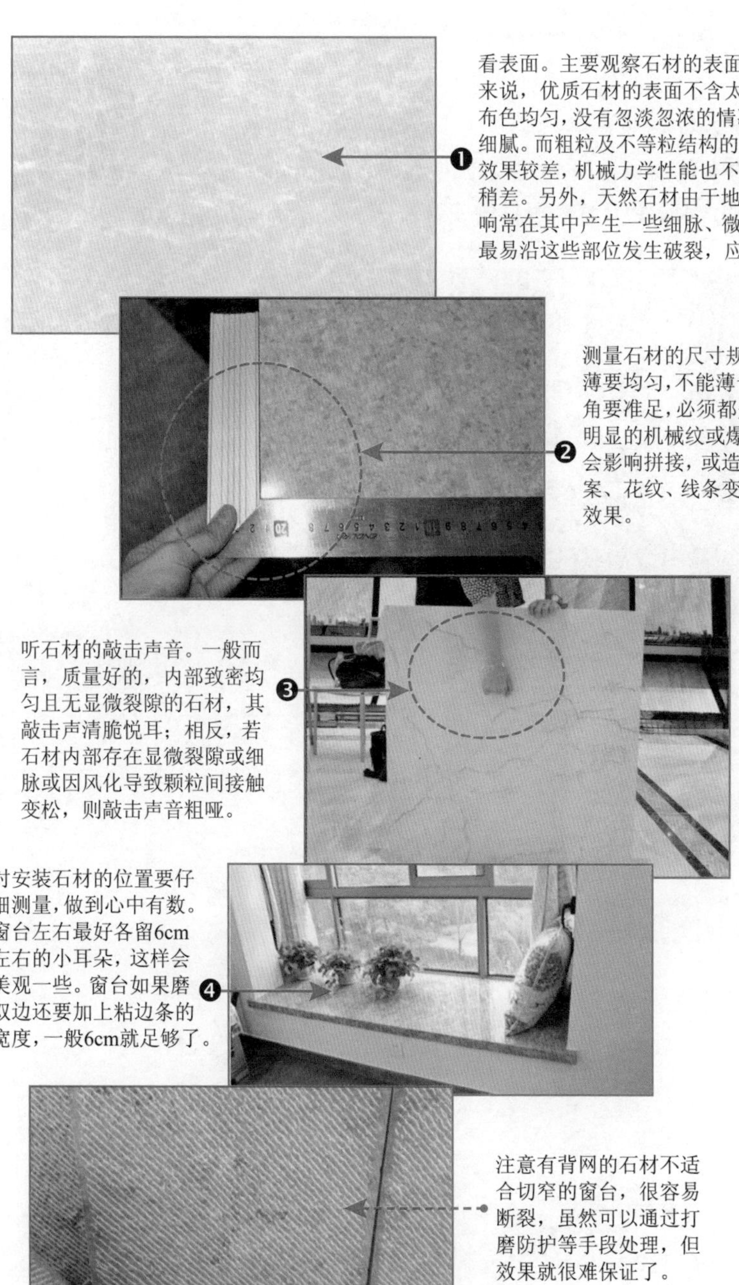
看表面。主要观察石材的表面结构。一般来说，优质石材的表面不含太多的杂色，布色均匀，没有忽淡忽浓的情况，且质感细腻。而粗粒及不等粒结构的石材其外观效果较差，机械力学性能也不均匀，质量稍差。另外，天然石材由于地质作用的影响常在其中产生一些细脉、微裂隙，石材最易沿这些部位发生破裂，应注意剔除。
测量石材的尺寸规格。石材的厚薄要均匀，不能薄于1.5cm，四角要准足，必须都是直角、切边有明显的机械纹或爆边。尺寸不对，会影响拼接，或造成拼接后的图案、花纹、线条变形，影响装饰效果。
听石材的敲击声音。一般而言，质量好的，内部致密均匀且无显微裂隙的石材，其敲击声清脆悦耳；相反，若石材内部存在显微裂隙或细脉或因风化导致颗粒间接触变松，则敲击声音粗哑。
对安装石材的位置要仔细测量，做到心中有数。窗台左右最好各留6cm左右的小耳朵，这样会美观一些。窗台如果磨双边还要加上粘边条的宽度，一般6cm就足够了。
注意有背网的石材不适合切窄的窗台，很容易断裂，虽然可以通过打磨防护等手段处理，但效果就很难保证了。

图10-5　如何选购优质家装石材

10.3 石材安装施工技巧

现场视频 即扫即看

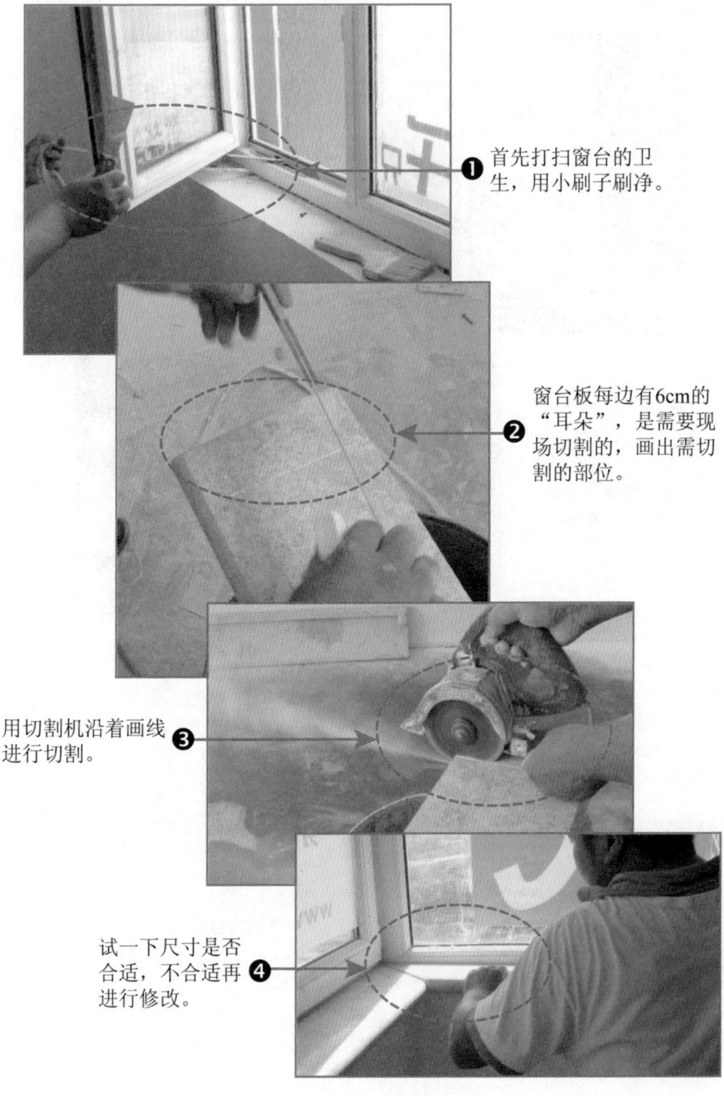

石材的安装有三种方法：干挂法、湿贴法和粘贴法。由于室内石材的安装要保证既美观又不占地方，故而采用粘贴安装法。如图10-6所示为窗台石材的安装施工技巧。

❶ 首先打扫窗台的卫生，用小刷子刷净。

❷ 窗台板每边有6cm的“耳朵”，是需要现场切割的，画出需切割的部位。

❸ 用切割机沿着画线进行切割。

❹ 试一下尺寸是否合适，不合适再进行修改。

图10-6 窗台石材的安装施工技巧

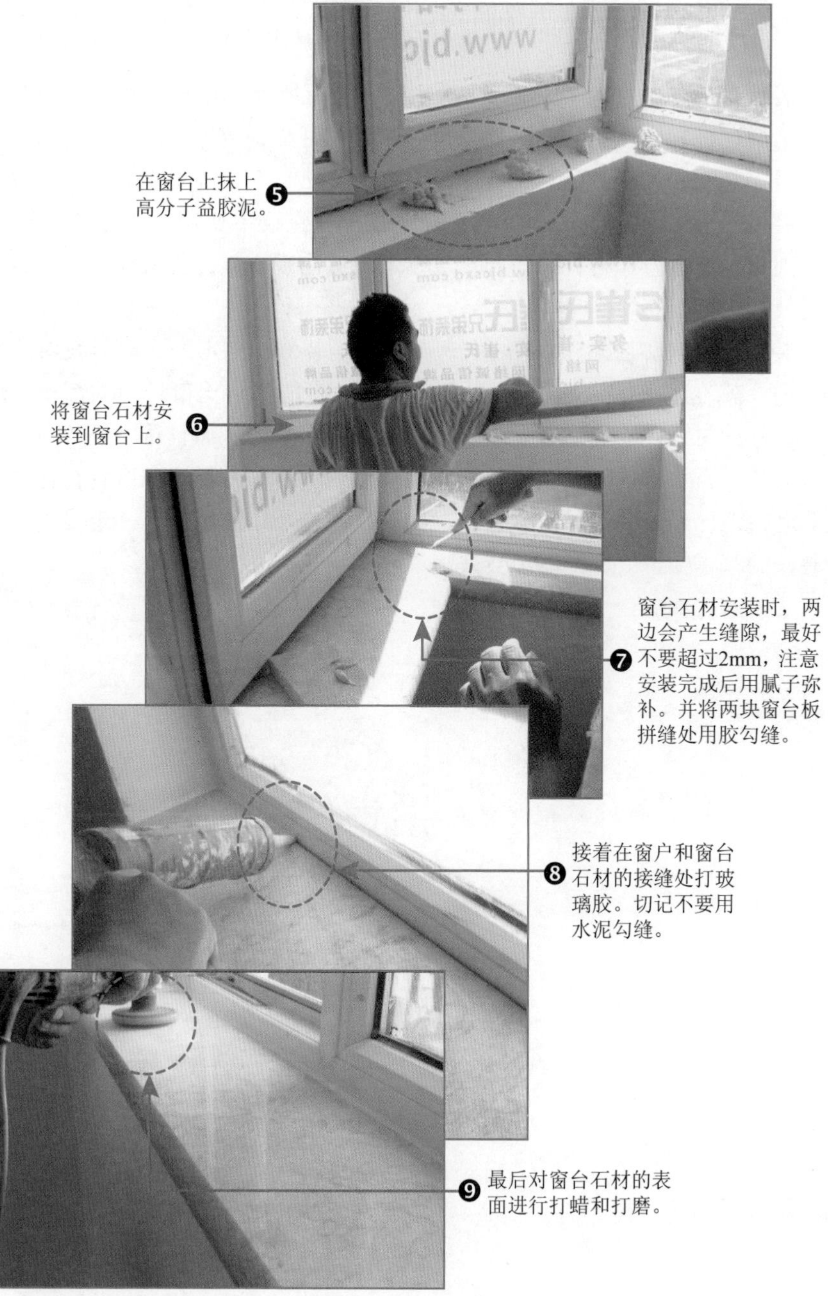
在窗台上抹上高分子益胶泥。
将窗台石材安装到窗台上。
窗台石材安装时，两边会产生缝隙，最好不要超过2mm，注意安装完成后用腻子弥补。并将两块窗台板拼缝处用胶勾缝。
接着在窗户和窗台石材的接缝处打玻璃胶。切记不要用水泥勾缝。
最后对窗台石材的表面进行打蜡和打磨。

图10-6　窗台石材的安装施工技巧（续）

10.4 别人的装修遗憾与体会

装修遗憾与体会1：大理石的卖家往往有可能欺骗用户，所以买的时候要讲好单价，讲好计算方法，讲好总价。然后付订金，装好后付全款。不然他们说有损耗要0.8m当成1.0m算，我家就吃亏了。

装修遗憾与体会2：如果大厅铺大理石，建议不要用“干湿沙”敷设方法，因为水过多会让石材表面起水纹及水干后出现空鼓，我家铺的大理石就出现空鼓，更换很麻烦。

装修遗憾与体会3：我家的大理石窗台是装修初期定的，那时我对装修一窍不通，就在网上的论坛里预订了一个。他报的价格比市场上的都贵，承诺给用最好的材料。安装后，发现窗台石材有很多杂质，而且黄一块灰一块的。他说天然的石头都这样，我就稀里糊涂付了钱。后来发现这个窗台石材其实是次等品，但已经安装完了，想换掉也为时已晚。所以在装修前一定要先学习一些装修的基本知识，那样就不会被骗了。

第 11 章

涂料的选购与施工

家庭装修过程中，涂料选购是非常重要的一项。在购买时，如何辨别油漆的质量是广大消费者比较头疼的一件事。本章将重点分析涂料的选购方法。

11.1 全面认识涂料

11.1.1 涂料、油性漆、水性漆、乳胶漆的区别

当用户在装修时，在建材市场经常会看到涂料、油性漆、水性漆、乳胶漆等名词。老实说，这些名词放在一起确实很容易混淆，而且让人一头雾水，下面来详细了解一下它们，如图11-1所示。

涂料的传统名称为油漆。所谓涂料是涂于物体表面能形成具有保护、装饰或特殊性能（如绝缘、防腐、标志等）的固态涂膜的一类液体或固体材料的总称。包括油（性）漆、水性漆、粉末涂料。

油性漆是以干性油为主要成膜物质的一类涂料，以有机溶剂为介质的漆。在物件表面涂以油性涂料，形成一层保护膜，能够阻止或延迟物体的腐蚀、锈蚀、风化等的发生和发展，延长使用寿命。油性漆含有强烈的刺激性气味，对人体有害，一般使用后1~2个月，强刺激性气味会挥发至基本无味。

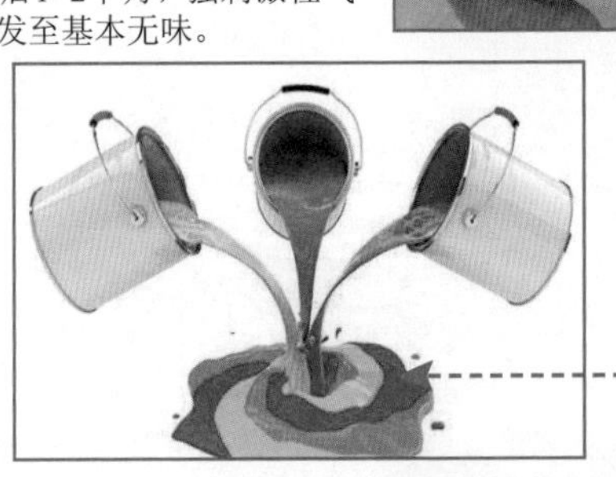

水性漆是可用水溶解或用水分散的漆，其不含苯、甲苯、二甲苯、甲醛、游离TDI、有毒重金属，无毒、无刺激气味，对人体无害，不污染环境。水性漆具有漆膜丰满、晶莹透亮、柔韧性好并且具有耐水、耐磨、耐老化、耐黄变、干燥快、使用方便等特点。水性漆包括水溶型、水稀释型、水分散型（乳胶漆）3种。其可使用在木器、金属、塑料、玻璃、建筑表面等多种材质上。

乳胶漆又称为合成树脂乳液涂料，它是以合成树脂乳液为基料加入颜料、填料及各种助剂配制而成的一类水性涂料。乳胶漆是现在业主最常选择的一种墙面装饰，它施工起来比较方便、覆盖力比较强，易于涂刷、干燥快、漆膜耐水、耐擦洗性好、同时色彩也十分丰富。

图11-1　各种漆的区别

11.1.2　家装常用的涂料

家装常用的涂料主要有如图11-2所示的几类。

低档水溶性涂料：常见的是106和803涂料。
OT803
POLYURETHANE
WATERPROOF
MATERIAL
25Kg NET
乳胶漆。乳胶漆是现在业主最常选择的一种墙面装饰。一般质量较好的乳胶漆基本不含有对人体有害的物质。而质量较差的则含有大量游离甲醛。
多彩喷涂。多彩喷涂是以水包油形式分散于水中，一经喷涂可以形成墙布（墙纸），常用的有无纺贴墙布和玻璃纤维贴墙布。

图11–2　家装常用的涂料

11.2　乳胶漆选购技巧

11.2.1　乳胶漆质量鉴别方法

乳胶漆是现在业主最常选择的一种墙面装饰，它施工起来比较方便、覆盖力也比较强、同时色彩也十分丰富，而且环保，正因为有这些优点所以备受业主青睐。乳胶漆质量也有好有坏，质量差的对人体的伤害很大，那么如何选购乳胶漆呢？如图11-3所示。

❶ 看涂料有无沉淀、结块现象。先买一桶漆进行测试，放一段时间后，正品乳胶漆的表面会形成厚厚的、有弹性的氧化膜，不易裂；而次品只会形成一层很薄的膜，易碎，具有辛辣刺鼻气味。

❷ 闻涂料有无发臭、刺激性气味。真正环保的乳胶漆应是水性、无毒无害的。

❸ 先买一桶测试，可将少许涂料刷到水泥墙上，涂层干后用湿抹布擦洗。真正的乳胶漆擦一两百次对涂层不会产生明显影响；而低档水溶性涂料只擦十几次即会发生掉粉、露底的现象。

❹ 用木棍将乳胶漆拌匀，再用木棍挑起来，优质乳胶漆往下流时会形成扇面形。用手指摸，正品乳胶漆应该手感光滑、细腻。
多乐士

图11-3 乳胶漆鉴别方法

11.2.2　低端漆和高端漆的差别在哪里

同一品牌的乳胶漆，还会分价格低的低端乳胶漆和价格高的高端乳胶漆，那么它们的差别在哪里呢？如图11-4所示。

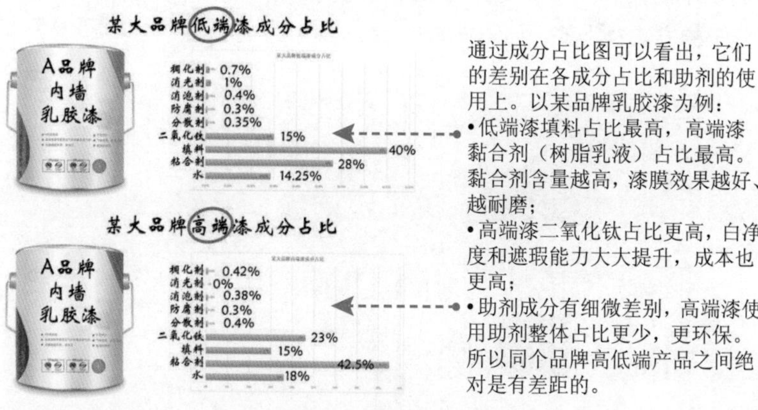
某大品牌低端漆成分占比
A品牌
内墙
乳胶漆
稠化剂 0.7%
消光剂 1%
消泡剂 0.4%
防腐剂 0.3%
分散剂 0.35%
二氧化钛 15%
填料 40%
粘合剂 28%
水 14.25%
某大品牌高端漆成分占比
A品牌
内墙
乳胶漆
稠化剂 0.42%
消光剂 0%
消泡剂 0.38%
防腐剂 0.3%
分散剂 0.4%
二氧化钛 23%
填料 15%
粘合剂 42.5%
水 18%
通过成分占比图可以看出，它们的差别在各成分占比和助剂的使用上。以某品牌乳胶漆为例：
•低端漆填料占比最高，高端漆黏合剂（树脂乳液）占比最高。黏合剂含量越高，漆膜效果越好、越耐磨；
•高端漆二氧化钛占比更高，白净度和遮瑕能力大大提升，成本也更高；
•助剂成分有细微差别，高端漆使用助剂整体占比更少，更环保。所以同个品牌高低端产品之间绝对是有差距的。

图11–4　低端漆和高端漆的差别

11.2.3　新款乳胶漆和旧款有多大区别

当你购买乳胶漆的时候，店员会向你推荐选择新款乳胶漆，介绍新款乳胶漆的种种好处，不过价格也高了不少。那么到底新款乳胶漆和旧款相比有多大区别呢？如图11-5所示。

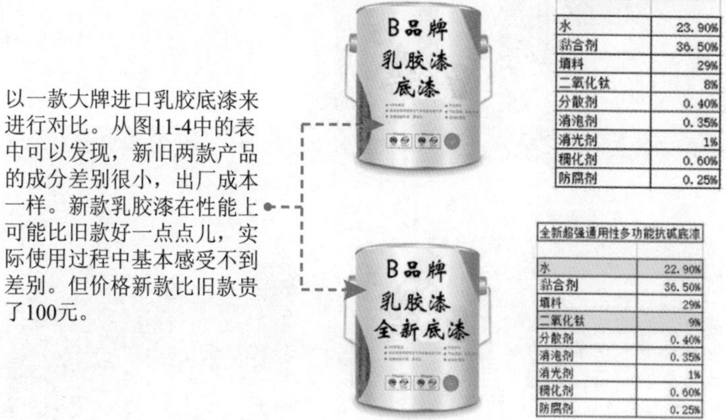
以一款大牌进口乳胶底漆来进行对比。从图11-4中的表中可以发现，新旧两款产品的成分差别很小，出厂成本一样。新款乳胶漆在性能上可能比旧款好一点点儿，实际使用过程中基本感受不到差别。但价格新款比旧款贵了100元。
B品牌
乳胶漆
底漆
B品牌
乳胶漆
全新底漆

超强通用性多功能抗碱底漆	
水	23.90%
黏合剂	36.50%
填料	29%
二氧化钛	8%
分散剂	0.40%
消泡剂	0.35%
消光剂	1%
稠化剂	0.60%
防腐剂	0.25%

全新超强通用性多功能抗碱底漆	
水	22.90%
黏合剂	36.50%
填料	29%
二氧化钛	9%
分散剂	0.40%
消泡剂	0.35%
消光剂	1%
稠化剂	0.60%
防腐剂	0.25%

图11–5　新旧两款乳胶漆对比

11.3 涂料的施工要点

现场视频 即扫即看

好的墙漆施工不仅会给家居带来光鲜的外表，还能掩盖隐蔽工程施工中的瑕疵。本节要为大家介绍的就是墙漆怎么刷及刷墙漆施工的方法及步骤，如图11-6所示。

❶墙面基层处理。毛坯的墙体或者已经做好1道腻子的房子，要求基层必须平整坚固。不得有粉化、起砂、空鼓、脱落等现象。基层不平和坑洼面应该配套用腻子刮平。阴阳角必须通过弹墨线来找垂直、衡量水平垂直的整度。后一遍腻子应在前一遍腻子完全干后才能施工。

❷刮腻子。一般来说是在抹灰完成后，总包单位会进行两道抹灰，第二道的时候基面会以修饰效果补平。所以一般都会批腻子，腻子的作用是让墙面更平整一点儿。买成品袋装的腻子粉，加水搅拌就可以了。

❸墙面打磨。刮腻子后，总有些高低不平，或者基层不是很平整的面。这个时候，需要用到砂纸，进行手工打磨，修复。中间还可以用太阳灯照明，便于检查平整度。再用砂纸打磨，不断完善。

❹刷漆。墙面上漆至少要上两遍，第一遍涂料可加5%~10%的水，方便墙壁吸收，第二遍面漆可不加水，与第一遍涂层有一定的间隔时间（大概在2小时）。滚涂时需要同时使用粗细两种滚筒刷，粗滚筒刷先刷、细滚筒刷随即跟上。用粗滚筒将油漆均匀涂在墙壁，再用细滚筒在粗滚筒刷过的地方重刷一遍，让墙面油漆变得细腻并刷出所需花纹。

图11-6 涂料的施工要点

笔刷施工。用笔刷对墙边和墙角等漏刷的地方进行补漆。特别是墙壁与角线、木柜、隔板等的接缝位置和墙壁的转角处。❺

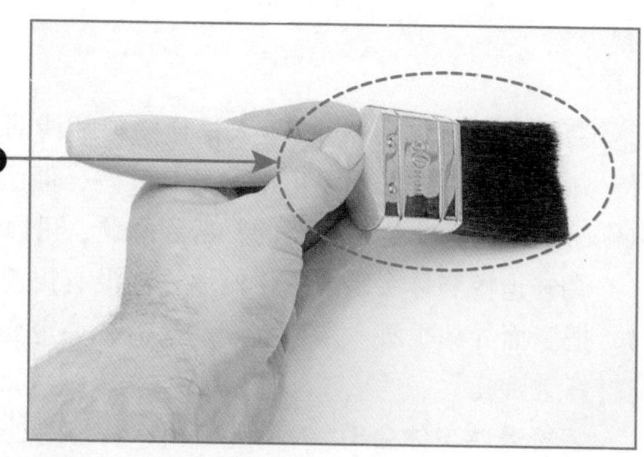

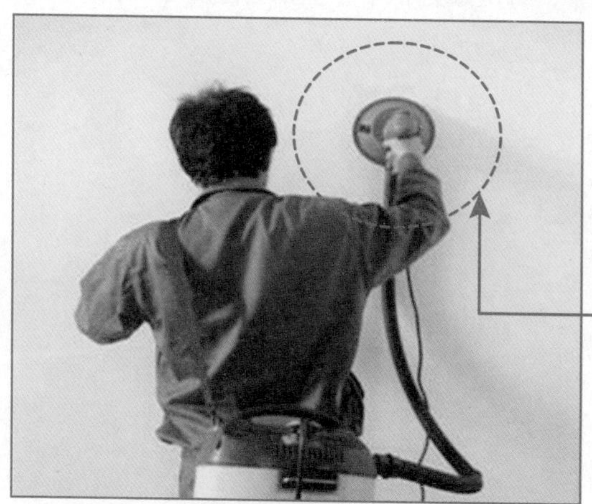

❻**对墙面进行打磨。**当墙面油漆干后，用砂纸对墙面进行打磨，以减少墙面刷痕，使墙面更加光滑。在打磨时注意要不时用手来感受墙面的光滑度，以便判断哪里需要再打磨。

❼**墙漆验收。**墙漆完工后需要7天时间完全干透，此时才能发挥其应有的保护作用。所以7天内要注意保护。将脚线及其他地方的油漆痕迹清理掉；检查墙面的颜色是否符合设计要求，涂刷面颜色是否一致。以防有透底、漏刷、皮碱掉粉、起泡、咬色、流坠等质量缺陷。

图11-6　涂料的施工要点（续）

11.4 别人的装修遗憾与体会

装修遗憾与体会1：由于太信任涂料师傅的手艺，刷涂料时，没有全程监督，最后验收时才发现涂出来的效果较差，但已经刷完，返工的成本太高。所以刷涂料时在场监督是必要的，遇到问题，可以让工人及时调整。

装修遗憾与体会2：由于刷墙之前没有提前打空调孔，导致后期安装空调时，把墙面弄的很脏。所以在刷墙之前，一定要提前规划好空调安装位置，提前打好空调孔。

装修遗憾与体会3：为了赶工期，装修时，工人在下雨天给柜子刷漆，结果导致色泽不均，表面泛白很难看，每次看到柜子心里都会隐隐作痛。

第 12 章

壁纸的选购与铺贴施工

壁纸是装修中最能够体现出装饰属性的材料，真正喜欢高档装修的业主会义无反顾地选择壁纸，因为从装饰属性角度来看，壁纸有乳胶漆无法比拟的优势。并且，第二次装修的人多数会选择壁纸。因为壁纸花色多样，铺贴面积大，能够体现出主人的个性风格。

12.1 全面认识壁纸

12.1.1 贴壁纸有什么好处

壁纸是由设计师创意并会同工艺师制作的，是具有工艺审美与个性风格的潮流化产品。它能最方便快捷地改变墙面风格与气氛，使环境变得相当丰富。贴壁纸的具体好处如图12-1所示。

（1）壁纸花样多。装饰性是壁纸最重要的方面。这一点无论乳胶漆如何努力，都有所不及。壁纸图案的丰富多彩，加之其凸面、丝绒、植物等工艺与材质的多样运用，可以说无论业主需要何种风格与环境氛围，只要选对了壁纸，都能营造出来。因此对于大多数设计师来说，壁纸是最方便用来表达设计风格与提升环境档次的装饰材料。

（2）施工周期短。只要计算好家中需要贴壁纸的面积，再对壁纸进行裁剪即可。装修时粘贴壁纸，只需三个人即可完成。同时，粘贴壁纸不像刷漆，还需要一个散味过程。只需对家具进行挪动就可以，还可以顺便清理一下卫生死角，工作量简直太大。

（3）耐脏。相较于刷漆容易造成的墙面弄脏以及墙面开裂的问题，壁纸处理起来则要方便很多。由于壁纸的材质，使得壁纸的耐脏性较强，即使壁纸真的弄脏了，一般也用清水擦洗就可以处理。

（4）方便更换。刷过的乳胶漆看腻了，如果想换？工作量简直太大。如果贴过的壁纸不喜欢了？那就撕下来直接换掉。毋庸置疑，壁纸的更换比乳胶漆的更换要容易好多倍。

图12-1 选壁纸的四大理由

12.1.2　壁纸的分类解读

壁纸常见的种类如图12-2所示。

PVC壁纸。该壁纸是在基层上覆盖一层PVC塑料膜或喷涂树脂涂料，是目前市场中最多的一个品种。同时具有一定的防水性，施工方便。表面污染后，可用干净的海绵或毛巾擦拭。PVC壁纸图案多样，价格低廉，但容易产生卷曲、翘边、霉变等问题。比较适合卧室和书房使用。

纯纸类壁纸是一种全部用纸浆制成的壁纸，这种壁纸由于使用纯天然纸浆纤维，透气性好，并且吸水、吸潮，环保性好，适合儿童房使用，缺点是纸质若不好则容易发黄。

树脂类壁纸。树脂壁纸主要是由自然界中动植物分泌物，例如松香、琥珀、虫胶等为原料加工而成，当然也不乏人造原料。这种壁纸不发泡、质地较硬、防水、防潮、耐用、印花精致、压纹质感佳，可任意在壁纸上展现出各种图案和花纹。其色彩表现力、实用性开创了壁纸发展的崭新一页。市面上80%的壁纸都是这一类，算是数量最大的一类。树脂类壁纸防水性能非常好，适合南方潮湿地区和海边地区。

无纺布壁纸。这类壁纸在西方很受欢迎，它以纯无纺布为基材。所谓的无纺布又称不织布，是由定向的或随机的纤维构成，是新一代环保材料。具有吸音、透气、不变形等优点，并且有强大的呼吸性能。因为非常薄，施工起来非常容易，非常适合喜欢DIY的年轻人。

硅藻土壁纸。这类壁纸以硅藻土为原料制成，表面有无数细孔，可吸附、分解空气中的异味，具有调湿、除臭、隔热、防止细菌生长等功能。其有助于净化室内空气，达到改善居家环境，调理身体的效果。这类壁纸使用居室、书房、客厅、办公地点、衣柜等地方。

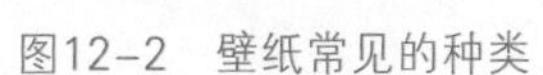

图12-2　壁纸常见的种类

12.2 壁纸的选购与面积计算

12.2.1 怎么挑选适合自己的壁纸

在挑选壁纸时，应根据自己居室的具体环境条件来进行挑选，如图12-3所示。

（1）根据主人的年龄和爱好进行选择。老年人的居室要求朴素、庄重，宜选用花色淡雅、偏绿、偏蓝的色调，图案花纹应精巧细致；儿童卧室应欢快活泼，富有朝气，颜色新奇丰富、花样可选卡通人物型、童话型、积木型或花丛型；青年人则应配以欢快、轻松的图案。

（2）结合室内的摆设来选择。如传统的中式客厅，摆设的是茶几、大靠背椅、八仙桌等，墙纸要与此协调，应选用浅棕色、银灰色等，这样才显得古朴庄重。如果是现代式会客厅，室内摆设沙发、钢木结构或清漆白木家具，墙纸宜用浅淡底色，花样图案则以线块为主。要始终注意与家具和地面的颜色相协调。

（3）根据房间的大小和用途来选择。宽敞的房间，选用大花朵或者宽度较大的条形图案，可以使房间显得饱满一些。房间较小，家具又多的，应选用图案较细密，颜色淡的墙纸，可以扩展空间。房间偏暗，宜用浅暖色调；房间光线好，宽敞明亮，可选用深色调，显出屋内气氛。客厅宜用色泽淡雅、图案简洁明快的墙纸；卧室用暖色，装饰性强的花纹为好，易形成甜蜜温馨的氛围。厨房、卫生间应选色泽明快、耐擦洗的墙纸。

（4）注意根据大面积裱贴后的视觉效果来选择。产品样本的小样与大面积装修后的效果，由于距离远近和空间搭配不同，可以造成视觉误差。如有时看样本很好，但贴满大面积墙面后，却不尽如人意。

图12-3 如何挑选壁纸的花色

12.2.2　选购壁纸的技巧

我们在挑选的时候除了看其外表和装修效果之外，还要看其品质。那么，什么样的壁纸才是好壁纸呢？如图12-4所示。

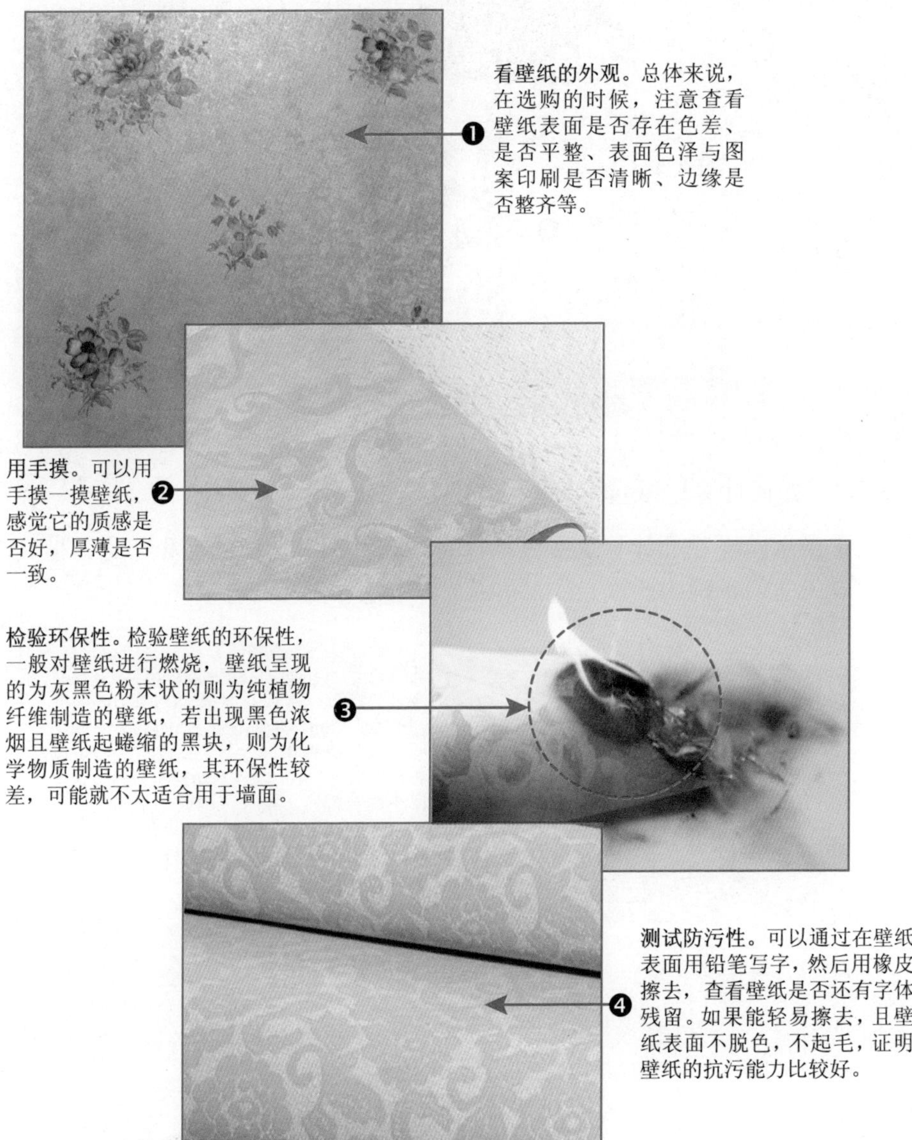
看壁纸的外观。总体来说，在选购的时候，注意查看壁纸表面是否存在色差、是否平整、表面色泽与图案印刷是否清晰、边缘是否整齐等。
用手摸。可以用手摸一摸壁纸，感觉它的质感是否好，厚薄是否一致。
检验环保性。检验壁纸的环保性，一般对壁纸进行燃烧，壁纸呈现的为灰黑色粉末状的则为纯植物纤维制造的壁纸，若出现黑色浓烟且壁纸起蜷缩的黑块，则为化学物质制造的壁纸，其环保性较差，可能就不太适合用于墙面。
测试防污性。可以通过在壁纸表面用铅笔写字，然后用橡皮擦去，查看壁纸是否还有字体残留。如果能轻易擦去，且壁纸表面不脱色，不起毛，证明壁纸的抗污能力比较好。

图12-4　选购壁纸的技巧

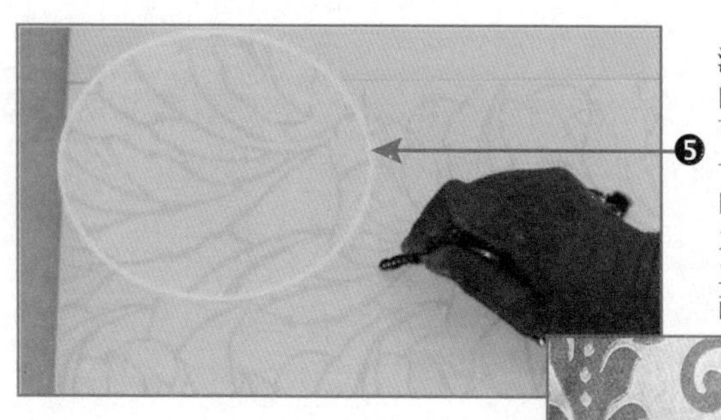

测试耐磨性。可以用钥匙或者一些铁制的东西，在壁纸上面轻轻一刮，看是否可以轻易被划破，查看其耐磨性。提醒一下，由于原料的不同，一些优质环保的纯纸壁纸的耐磨性较弱，需要避免人为刮损。所以，在选择壁纸的时候，业主就要进行衡量，是更加注重环保还是耐磨性。

测试防水性。优质的壁纸表面一般会进行防水处理，具有不存水、避免水分渗透至壁纸内部的效果。检查壁纸的防水性能时，可以在壁纸表面滴一滴清水，查看清水是否渗透进壁纸内部。如果水珠马上渗入壁纸，说明壁纸防水性能不合格。

图12-4　选购壁纸的技巧（续）

12.2.3　如何计算壁纸选购面积

壁纸选购面积的计算许多人都以为是计算家中墙面的面积即可，但其实这并不是最正确的计算方法。正确计算方法如图12-5所示。

每卷壁纸可以裁多少幅的算法：
壁纸的长度/（房间的高度+对花距离）=每卷可裁出的幅数。例如：要选购0.53×10m的壁纸，房高是2.8m，花型循环是20cm（大部分墙纸网页内没有提供此参数，所以购买前可以找商家询问）。10/(2.8+0.20)=3.33幅（这里去掉小数=3幅）。备注：一般房子的层高在2.4~3.1m之间，一卷壁纸只能裁到3幅。一卷裁3幅后剩下的短的不够长的可以贴在窗户上下面和门上面短的地方。

需要多少幅墙壁纸的算法：
房间周长/壁纸的宽度=所需的幅数。例如：还是选0.53×10m的壁纸，房间周长为18m（周长是扣除门和窗的宽度后的）。18/0.53=33.96幅（这里要凑整=34幅）。

图12-5　壁纸选购面积的计算方法

❸ 折合成卷的算法：
所需壁纸的幅数/每卷壁纸可裁成的幅数=卷数。
例如：以上所需34幅壁纸/3=11.33卷（这里要凑整12卷）。

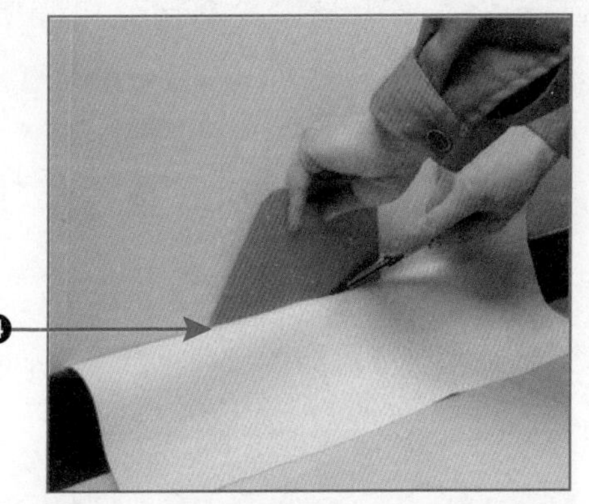

❹ 加上壁纸的损耗率。由于壁纸在粘贴的时候不会总是刚刚好无缝衔接，所以在购买壁纸时可以在原来的大小上适当增加一些，以减少不必要的麻烦。

图12-5　壁纸选购面积的计算方法（续）

12.3　壁纸铺贴的施工技巧

12.3.1　铺贴壁纸对墙面的要求以及施工前的准备

壁纸是一条一条贴在墙上的，对墙面平整度的要求非常高。如果墙面不平整，壁纸和壁纸之间容易出现缝隙，非常难看。铺贴壁纸对墙面的要求如图12-6所示。

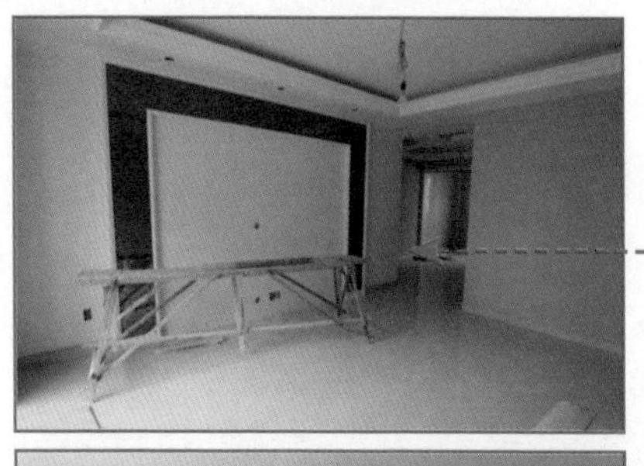

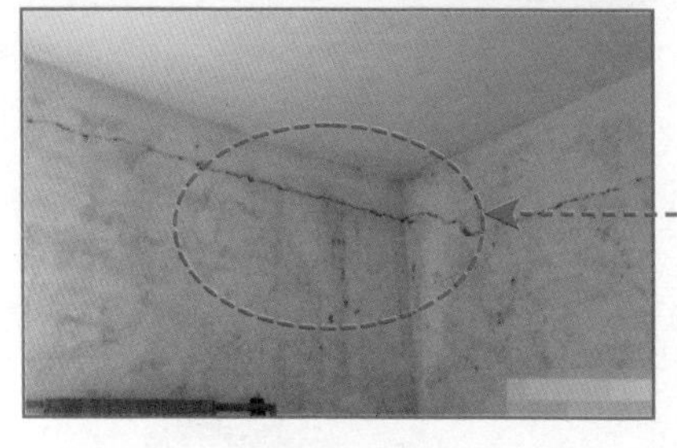

(1) 墙面必须平整、干净、干燥、牢固。
(2) 墙面有凹凸或裂纹，应用铲刀铲除，并用腻子抹平，干后再用砂纸打磨平整。大面积墙面处理时最好用老粉加熟胶粉，令墙面更牢固；小面积如补缝时可用石膏粉加点清油做腻子。
(3) 如墙面曾经受过潮，最好使用杀菌剂做特别处理，杀除霉菌。
(4) 如墙一侧为浴室，浴室内墙必须用防水剂做特别处理，否则将使墙面长期受潮而令墙纸胶水失效。
(5) 墙面处理，根据墙体类型选择合适的基膜；根据墙体的吸水性及碱性，决定基膜涂刷的次数。

图12-6 铺贴壁纸对墙面的要求

12.3.2 壁纸铺贴施工要点

现场视频 即扫即看

壁纸粘贴施工要点如图12-7所示。

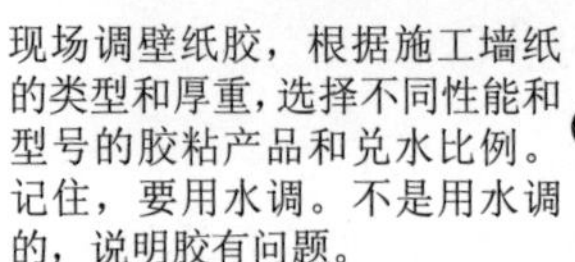

❶ 首先清理基层，使其无灰尘、油渍、杂物等，并丈量墙壁的尺寸。然后涂刷基膜，在墙面上形成致密的保护膜，隔绝墙体保护墙纸，延长墙纸的使用寿命。

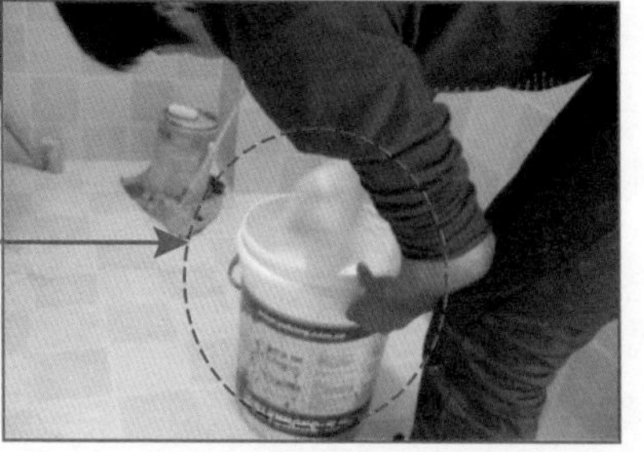

❷ 现场调壁纸胶，根据施工墙纸的类型和厚重，选择不同性能和型号的胶粘产品和兑水比例。记住，要用水调。不是用水调的，说明胶有问题。

图12-7 壁纸粘贴施工要点

WALLPAPER PROTECTOR
高分子渗透性墙纸基膜
PLANT
糯
米
胶

注意：铺贴壁纸的过程中要大量用胶，壁纸胶用得不好会产生严重的环保问题。所以铺贴壁纸一定要选择专业的壁纸胶粉，专业胶粉一般是植物根茎的提取物，这些胶粉一般是水性的，用水就可以调制，调制后，无刺激味道，比较像我们以前使用的糨糊，几乎没有污染产生。

❸ 裁剪壁纸。测量墙顶到踢脚线的高度，然后裁剪壁纸。不对花壁纸依墙面高度加裁10cm左右，做上下修边用；对花壁纸需要考虑图案的对称性，需要10cm以上，而且从上部起就应该对花，规划好后裁剪、编号，以便按顺序粘贴（壁纸背面有裁剪线）。另外，裁好的壁纸一般要在清水中浸泡10分钟后才可刷胶。

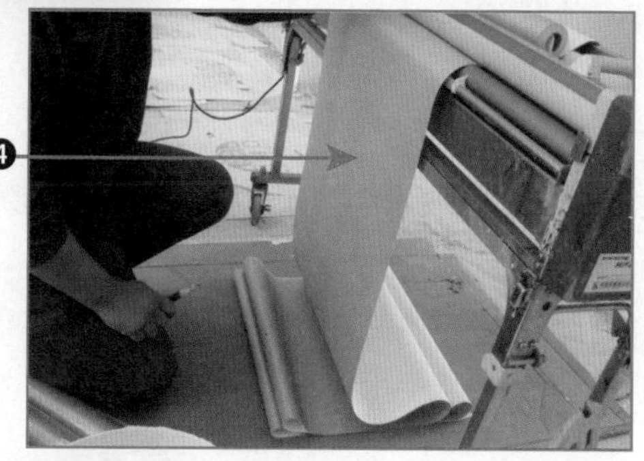

❹ 刷胶。刷胶是壁纸粘贴的关键环节，为保证粘贴的牢固性，壁纸背面及墙面都应刷胶，要求胶液涂刷均匀、严密、不能漏刷，注意不能裹边、起堆，以防弄脏壁纸。墙面刷胶应比壁纸幅宽多30mm。壁纸背面刷胶后，涂胶面对折放置5分钟，既能防止胶面很快变干，又不容易受到污染。

❺ 粘贴墙纸。先贴好墙纸上部，用刮板由上而下，由中间向两边扫平，挤出气泡。如是花纸，则应注意对花。第一张纸上墙时要用垂直线找垂直，并且要同门窗的角度尽可能保持一致。

图12-7　壁纸粘贴施工要点（续）

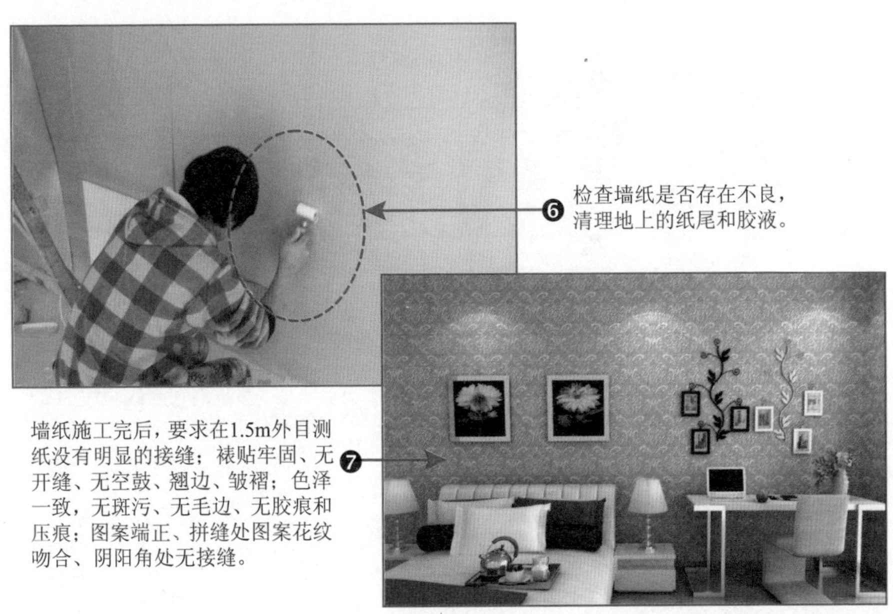
❻ 检查墙纸是否存在不良，清理地上的纸尾和胶液。
墙纸施工完后，要求在1.5m外目测纸没有明显的接缝；裱贴牢固、无开缝、无空鼓、翘边、皱褶；色泽一致，无斑污、无毛边、无胶痕和压痕；图案端正、拼缝处图案花纹吻合、阴阳角处无接缝。❼

图12-7 壁纸粘贴施工要点（续）

12.4 别人的装修遗憾与体会

装修遗憾与体会1：我家的二手房翻新，墙面没有做太多的处理，直接粘贴的壁纸。结果后来发现壁纸粘贴不牢固，还出现了起泡、开裂等情况。真后悔，没有提前解相关问题。

装修遗憾与体会2：家里粘贴壁纸后，听工人说光照能有效杀死细菌。所以当阳光照进室内后，就让太阳光直接照射到壁纸，进行杀菌。但后来发现壁纸给长期光照后，导致壁纸掉色，现在的壁纸看起来很旧，很难看。

装修遗憾与体会3：当时挑选壁纸的时候，专门挑选的防水壁纸，以为壁纸防水可以随意擦洗。在壁纸出现污渍后，使用漂白水擦拭壁纸的污渍，虽然污渍去掉了，但壁纸也出现了局部掉色的情况。所以清洁壁纸时，一定不能用漂白水清洁。

第 13 章

门窗的选购与施工

门窗是装修建材中必不可少的主材之一，是封闭的居室与外界沟通的桥梁，同时对家庭装修效果也起到至关重要的作用，那么门窗选购有哪些注意事项呢？本章将重点进行讲解。

13.1 门窗的种类

13.1.1 常用室内门有哪些

装修室内门的种类繁多，按使用材料可将室内门分为防盗门、实木门、实木复合门、模压门等。如图13-1所示。按开启方式可将室内门分为合页门、滑动门等。

防盗门的全称为“防盗安全门”。它兼备防盗和安全的性能。防盗安全门根据其结构的不同，可分为平开式防盗安全门，栅栏式防盗安全门和栅栏式折叠门三种类型。
实木门是指以天然木材或实木集成材为原料加工制作的木门。实木门因具有良好的吸音性，能有效地起到隔音的作用。实木门的价格因其木材用料、纹理等不同而有所差异。市场价格从1500~3000元/m²不等。
实木复合门的门芯多以松木、杉木或进口填充材料等粘合而成，外贴密度板和实木木皮，经高温热压后制成，并用实木线条封边。实木复合门还具有保温、耐冲击、阻燃等特性，而且隔音效果和实木门基本相同。

图13-1 室内门种类

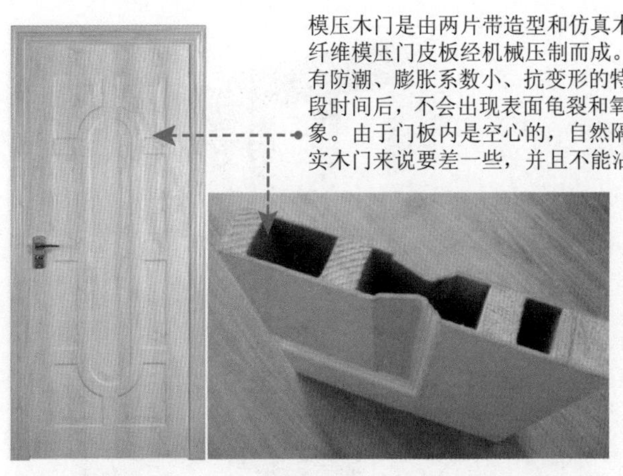

模压木门是由两片带造型和仿真木纹的高密度纤维模压门皮板经机械压制而成。模压门还具有防潮、膨胀系数小、抗变形的特性，使用一段时间后，不会出现表面龟裂和氧化变色等现象。由于门板内是空心的，自然隔音效果相对实木门来说要差一些，并且不能沾水。

图13-1　室内门种类（续）

13.1.2　窗户的主要材质

窗户是居室的“眼睛”，是建筑物非常重要的一个部件。它具有通风采光、遮风避雨、保暖的作用。窗户的种类很多，如果从窗户材质上区分可分为：塑钢、铝合金、断桥铝、木质等。如图13-2所示。

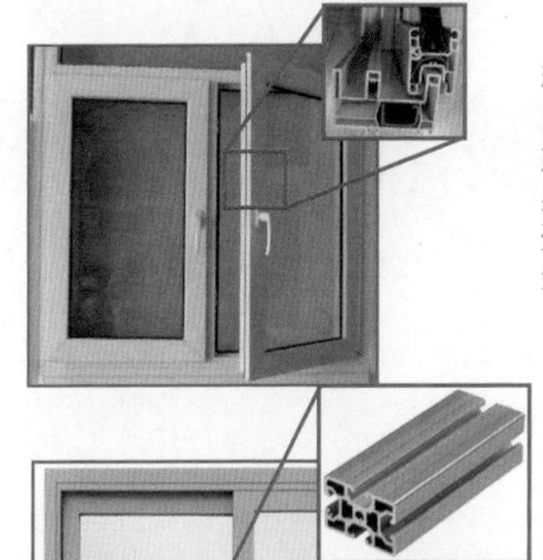

（1）塑钢窗外层以高强度抗氧化塑料材料为主，内部辅以钢材做支撑。由于铝塑材料不传导热量，再加以良好的密封设备接缝紧密，所以塑钢窗具有很好的密封性和隔热性、整体不变形、表面不易老化的特点，而且物美价廉。

（2）铝合金窗采用铝合金挤压型材制作，普通的铝合金推拉窗以铝合金为主要材料，属中档型材，不易变形，而且强度大，坚固耐撞击。

图13-2　按窗户材质种类分类

（3）断桥铝又叫隔热断桥铝型材，断桥铝是将铝合金从中间断开，然后采用硬塑将断开的铝合金连为一体，有效阻止热量的传导。断桥铝具有强度高不变型、免维护、隔音、隔热、保温、防水等特点。它是目前窗户的主流型材。

（4）木窗是最传统的窗，木窗隔热、隔音效果非常好，不过价格较高，另外，木窗必须经过严格的处理，否则经过日晒雨淋后会开裂。目前装饰性的室内木窗或木隔断在现代家居装潢中使用较多。

图13-2　按窗户材质种类分类（续）

如果按窗户的开启方式分为：推拉窗、平开窗、内开内倒窗、折叠窗、提拉窗、固定窗等。如图13-3所示。

（1）推拉窗是最普通也是使用最为广泛的一种窗型，优点是开启简单、持久耐用、价格适中，但密封性不如平开窗。主要应看其推拉手感顺滑、密封性。

（2）平开窗的优点是密封性好，缺点是内开占用空间，外开有限制（国家规定10层以上不得使用）而且窗扇和配件成本都较高，窗扇也不能做得太大。

（3）内开内倒窗是平开（内开）窗的升级版，通过铰链的位置变换，既能内开又能内倒（内翻）。

（4）折叠窗是相邻两扇窗扇的竖档之间安装铰链，使窗扇联动打开，折叠窗开启方便，打开面积大，结构复杂，成本高。

图13-3　按窗户开启方式分类

（5）提拉窗适用于宽度较小，需要开启但不能内外开的洞口，多用于厕所窗，像老式火车窗的样子。

（6）固定窗不能移、不能开，通常根据需要与其他窗型组合，或用于窗的下固定部分。

图13-3　按窗户开启方式分类（续）

13.2 门窗选购技巧

房屋居住之所以舒适，主要是因为可以遮风挡雨、冬暖夏凉，好的门窗隔热隔音、开关顺畅、封闭密实，会大幅度提高生活质量，所以门窗的选购十分重要。

13.2.1　室内门的选购方法

室内门的选购方法如图13-4所示。

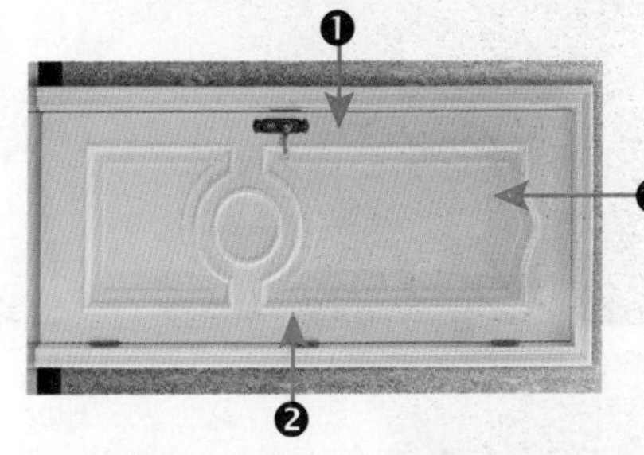
看油漆。看漆膜是否饱满，颜色是否均匀。漆膜饱满，说明油漆的质量好，聚合力强，对木材的封闭好。看门的线条凹凸处油漆是否细致，有无漏漆或是流坠。
❶
❷
站到门的斜侧方找到门面的反光角度，看看表面的漆膜是否平整，橘皮现象是否明显，有没有突起的细小颗粒。如果橘皮现象比较明显，说明漆膜烘烤工艺不过关。
❸ 花式造型门要看产生造型线条的边缘，尤其是阴角（就是看得到却摸不到的角）有没有漆膜开裂的现象。

❹ 看五金。锁具、合页等也直接影响木门的使用舒适度，一定要选择有质量保障的五金产品。建议顾客尽量不要自己另购五金部件，如果厂家实在不能提供合意的五金产品，自己选择一定要选名牌大厂的五金产品，这样的产品一般都是终身保修的。

❺ 看环保。选购门时特别要闻闻气味。先打开封闭性的门，探头进去闻一闻，是否有刺激性的气味。如果使人流眼泪、打喷嚏，说明甲醛释放量比较高。另外，可以向经销商索取质量检验报告，看看木门的各种有害物释放是否在标准允许的范围内。

图13-4 室内门的选购方法

❻ 看表面的平整度。木门表面平整度不够，说明板材选用是比较廉价的，板材的平整度不够。看工艺接缝是否均匀细小。

❼ 听声音。选择实木门的时候可以看门的厚度，还可以用手轻敲门面，若声音均匀沉闷，则说明该门质量较好。

图13-4 室内门的选购方法（续）

13.2.2 窗户的选购方法

窗户的选购方法如图13-5所示。

❶ 选择型材。目前主流的型材是断桥铝和塑钢，如果资金宽裕就选择断桥铝。断桥铝型材必须选择大品牌的，这样才能保证质量。断桥铝型材有不同型号，比如55、65、80等，这些数字指的是型材的宽度，一般都应选用55以上的型材，推荐选用60的。

图13-5 窗户的选购方法

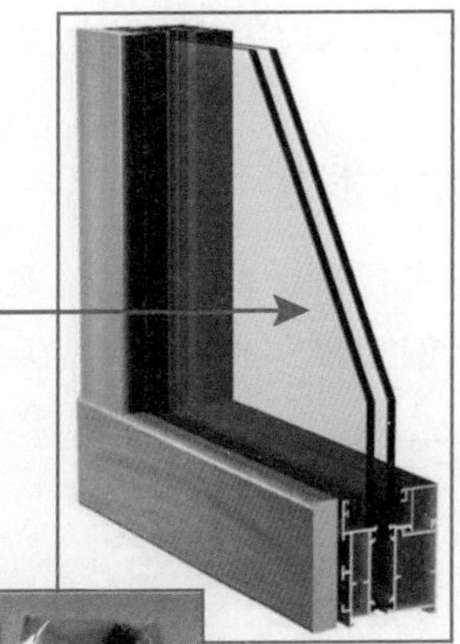

❷ 窗户玻璃。窗户玻璃必须选择中空的，为达到保温效果，一般选择12mm中空的，两边玻璃应该达到4～5mm的厚度。

❸ 五金件很重要。选购窗户时，用户往往忽视五金件的质量。其实在窗户出现问题的时候，多数都是五金件出了问题，比如无法拉动门窗，滚轮无法滑动等。因此一定要选择大品牌，质量好的五金件。

❹ 看加工工艺。优质的门窗，加工精细，切线流畅、角度一致（主框料通常情况下是45°或90°），在拼接过程中应该不会出现较明显的缝隙，密封性能好，开关顺畅。如果加工不合格，会出现密封性问题，不仅漏风漏雨，而且在强风和大的外力作用下，玻璃会出现炸裂、脱落的现象。

❺ 选择好的玻璃密封条。密封条是个非常不起眼的东西，但质量好坏不同效果差别非常大，将严重影响窗户的密封度，市场上的“三元乙丙”品质公认不错。

图13-5　窗户的选购方法（续）

13.3 门窗安装施工技巧

13.3.1 木门的安装施工步骤

买好木门框后，检查门框是否有翘扭、弯曲、窜角、劈裂、松动等问题。没有问题再进行下一步的安装。木门的安装施工技巧如图13-6所示。

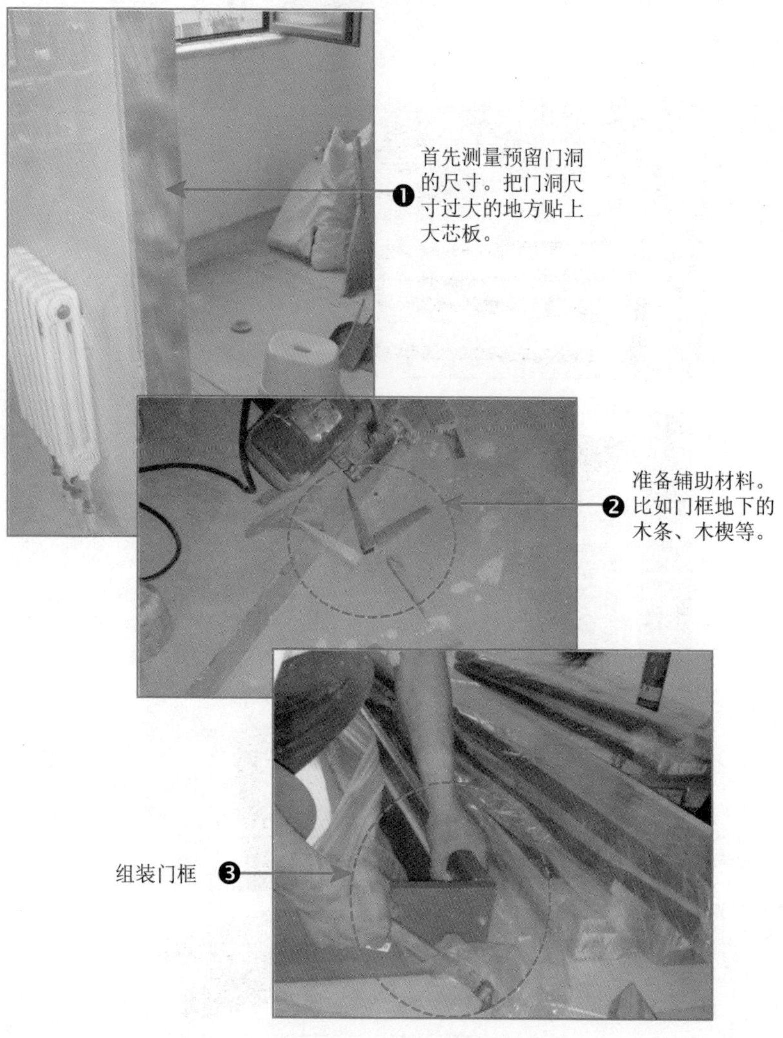
首先测量预留门洞的尺寸。把门洞尺寸过大的地方贴上大芯板。
准备辅助材料。比如门框地下的木条、木楔等。
组装门框

图13-6 木门的安装施工

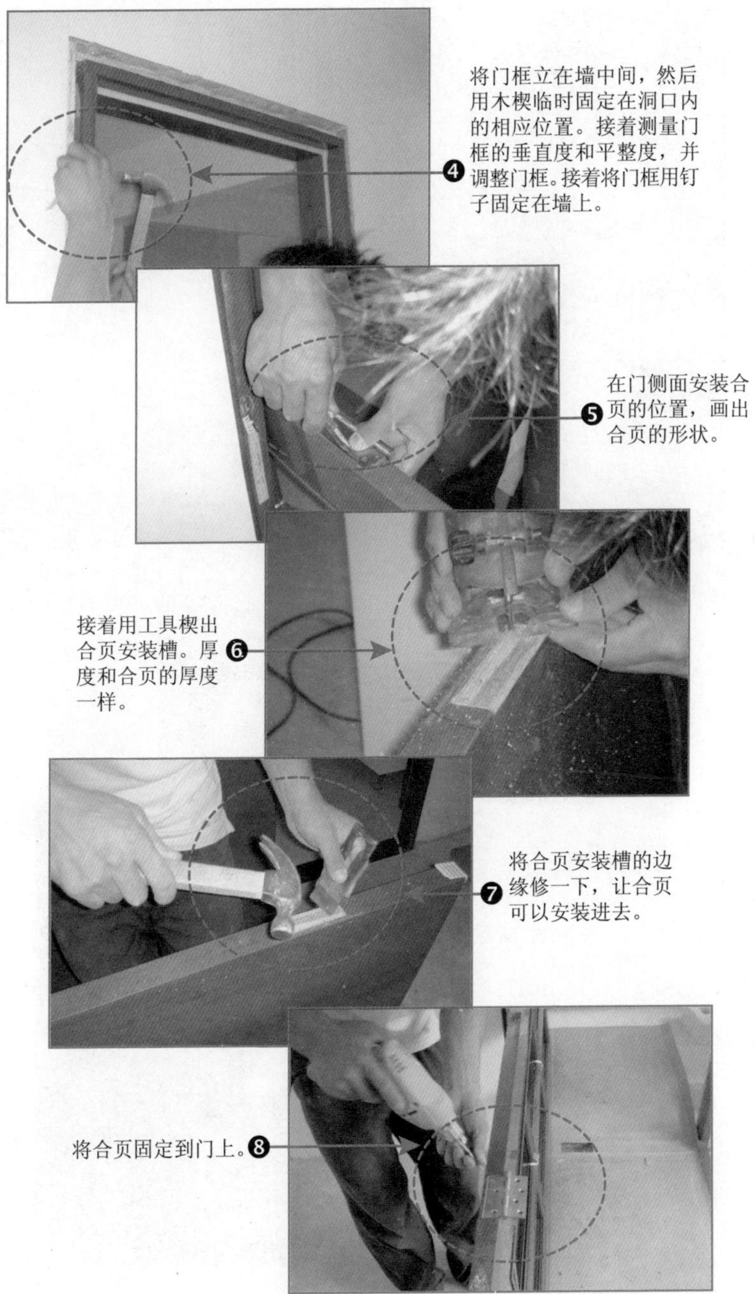
将门框立在墙中间，然后用木楔临时固定在洞口内的相应位置。接着测量门框的垂直度和平整度，并调整门框。接着将门框用钉子固定在墙上。
4
在门侧面安装合页的位置，画出合页的形状。
5
接着用工具楔出合页安装槽。厚度和合页的厚度一样。
6
将合页安装槽的边缘修一下，让合页可以安装进去。
7
将合页固定到门上。
8

图13-6　木门的安装施工（续）

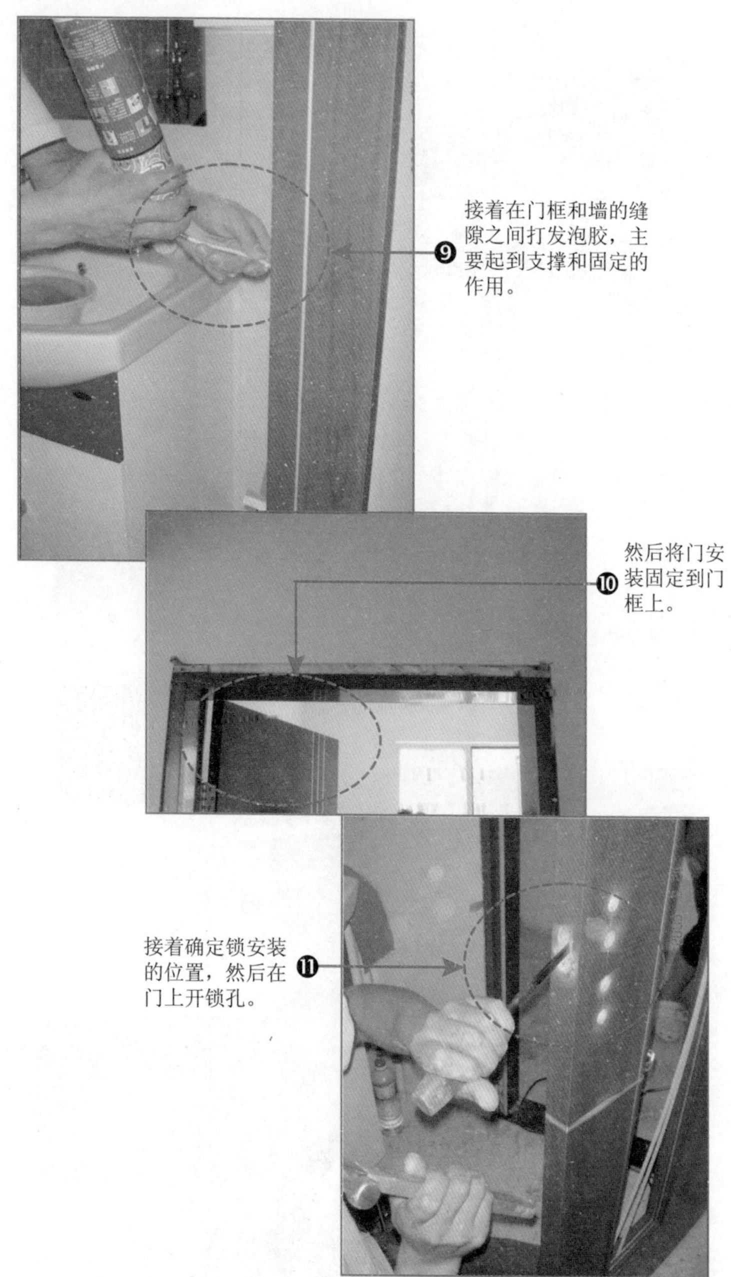
接着在门框和墙的缝隙之间打发泡胶，主要起到支撑和固定的作用。
然后将门安装固定到门框上。
接着确定锁安装的位置，然后在门上开锁孔。

图13-6 木门的安装施工（续）

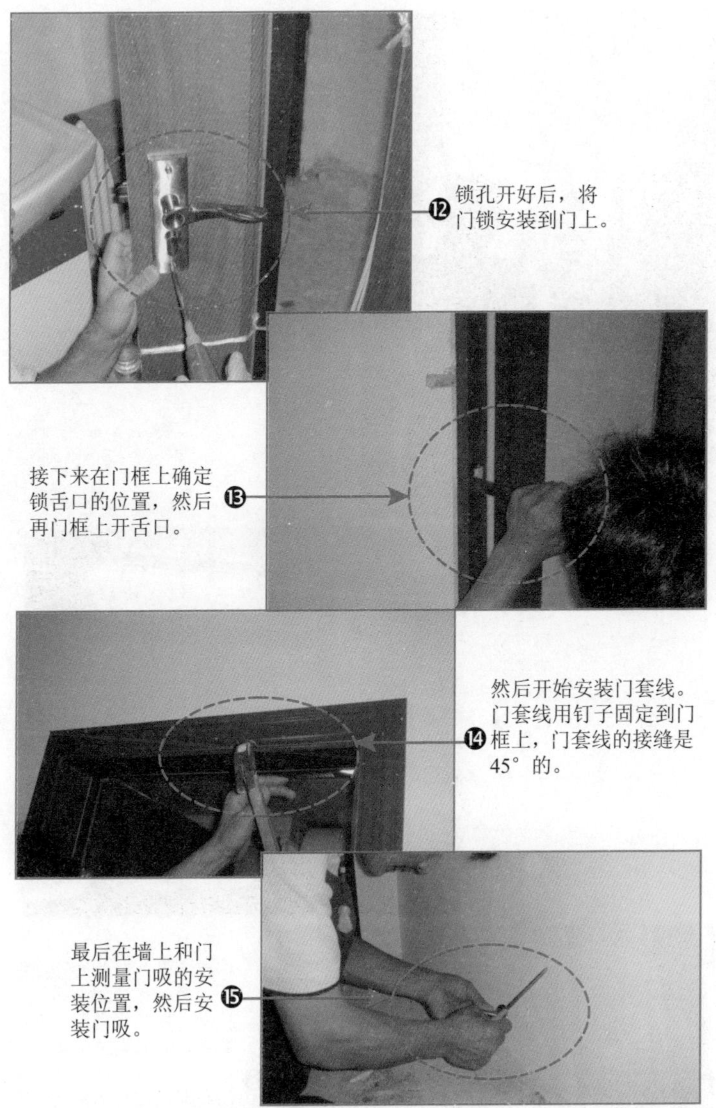

⑫ 锁孔开好后，将门锁安装到门上。
接下来在门框上确定锁舌口的位置，然后再门框上开舌口。⑬
然后开始安装门套线。门套线用钉子固定到门⑭框上，门套线的接缝是45°的。
最后在墙上和门上测量门吸的安装位置，然后安装门吸。⑮

图13-6　木门的安装施工（续）

13.3.2　窗户的安装施工步骤

安装窗户时，要先对其洞口进行清理，然后做窗框的调整，再对其窗框进行固定、玻璃安装、窗扇安装就可以了，如图13-7所示。

❶ 首先对窗户洞口进行清理。如果窗户洞口有破损情况，要先进行修补。

❷ 将垫块放置在下层墙上，注意测量标记。然后将窗框放置在洞口内。

❸ 调整窗框。向两侧移动窗框，校准在窗洞内的位置；校准下框的水平度，下框塞垫，同时调整与墙体连接处，以及墙面平均缝隙的距离；注意上框的缝隙，在竖框上端，用销钉固定框架。然后再检测和调整竖框与边缘的接触，使用水平仪，窗框的型材应平直，在使用销钉时不要使型材变形。

图13-7　窗户安装技巧

❹ 固定窗框。用膨胀螺钉直接从门窗框内侧打入墙体内，膨胀螺钉的长度不低于80mm，每相邻的膨胀螺钉间距不大于500mm。在窗户的背面钻3.5mm的安装孔，并用4mm自攻螺钉将Z形镀锌连接铁件拧固在框背面的燕尾槽内，每边不少于3个。

❺ 嵌缝密缝，在窗框与墙体之间的缝隙内嵌塞防水发泡胶，外表面留出10mm左右的空槽；再在空槽内注入嵌缝膏密封。

❻ 安装窗扇。安装窗扇时，要控制好框上的导轨槽，再将门窗扇装入框内，调整窗扇与框的配合位置，并用铰缝将其固定，然后复查开关是否灵活自如。

图13-7　窗户安装技巧（续）

❼ 安装玻璃。安装玻璃时，要十分注意玻璃不能与玻璃槽直接接触，应在玻璃四边垫上不同厚度的玻璃垫块，垫块的位置在主要受力部位上，将玻璃装入门窗框内，然后用玻璃压条将其固定，安装玻璃压条时可先装短向压条，再长向压条，玻璃压条角与密封胶条的夹角应密合。

图13-7 窗户安装技巧（续）

13.4 别人的装修遗憾与体会

装修遗憾与体会1：安装塑钢窗，纱窗一定要加钢衬，否则时间一长就会两头凹进去，使窗户变形。当初装时不知道，用了以后你会发现这个问题

装修遗憾与体会2：阳光房的房顶应该装一个活动的窗户，这样方便清洗，但现在全装成固定的了，清洗比较困难，有时不得不拿着水管子向上喷水来清洗。

装修遗憾与体会3：木门选购时，没有注意五金件的质量，结果装修完不到一年，木门就关不上了，还得重新拆下更换合页，非常麻烦。

第 14 章

灯具的选购与施工

很多新房装修完之后，请朋友参观的时候会把所有的灯都打开。在灯光的辉映下，新房看着十分漂亮，这也是设计师设计很多灯具想要的效果。

但是，等过几个月之后，大家会发现，原先用来装饰的很多漂亮的装饰灯，很少再开，成了一种摆设。

好的装修设计注重的是用光而不是增加电灯数量，主要通过自然光的合理利用体现出良好的装修效果。一般只有差的设计师才会增加很多灯泡，这样做设计师也是有私心的——为了增加高利润的电路改造工作施工量。

14.1 看看灯具的种类

一般来说，家庭居室所用的照明灯具，分为吊灯、吸顶灯、壁灯、台灯、落地灯、射灯等，如图14-1所示。

吊灯是指吊装在室内天花板上的高级装饰用照明灯。吊灯主要适合于客厅照明。吊灯的形式繁多，常用的有锥形罩花灯、尖扁罩花灯、束腰罩花灯、五花圆球吊灯、玉兰罩花灯、橄榄吊灯等。

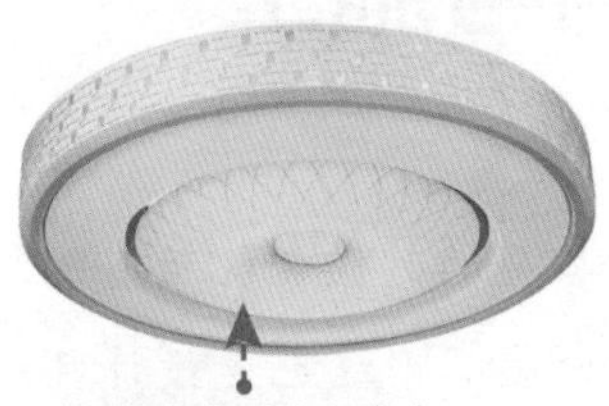

吸顶灯指安装时底部完全贴在屋顶上的灯。吸顶灯适合客厅、卧室、厨房、卫生间等的照明。吸顶灯常用的有方罩吸顶灯、圆球吸顶灯、尖扁圆吸顶灯、半圆球吸顶灯、半扁球吸顶灯、小长方罩吸顶灯等。光源有普通白灯泡，荧光灯、高强度气体放电灯、卤钨灯、LED灯等。

壁灯是安装在室内墙壁上的辅助照明装饰灯具，一般多配用乳白色的玻璃灯罩。壁灯适合于卧室、卫生间照明。常用的双头玉兰壁灯、双头橄榄壁灯、双头花边壁灯、玉柱壁灯、镜前壁灯等。

台灯主要放置在床头柜、写字台或餐桌上，以供照明之用。台灯的另一个功能是装饰。台灯不会影响到整个房间的光线，光线局限在台灯周围，便于阅读、学习、工作、节省能源。

图14-1 灯具的种类

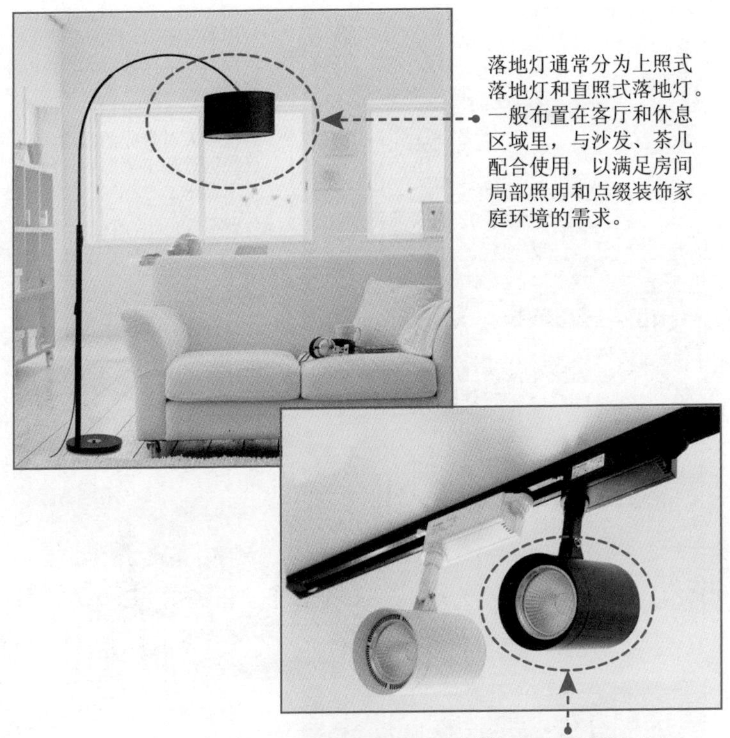

落地灯通常分为上照式落地灯和直照式落地灯。一般布置在客厅和休息区域里，与沙发、茶几配合使用，以满足房间局部照明和点缀装饰家庭环境的需求。

射灯的用途就像手电筒，主要起到聚光的作用，它既可对整体照明起主导作用，又可局部采光烘托气氛，射灯的反光罩有强力折射功能，可以产生较强的光线。同时射灯还有装饰的作用，它容易营造出层次丰富的艺术感。射灯对空间、色彩、虚实感受都十分强烈而独特。射灯主要用于客厅、镜前灯、走廊等。

图14–1　灯具的种类（续）

14.2 灯光设计与灯具布置

14.2.1 灯光设计很重要

家居照明布局方式主要有三种：基础照明、局部照明和装饰照明，三种布局方式合理搭配非常重要，如图14-2所示。

一样的房子，一样的家具，一样的设计（除灯光外），我相信绝大部分人应该会想在第二个家里生活。因为很多人对灯光的需求，已经远远超出了照明这种基本需求。

基础照明：很多人家里头上的吸顶灯，就属于基础照明，为房间提供全面整体均匀的照明。常用的灯具有吸顶灯、吊灯、筒灯。

局部照明：你读书写字时，肯定需要一只阅读灯，专用阅读照明；在操作台上切菜时，又需要几只灯照亮案板当你进行某项工作或者对突出区域的照明。常见的灯具有射灯、筒灯、落地灯、台灯、壁灯。

装饰照明：灯具中的装饰照明，增强空间的变化和层次感，制造某种环境气氛。类似电影中的“花瓶”，常见的灯具有灯带、灯串、壁灯、台灯、射灯。

图14-2　居室中合理的灯光设计

14.2.2　不同房间的灯光需求是不同的

客厅、卧室、餐厅、厨房、卫生间，承担生着活中不同的功能，在布置灯光时，也各有重点。

1．客厅灯光布置技巧

兼具会客、看电视、家人闲聊等各种用途的客厅，其照明应该具备一定的可调性，安装不同层次的光源来迎合不同的场合需求。如图14-3所示。

基础照明
装饰性照明
局部照明

（1）客厅的基础照明有吸顶灯和吊灯，一般安装在客厅的中心，负责整个区域的照明，这里的亮度可偏高（色温稍偏高），毕竟客厅空间较大，角落也多。如果房顶较高，面积大于30m²，可以选择较大型的圆形吊灯，整个空间显得更为大气。

（2）12m²以下的小客厅宜采用直径为200mm以下的吸顶灯或壁灯，灯具数量、大小应适宜，以免显得过于拥挤。

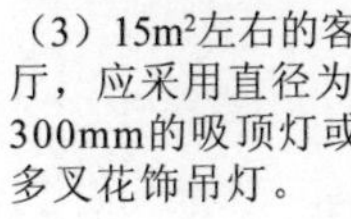

（3）15m²左右的客厅，应采用直径为300mm的吸顶灯或多叉花饰吊灯。

图14-3　客厅灯光布置

（4）目前，也有不少文艺范儿的业主会选择创意型枝形吊灯或有色灯罩的创意灯具，枝形吊灯任意舒展的枝条，创意灯外部别致的有色灯罩带来复古或现代气息，抑或极其简单的空间布局，都觉得十分舒心。

（5）客厅的局部用的小射灯或壁灯则可以用来打亮业主喜欢的一些壁画，家庭照片或盆栽等，沙发旁的落地灯也可用作休闲时阅读所用，台灯便于工作，落地灯有助于阅读。

图14-3　客厅灯光布置（续）

2. 卧室灯光布置技巧

卧室是作为人们睡眠休息的主要场所，所以安静、闲适、避免耀眼的光线和眼花缭乱的灯具造型，应是卧室灯具装饰的主旨。卧室的灯光的布置技巧如图14-4所示。

（1）由于卧室需要柔和的光线，甚至可以考虑无主灯照明，用筒灯/射灯/灯带提供基础照明，重点区域如床头使用台灯/壁灯，衣柜使用感应衣柜灯，老人的房间还可以设计地脚灯，为起夜的老人提供柔和的小夜灯。

基础照明
局部照明
局部照明

图14-4　卧室灯光布置技巧

（2）卧室的基础照明，一般采用两种方式：一种是装设有调光器或电脑开关的灯具；另一种是室内安装多种灯具，分开关控制，根据需要确定开灯的范围。卧室一般照明多采用吸顶灯、嵌入式灯。普通房间也可选择荧光灯具。

注意：灯具的金属部分不宜有太强的反光，灯光也不必太强，以营造一种平和的气氛。

（3）卧室的灯光设计。卧室的灯光照明以温馨和暖的黄色为基调。卧室中的基础照明灯光要柔和、温馨、富有变化，避免采用室内中央的唯一大灯，光线勿太强或过白，因为这种灯光常使卧室内显得呆板没有生气。如果选用天花板吊灯时，则必须选用有暖色光度的灯具，并配以适当的灯罩，否则悬挂笨重的灯具在天花板上，光线投射不佳，室内氛围会大打折扣。

（4）卧室的局部照明是显示整个卧室照明层次的关键。床头上方可嵌筒灯或壁灯，也可在装饰柜中嵌筒灯，使室内更具浪漫舒适的氛围。卧室照明要有利于构成宁静、温柔的气氛，使人有一种安全感。

（5）卧室的装饰性照明可巧妙借助一些隐藏的灯带，或是小吊灯、落地灯等来完成。灯具体积不宜过大，只做点缀，光线更是不宜过亮，只是为烘托温馨的氛围效果。

图14-4　卧室灯光布置技巧（续）

（6）在卧室里的各种灯的开关要进行归集，装在卧室进门就能触及的地方，以方便使用者在最短的时间里打开想要使用的灯。另外，在卧室床的附近也应该布置一组开关，让喜欢睡在床上阅读、看电视的人在入睡前，不用再起来关灯。

图14-4 卧室灯光布置技巧（续）

3. 餐厅灯光布置技巧

餐厅处的照明要有一种团圆的甜蜜氛围，或是一种文艺的小情调感，同时照明还应呈现美食的诱人，餐厅的灯光布置技巧如图14-5所示。

（1）餐厅用灯的要求就比较简单，一般用吊灯即可，其他灯效果都不如吊灯好。暖黄的灯光能够将菜品照得色泽诱人，更有食欲。

（2）吊灯距离桌面65~80cm为宜，能保证均匀照射桌面，同时有“聚拢”的效果，全家人用餐可以其乐融融。

（3）吊灯灯头最好向下，这样才能把菜品照的色泽诱人；如果灯头向上，只能够为餐厅提供整体均匀的光，并不能重点照射在餐桌上。

图14-5 餐厅的灯光布置技巧

4．厨房灯光布置技巧

民以食为天，厨房几乎是每天都要用到的地方，因此灯光设计也很重要。厨房灯光布置技巧如图14-6所示。

（1）厨房主灯一般安装在厨房通道顶部，作为整体的照明需要。鉴于此处水汽大、油烟重，建议选择易擦洗的吸顶灯，而且还可以保护灯泡不被水汽和灰尘污染，延长使用寿命。

（2）我们在厨房中还有切菜、刷碗等需求，人的背影一般会遮挡光源，因此还需要在备菜操作区、洗刷区配备独立光源，通常设计为柜底灯。注意在前期水电改造之前，橱柜设计师第一次上门测量的时候，告诉设计师，以预留出电线的位置。

图14-6　厨房灯光布置技巧

5．卫生间灯光布置技巧

卫生间的照明可谓是纯功能性打造，灯具也应以简洁为主，毕竟这里是水汽重灾区，一定要选择防潮且不易生锈的灯具。卫生间灯光布置技巧如图14-7所示。

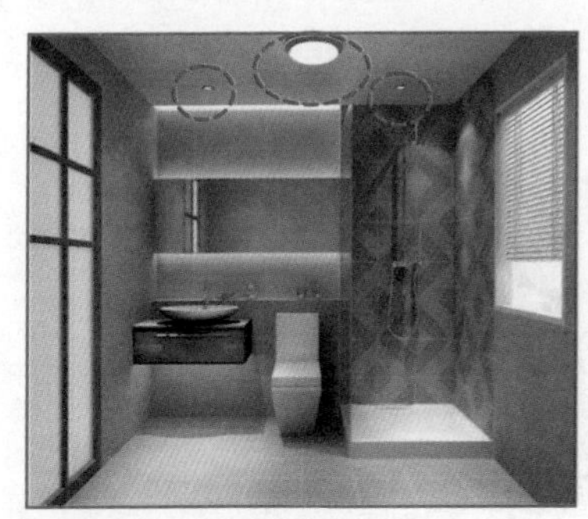

（1）卫生间的灯和厨房类似，以集成吊顶灯为主。主灯一般在天花板中间或是洗手盆上方，冷光源（蓝白光视觉效果的）在此极其合适，清晰照亮细节。

图14-7　卫生间灯光布置技巧

（2）若是睡前洗漱，可在梳妆镜两侧或上方安装灯带或灯管，方便卸妆。灯源建议用白色荧光灯或冷白色荧光灯。

图14-7　卫生间灯光布置技巧（续）

14.3 灯具选购技巧

14.3.1 灯具的选购原则

装修中灯具基本上都是最后一项，在挑选灯具的时候一定要注意几个细节。灯光在家里首要的任务是照明，其次是装饰效果。如图14-8所示为灯具的选购原则。

❶ 选择灯具时，造型要根据具体的设计风格和环境选择。不同的设计风格、不同用途的房间对灯的要求也不同，要根据具体的空间来决定。而同一房间的多盏灯具，应保持色彩协调或者款式协调。

❷ 在预算有限的情况下，选择灯具的时候，客厅和餐厅一般是主人家的门脸、可以选择品质好、价格高的灯具，卧室偏向于简单款的灯具。

图14-8　灯具的选购原则

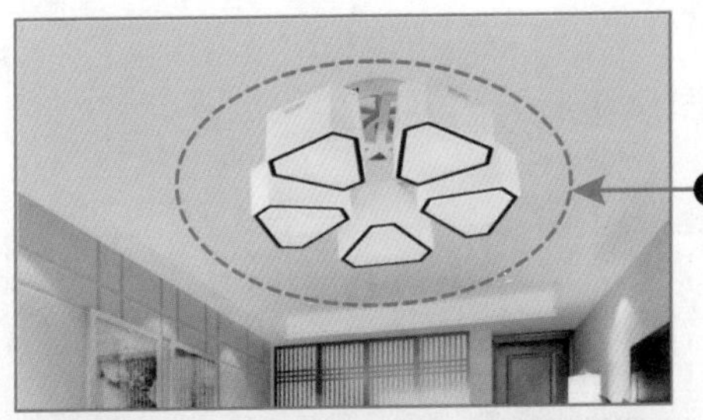

❸ 选择灯具时，灯的大小可以偏大一点，不建议偏小。灯具选择偏大一点在整个空间里会显得大气，如果灯具偏小显得整个房间拘束。

❹ 不同功能的使用房间，应安装不同款式和照度的灯饰。客厅应该选用明亮、富丽的灯具，卧室应选择使人躺在床上不觉刺眼的灯具，卫浴间应选择样式简洁的防水灯具，厨房应选择便于擦拭、清洁的灯具。

❺ 选择灯具一定要注意安全问题，一定要选择正规厂家的灯具。正规产品都标有总负荷，可以确定使用多少瓦数的灯泡，尤其对于多头吊灯最为重要，即头数×每只灯泡的瓦数=总负荷。另外水汽大的卫浴间、厨房应选择防水灯具。

❻ 选购灯具时要注意灯泡更换的便利性。大部分人都经历过更换吸顶灯灯泡的麻烦，踩着桌子，踏着凳子，仰首90°，抬双臂过头，因此一定要考虑更换灯泡的便利性。

图14-8　灯具的选购原则（续）

14.3.2 如何鉴别灯具质量

灯具质量的鉴别方法如图14-9所示。

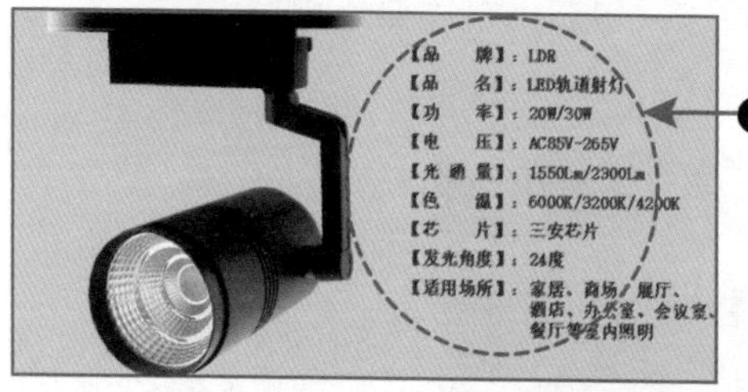
【品　　牌】：LDR
【品　　名】：LED轨道射灯
【功　　率】：20W/30W
【电　　压】：AC85V-265V
【光 通 量】：1550Lm/2300Lm
【色　　温】：6000K/3200K/4200K
【芯　　片】：三安芯片
【发光角度】：24度
【适用场所】：家居、商场、展厅、酒店、办公室、会议室、餐厅等室内照明

❶ 首先查看灯具上的标注，如商标、型号，额定电压，额定功率等，判断其是否符合自己的使用要求。其中额定功率尤为重要。

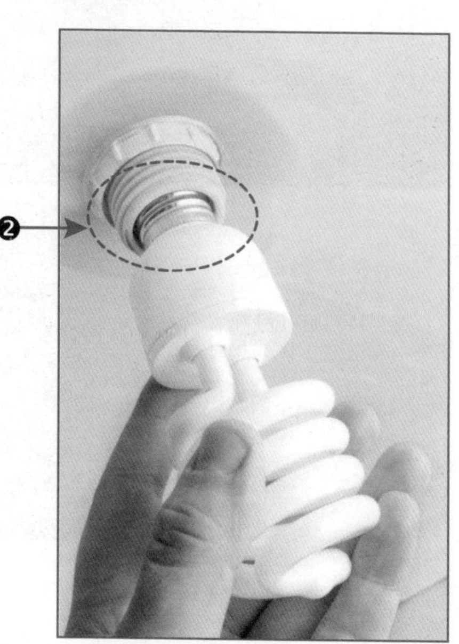

❷ 从防触电保护鉴别好坏。灯具安装后，人要触摸不到带电部件，不会存在触电危险。如果买的是白炽灯具（例如吊灯、壁灯），将灯泡装上去，在不通电情况下，如用小手指触摸不到带电部件，则防触电性能基本是符合的。

❸ 从灯具结构上鉴别。台灯、落地灯等可移式灯具在电源线入口应有导线固定架，其作用是防止电源线推回时触及发热元件，导线过热造成绝缘层熔化，裸露的导线与金属壳体接触，外壳带电而导致触电。

图14-9　灯具质量的鉴别方法

❹ 检查导线经过的金属管出入口应无锐边，以免割破导线，造成金属件带电，产生触电危险。

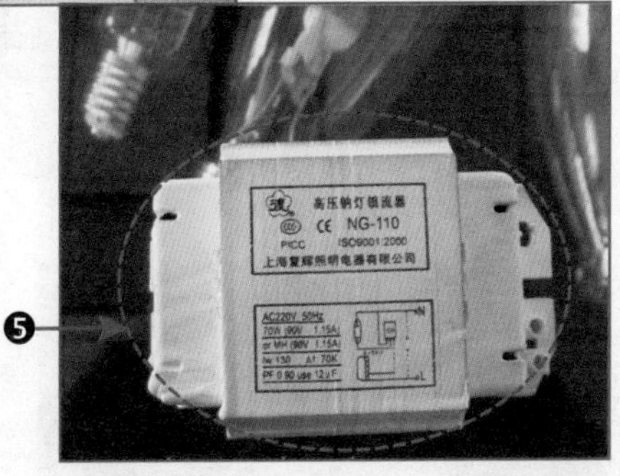
高压钠灯镇流器
NG-110
PICC
ISO9001:2000
上海复辉照明电器有限公司
AC220V 50Hz

❺ 从灯具上使用的附件鉴别。灯具中用的是电感镇流器，看镇流器上的标志，尽量选用tw值较高的一种（如tw130）尤其是灯具散热条件差时，更应注意这一点。tw是镇流器线圈的额定最高工作温度，在该温度下，镇流器可连续工作10年。

图14–9　灯具质量的鉴别方法（续）

14.4　灯具安装施工要点

灯具安装并不难，但是几乎所有买灯的顾客都会咨询灯饰安装问题怎么解决，总担心是否包安装。下面详细讲解灯具安装的流程。

14.4.1　灯具安装流程

灯具的安装流程为：灯具检查→组装灯具→灯具安装→通电试运行等，如图14-10所示。

❶ 灯具检查：
首先检查灯具是否符合安装要求，根据装箱单清点安装配件，注意检查制造商的有关文件技术是否齐全，检查灯具外观是否正常，有无刮擦、变形、金属脱落、腐蚀等现象。

图14–10　灯具安装流程

组装灯具：
按照安装说明书将各个部件连成一体，灯内穿线的长度应适宜，多股软线线头应搪锡，应注意统一配线颜色，便于区分火线与零线，并理顺灯内线路。❷

❸灯具安装：
（1）掉线式灯头安装：将电源线留足维修长度后剪除余线并剥出线头，将导线穿过灯头底座，用连接螺钉将底座固定在接线盒上。取一段灯线，在一端接上灯头，灯头内应系好保险扣，将灯线另一头穿入底座盖碗，灯线在盖碗内系好保险扣并与底座上的电源线用压接帽连接，旋上扣碗。
（2）普通式灯头安装：将电源线留足维修长度后剪除余先并剥出线头，用连接螺钉将灯座安装在接线盒上。

❹通电试运行。打开电源，测试是否通电。

图14-10 灯具安装流程（续）

14.4.2 灯具安装注意事项

灯具安装注意事项如图14-11所示。

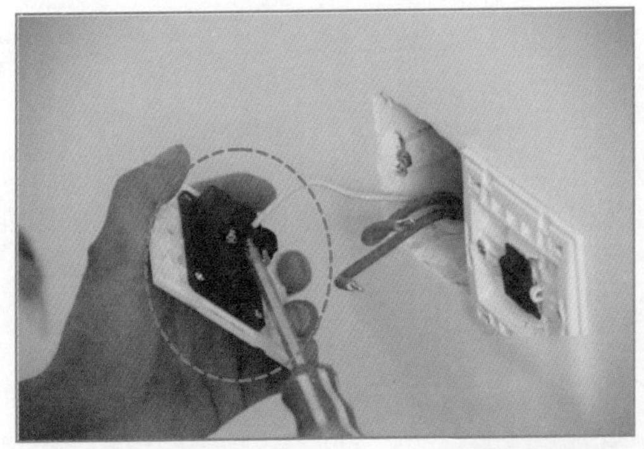

（1）绝缘处理。安装灯具时，要做好绝缘处理，特别是潮湿环境，如卫生间和厨房，绝缘做不好容易短路。

（2）大型灯具特别是玻璃制品的灯具，在安装吊架时一定要用铁制膨胀螺拴（铁胀销），不要先打孔，再打入木制楔拧紧螺钉固定，这种办法只适用于墙面的横向固定，不适用于顶面。也不建议用塑料胀管，因为塑料胀管时间一长会慢慢老化。

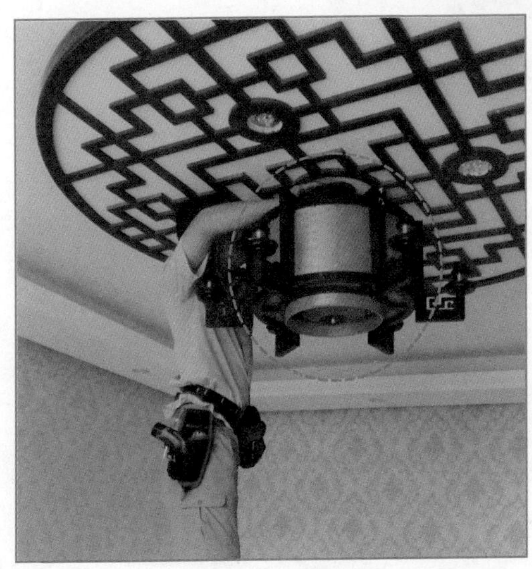

（3）灯具揭膜技巧。很多吸顶灯具上面都有防划伤的膜，安装后需要揭下来，揭过的人都知道，非常困难，其实揭的时候可以用吹风机吹一下，然后再揭就非常轻松了。

图14-11　灯具安装注意事项

14.5 灯具安装方法

14.5.1 吸顶灯的安装

吸顶灯多以扁平外形为主，紧贴于屋顶安装，就像吸附在天花板上，因而得名，如图14-12所示。

吸顶灯由于占用空间少，光照均匀柔和，所以特别适合在门厅、走廊、厨房、卫生间及卧室等处使用。

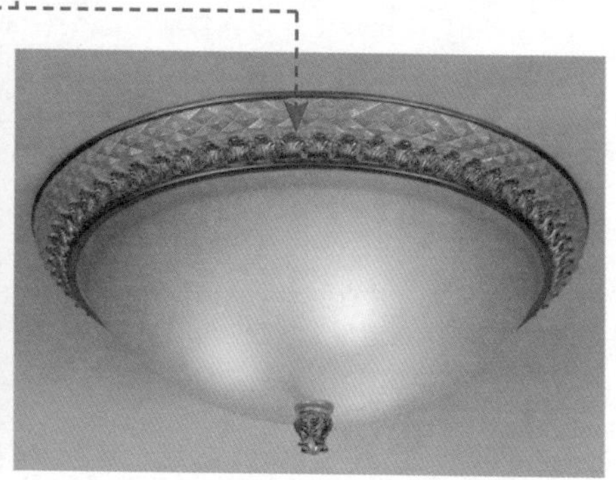

图14-12 吸顶灯

吸顶灯的安装方法如图14-13所示。

❶ 先把底盘放在屋顶上，画出需要打孔的位置。

❷ 使用冲击钻在要安装的位置打一个洞。

图14-13 吸顶灯的安装方法

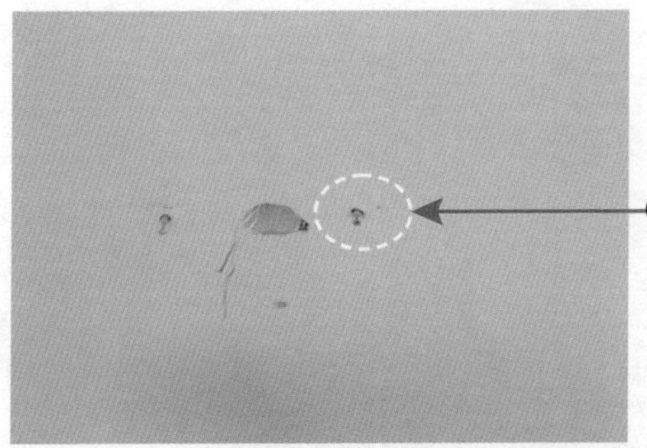

❸用锤子把固定件如膨胀螺钉将这个洞填满，需要注意的是，固定件的承载能力应与吸顶灯的重量相匹配，以确保吸顶灯安装牢固。

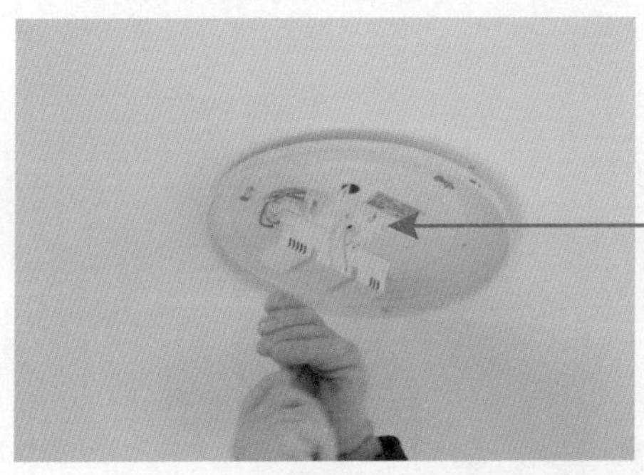

❹将屋顶的电线从底盘的孔内穿出来，并将底盘用螺钉固定在上述位置。

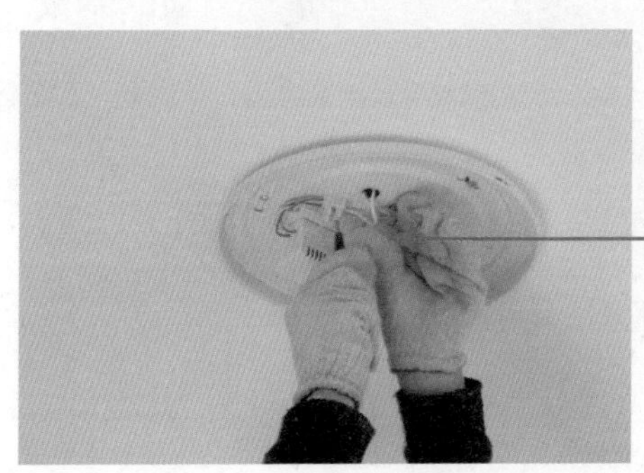

❺固定好后，将电线和底盘连接上，在电线连接裸露的地方用绝缘胶布包起来，最后装上灯和灯罩。

图14-13 吸顶灯的安装方法（续）

14.5.2 吊灯的安装

吊灯是在室内天花板上使用的高级装饰用照明灯，其大气高贵的造型能彰显房屋的富丽堂皇。房间中的吊灯如图14-14所示。

吊灯是吊装在室内天花板上的高级装饰用照明灯。吊灯无论是以电线或以铁支垂吊，都不能吊得太矮，阻碍人正常的视线或令人觉得刺眼。

使用吊灯要求房子有足够的层高，由于吊灯的重量原因要求固定得更为结实。

图14-14 房间中的吊灯

吊灯安装方法如图14-15所示。

❶ 吊灯固定首先也要画出钻孔点，使用冲击钻打孔，再将膨胀螺钉打进孔内。拧上光头螺钉，底座就安装好了。

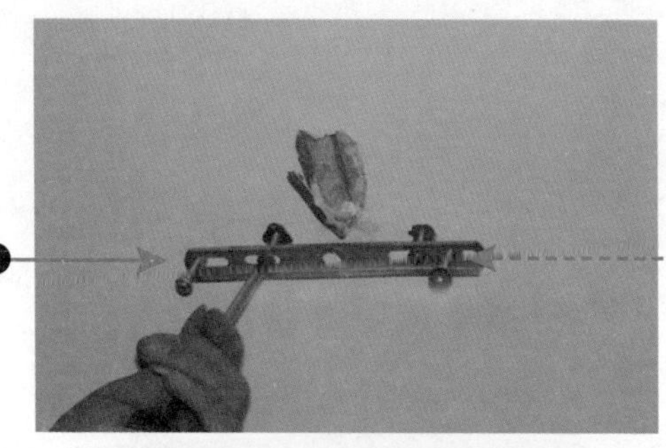

由于吊灯的负重一般大于吸顶灯，要先使用金属挂板或吊钩固定顶棚，再连接吊灯底座，这样能使吊灯的安装得更牢固。

❷ 连接电源电线，铜线外露部分使用绝缘胶布包裹。然后将吊杆与底座连接，调整至合适高度。最后将吊灯的灯罩与灯泡安装上即可。

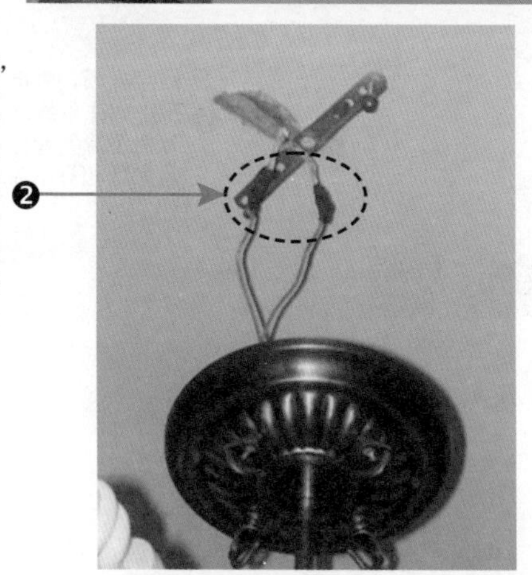

图14-15 吊灯的安装方法

接下来开始组装灯具。

❸

灯具安装的最基本要求是必须牢固。安装各类灯具时，应按灯具安装说明的要求进行安装。如灯具重量大于3kg时，应采用预埋吊钩或从屋顶用膨胀螺栓直接固定支吊架安装。

图14-15　吊灯的安装方法（续）

14.5.3 射灯的安装

射灯是一种安装在较小空间中的照明灯，由于它是依靠反射作用，所以只需耗费很少的电量就可以生产很强的光，如图14-16所示。

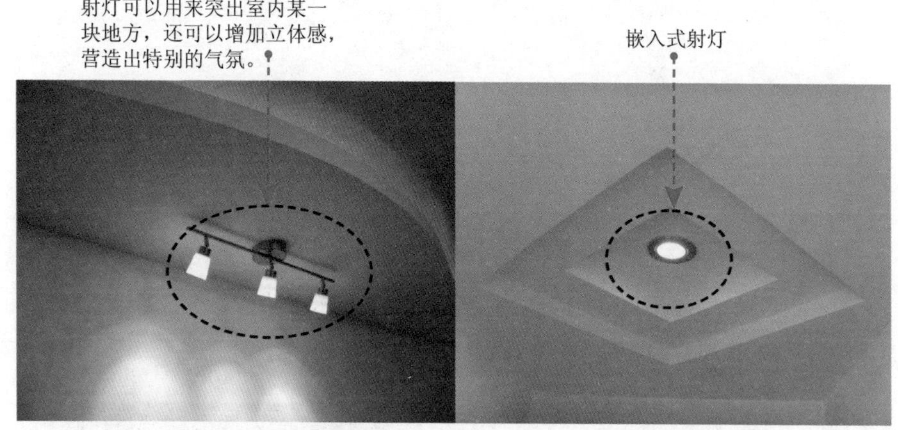
射灯可以用来突出室内某一块地方，还可以增加立体感，营造出特别的气氛。
嵌入式射灯

图14-16 居室中的射灯

射灯的安装方如图14-17所示。

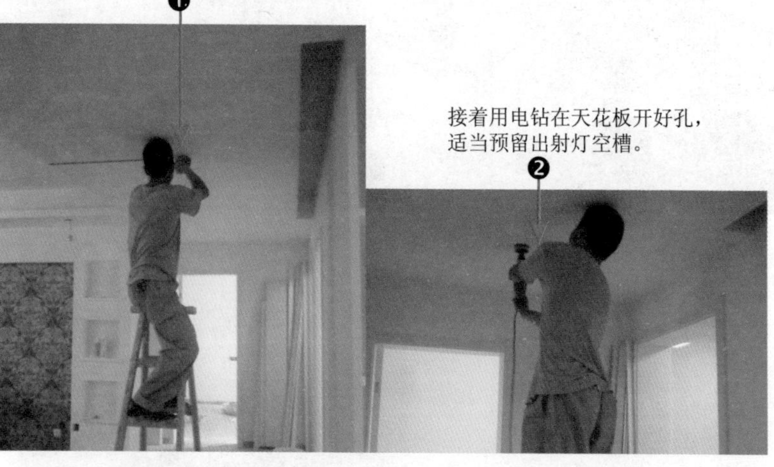
射灯安装方法主要是嵌入式安装，一般根据装修计划预留线路，然后根据装修图纸量好安装位置。
1
接着用电钻在天花板开好孔，适当预留出射灯空槽。
2

图14-17 射灯的安装方法

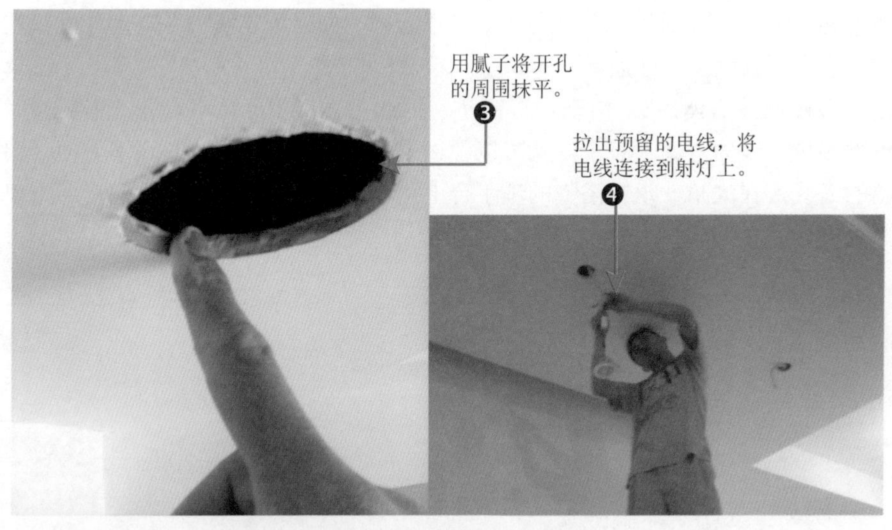
用腻子将开孔
的周围抹平。
❸
拉出预留的电线，将
电线连接到射灯上。
❹

❺ 最后将射灯装
到安装孔即可。

图14-17　射灯的安装方法（续）

14.6 别人的装修遗憾与体会

装修遗憾与体会1： 客厅吊顶时没考虑太多，也没怎么沟通，完全由木工师傅自己操作完成。结果安灯的时候出现问题了，买的水晶吊灯居然安不了，工人师傅说当初不知道安水晶灯，因此吊顶里的龙骨打得很简单，根本承载不了水晶吊灯的重量，不得不更换普通顶灯。

装修遗憾与体会2： 我家装修时，卧室的灯没设计成双控，每次躺下后，还得起来关灯，特别是冬天，实在不愿意起来。如果再装修，一定设计成双控的，床头要设计一个开关。

装修遗憾与体会3：浴室没有窗户，因此一直希望能亮堂点儿。但装修时也没多想，以为浴霸上有个灯就可以了，谁知道实际使用起来一点不方便，浴霸的光线实在太暗，想在浴室的洗手台上化妆都不可以。因此卫生间里一定要单独设计一个灯。

第 15 章

橱柜的选购与施工

橱柜是现代厨房的重要组成部分，也是装修的支出大项之一。业主面对市场上琳琅满目的橱柜品牌，往往会感到手足无措不知如何选择。本章将重点讲解橱柜的选择与施工技巧。

15.1 橱柜选购准备

15.1.1 是木工打橱柜还是整体定制

橱柜到底是木工打还是整体定制，我们从美观度、价格、环保、实用性、烦琐度等几个方面进行分析，如图15-1所示。

（1）从整体的协调性和外观的美观度上比较，整体定制肯定更好看、更方便。应该说只要前期考虑到位，价格到位。美观肯定是定制的最好看。

（2）从价格上来说，自己打橱柜的话，算上人工费、板材费、柜门和台面费、五金配件费、水槽费、水龙头费、油烟机、灶具等费用后，总价格比定制的稍微便宜一些，但差价不大。

（3）木工现场打基本只能是用免漆生态板，也最实用，不可能再去用杉木板上油漆。定制的橱柜目前基本上也是实木颗粒和免漆生态两种最常用的材质。从环保上看，基本差不多。

图15-1 自己打橱柜还是整体定制

（4）从实用性上来讲。整体定制都有设计师。对厨房现代化的电器都认识了解。所以柜子的实用性能非常高。木工师傅现打的话，一般都是打比较简单的橱柜。所以实用性和整体设计方面，定制的橱柜的实用性和设计性要更好。

图15-1　自己打橱柜还是整体定制（续）

15.1.2　橱柜订购流程

橱柜订购流程如图15-2所示。

❶ 找家装公司，帮助设计好整个厨房的格局和颜色搭配。

❷ 联系橱柜公司设计厨房水电位图，为厨房的家装水电进行专业定制。家装公司只是给厨房格局和颜色上的搭配建议，对厨房功能并没有全面了解。

橱柜公司在这方面具有更专业的水平，设计师会上门亲自测量你的厨房，设计出几种水电位的规划方案供你选择，让厨房显得更合理、更实用。

图15-2　橱柜订购流程

❸ 装修公司按照橱柜公司提供的水电位图对厨房进行施工。

❹ 为自己挑选满意的橱柜款式。一般来说，橱柜的生产过程需要一个月。挑选橱柜时，应该根据个人喜好，考虑橱柜的材料、门板款式、色彩搭配等，再向橱柜公司下单。

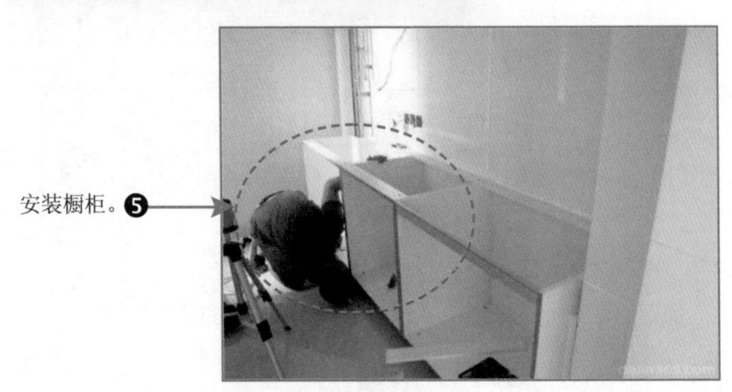

❺ 安装橱柜。

图15-2 橱柜订购流程（续）

15.1.3 橱柜预算怎么做

橱柜预算一般包括三部分：吊柜、地柜和台面。真正计算时，这三部分会合在一起，统称为“延米”。现在商家都是按延米报价，比如一延米多少钱（一延米相当于一米长度）。具体预算方法如图15-3所示。

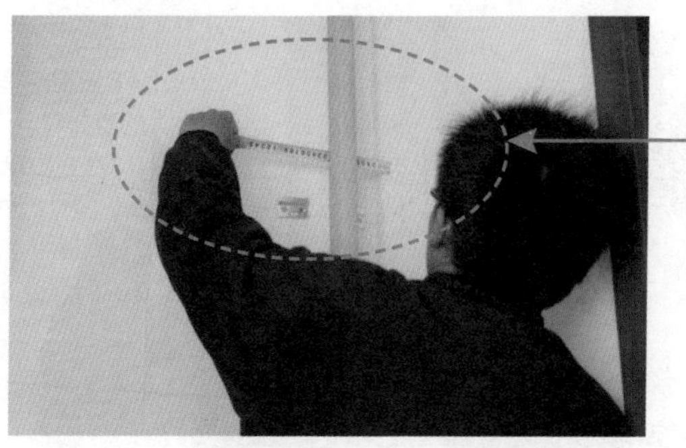

❶ 首先测量自己厨房的基本尺寸。这个最好亲自测量，包括长、宽、高。并估算橱柜的大概面积，一是利于做橱柜预算，二是防止后期橱柜设计师乱报尺寸。

❷ 获取商家报价。多去附近建材商场逛逛，去看看各大网络电商平台，了解各种橱柜的大体价格，货比三家。现在商家报价都不会报整体的价格，而是报延米价，比如一延米多少钱。**注意**：橱柜上柜和下柜的长度是不一样的。不同的厂家会依据不同的比例标注上柜和下柜的单价。

澳玛家具
新橱柜
湖北潜江农村商业银行

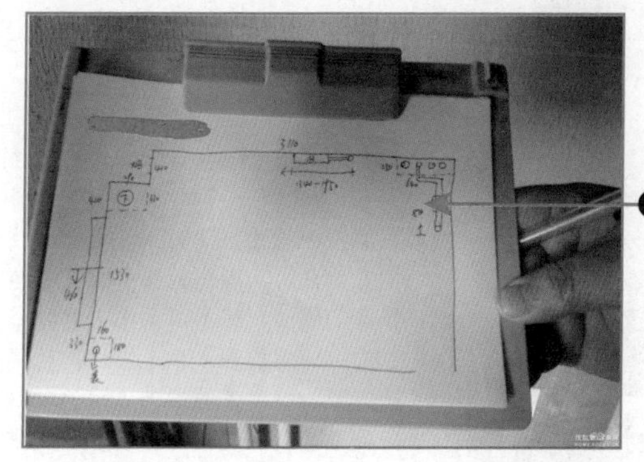

❸ 计算橱柜总预算。一般普通材质的橱柜的价格在1 500元/延米左右；中档的橱柜的价格在3 000~6 000元/延米之间；高档的橱柜的价格在8 000元/延米以上。例如：一个8m²左右的厨房，橱柜长约3m，如果选择中档材质的，总体价格为9 000~18 000元。

图15-3　橱柜预算怎么做

15.2　橱柜的设计是关键

橱柜公司会有专门的设计师来和你进行沟通，橱柜设计是一个复杂的工作，都要注意什么呢？如图15-4所示。

（1）橱柜台面做多高谁来定？不要轻信设计人员说的所谓橱柜台面标准高度，由于每个人的身高和习惯不同，盲目按照所谓标准高度做橱柜台面，最后不是炒菜的时候觉得架手，就是切菜时累腰。所以可以按自己的实际需求来定制高度。

（2）把厨房电器科学合理的设计好。橱柜设计的时候要考虑把你必须用的厨房小电器设计在合理的位置，并安排好开关插座。厨房可以装的小电器非常多，如洗碗机、净水机、微波炉、电饭煲、电热水壶、电磁炉、面包机、电饼铛等。强调电器位置的设计，为的是要安排好电路改造的工作。这些电器一般不会都同时使用，但是，布置尽量多的插座是非常有必要的。

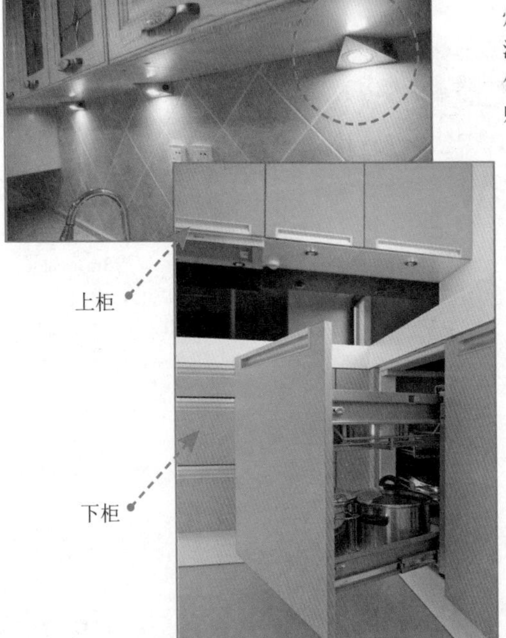
上柜
下柜

（3）设计厨房操作灯。有这个灯，洗碗、切菜的时候可以看得清清楚楚。图中的灯就是厨房操作灯，设计橱柜的时候，让设计师设计一下，主要是电路。

（4）上柜和下柜的设计原则。在厨房做饭时才会体会到，如果上柜门在侧开时，操作者要拿取旁边操作区的物品，稍不留意，头就会撞到门。而存放在下柜下层的物品，必须要蹲下身才能拿到。为了取用方便，最常用的物品应该放在高度70~185cm之间。上柜的最佳距地面高度为145cm，上柜的进深也不能过大，40cm最合适。而底柜最好采用大抽屉柜的形式，即使是最下层的物品，拉开抽屉就能触手可及，免去蹲下身去手伸向里面取用东西的麻烦。

图15-4　橱柜的设计要点

（5）冰箱应设计在离厨房门口最近的位置。随意摆放冰箱会让操作者在使用中多走很多路，如从冰箱中取出的食物不能随手放在操作台上。冰箱的附近要设计一个操作台，取出的食品可以放在上面进行简单的加工。不论厨房的大小和形状如何变化。在厨房的流程中，以冰箱为中心的储藏区，以水池为中心的洗涤区，以灶台为中心的烹饪区所形成的工作三角形为正三角形时，最为省时省力。

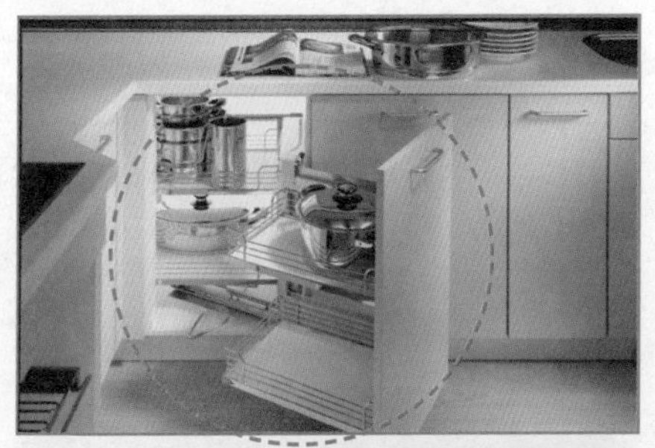

（6）功能太复杂的高档橱柜五金尽量少用。有些设计师建议用进口高档五金，说这样既显得高档，又可以充分利用空间。但高档五金的价格不菲，会大幅增加橱柜的预算。而在实际使用中，有很多不经常使用的厨房用具要存储，比如红酒杯、绞肉机等，把这些东西塞在角落里就行了。

（7）橱柜后面是否要贴砖。很多用户认为橱柜后侧不贴砖可以节约装修费用，其实这是一个误区。首先，不贴瓷砖的地方不能漏出来，装修工人要根据橱柜尺寸做精密计算，而且不贴砖的部分要用水泥砂浆抹平，贴砖工作更加困难，装修工人的人工费用不能降低（无论是否贴砖，装修工人都要收贴砖人工费用），同时能节约的瓷砖数量非常有限，估计也就是10~20片瓷砖。所以建议背面最好还是贴砖为好。可以考虑贴尺寸一样的便宜瓷砖。

（8）橱柜尽量多做一点。设计橱柜时，橱柜应该尽量多做一点儿，随着时间的推移，厨房里的杂物会越来越多，锅碗瓢盆、瓶瓶罐罐、成套的餐具、吃的、用的、洗刷用具，还有非常多的厨房小电器要放在橱柜中。根据以往使用的经验，橱柜做多少都不够用。

图15-4　橱柜的设计要点（续）

15.3 橱柜的选购技巧

橱柜的选择主要是选择厂家（看质量和服务）、设计和材质。一般在选择好厂家和橱柜的款式设计后，接着就需要选择橱柜的材质。下面进行详细讲解。

15.3.1 台面材质选择

厨柜的台面材料很多，在挑选时不能光从价格和外观上来选择，要多从实用方面来考虑，所以首先要了解各种台面材料的特性和优缺点，然后更容易做出决定，如图15-5所示。

（1）天然石材台面。石材中的高档花岗石、大理石是橱柜台面的传统原材料。天然石材的纹理美观、质地坚硬、防刮伤，耐磨、造价低，花色各有不同，属于最为经济实用的一种台面材料。不过天然石材的长度不可能太长，不可能做成通长的整体台面，两块拼接不能浑然一体，天然石密度较大，但弹性不足，如遇重击会发生裂缝，而且长期使用后会变颜色。因此在橱柜台面中已逐渐不再使用。

（2）人造石台面。人造石是是橱柜台面使用较为广泛的材料，人造石的表面光洁剔透，有一定通透性。可做多样造型，使得橱柜的整体感强。它更耐磨、耐酸、耐高温、抗渗透，抗污力强，价格便宜。但人造石不耐刮，纹理不自然。目前人造石的种类以树脂成分不同分为树脂板、压克力板和复合压克力三种。

（3）石英石台面是指用石英石做成的橱柜台面，多利用碎玻璃和石英砂制成。石英石台面已逐渐成为台面的主流材体。其硬度高，不容易刮花，光滑耐用，耐热好，使用寿命长。但其加工难度大，无法无缝拼接会有驳接印痕，成本相对较人造石高。

图15-5　台面材质选择

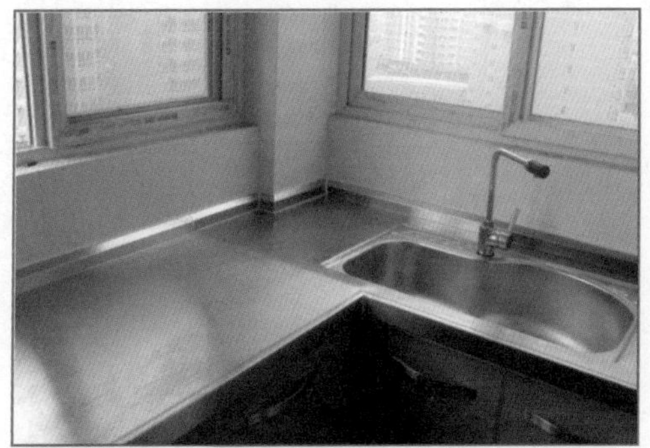

（4）不锈钢台面。不锈钢台面光洁明亮，此台面一般是在高密度防火板表面再加一层薄不锈钢板。不锈钢台面的优点是坚固、易于清洗、实用性较强。缺点是视觉较“硬”，给人“冷冰冰”的感觉，表面易出现划痕，而且易氧化生锈。

（5）防火板台面。防火板台面也被称为高压装饰耐火板台面。其主要是采用硅质材料或钙质材料作为主要原料，与一定比例的纤维材料、轻质骨料、黏合剂和化学添加剂混合，经高压技术制成的装饰板材。其保温隔热性好、质地较轻、抗压强度高、耐火阻燃、加工方便，更容易体现设计意图。其缺点是拼接处需使用胶粘，表面易被水和潮湿侵蚀，使用不当，会导致脱胶、变形、基材膨胀等严重后果。

图15-5　台面材质选择（续）

15.3.2　柜体基材选择

一个橱柜80%的部分是由柜体组成，目前厨柜生产企业所选用的柜体基材板主要有两大类：刨花板和密度板（MDF）。而且大部分橱柜都是采用刨花板，少部分使用中密度板。两种材质的特点如图15-6所示。

（1）刨花板（又叫微粒板、颗粒板）是用木材碎料为主要原料，再掺加胶水、添加剂经压制而成的薄型板材。按压制方法可分为挤压刨花板、平压刨花板两类。其优点是重量轻、握钉力强、防潮防水性好、更容易控制甲醛释放量、不易变形等。其缺点也很明显：板截面较粗糙，易断易碎，易回潮，不易做弯曲处理。在橱柜中使用时，一般表面贴装装饰木纹纸或做喷涂处理。

图15-6　柜体基材选择

在选购柜体时，要注意看生产厂家有无“十环认证”标志或证书。打开柜子会闻到里面的气味。一般来说，有木材的气味为正常现象，若有刺激性的难闻气味，则证明柜体加工材料为劣质。若条件允许，可要求橱柜门店撕开板件的封边条看看板材质量。好的板材：剖切面木质分布均匀，颗粒大小比例适当，密度较高，用手难以剥离出木颗粒。差的板材：剖切面木质分布不均，颗粒大小比例错乱，密度低，木屑极易掉落。

（2）密度板也称纤维板，用采伐剩余物和木材加工中的废料如枝桠、截头、板皮、边角等或其他植物纤维作为主要原料，施加脲醛树脂或其他适用的胶黏剂制成的人造板材。密度板的优点是：表面光滑，木质匀细，平整度很高，可以加工较多的造型，不易变形，尤其适合曲面及异形设计。缺点是：吸水膨胀率很高，握钉力差。

和刨花板相比，密度板其防潮性差，握钉性差，但环保系数较高，抗弯性和抗压性较强。更适合做柜门。

图15-6　柜体基材选择（续）

15.3.3 门板材质选择

橱柜门板所呈现的是橱柜的整体效果，决定了厨房的美观和风格。厨柜门板材质可分为实木门板、吸塑门板、双饰面门板、烤漆门板、UV门板、晶钢门板、防火门板、膜压门板等。在门板的选购中，应以自己的家居风格、个人色彩偏好、门板材料实用性和价格预算等进行综合判断，如图15-7所示。

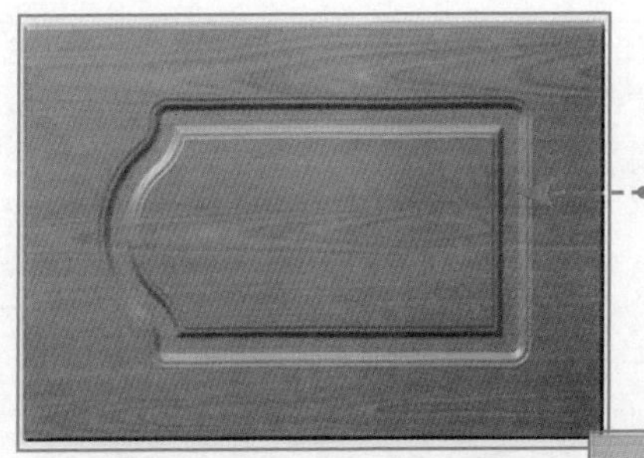

实木门板的门框为实木，门芯为中密度板贴实木皮。

优点：外观较自然，结实耐用，绿色环保。

缺点：不能暴晒，容易变形。门框的用料分为很多种，一般较常用的是樱桃木、橡木、水曲柳、桦木等，木料的特性和价格都相差很大，建议根据自己的预算和门型去选择。实木门板比较适合偏爱纯木质地的高档装修使用。

吸塑门板。最成熟的为PVC膜压吸塑门板，其用环保中密度板为基材镂铣图案，用进口PVC膜贴面经热压吸塑后成形（其中德国膜较贵，其次是韩国膜等）。此门板色泽如同高档镜面烤漆，看起来很有档次，适合欧式田园、前卫风格。

优点：防水、耐污、防褪色。

缺点：热胀冷缩易使膜脱起、防划、防刮性差。

双饰面板。也称为三聚氰胺，以刨花板为基材，两边贴三聚氰胺饰面材质由板材厂家经过一次热压制作而成。

优点：表面平整，不易变形，色泽鲜艳，耐磨耐腐蚀。

缺点：款式比较单一，适合简约实用主义风格。

烤漆门板基材选用中密度板，表面经过六次喷烤漆高温烤制而成。烤漆的质感和色泽比较鲜艳、明快时尚，适合简约实用主义风格。不过其容易刮花，修补很麻烦，因此最好选购质量好的烤漆门板。

优点：防水、抗污能力强，易清理。

缺点：怕磕碰和划痕，在油烟较多的厨房中易出现色差。

UV板就是表面经过UV光固化UV漆处理的板材。色泽鲜艳，视觉冲击力强，耐磨、耐高温、易清洁、不易做造型，必须封边，一般是金属封边，一旦封边松动，就会影响使用，市场上对它的理解是易爆边、脱落、色差等印象。适合简约实用主义风格。

图15-7　门板材质选择

晶钢板。其材质实为5mm厚钢化玻璃。表面坚硬晶莹剔透、色泽恒久、图案丰富、刀划无痕、水泡不烂、火烧无损，适合摩登前卫风格。

防火门板的基材为刨花板、防潮板或密度板，表面饰以防火板。防火门板是目前用得最多的门板材料，它的颜色比较鲜艳，封边形式多样，具有耐磨、耐高温、耐刮、抗渗透、容易清洁、防潮、不褪色、触感细腻、价格实惠等优点，适合实用主义风格。

金属质感门板的门框以磨砂、镀铬等工艺处理过的高档铝合金制成，芯板由磨砂处理的金属板或各种玻璃组成。有凹凸质感，具有科幻世界的超现实主义特色。适合前卫风格。

选购注意事项：橱柜的定价并不是以用的材料的好坏来决定，而是以门板来定价的，门板的价格决定了橱柜的价格。以上这几种板件在用途上并没有太大的区别，都是起装饰点缀的作用。不管是实木也好，烤漆也好，虽然它们的功能相似，但风格大不相同，从而决定了橱柜价格的千差万别。一套实木的橱柜可能价格达到10万元甚至上百万元，这种橱柜追求的是门板的一些工艺、款式、造型。但是对于我们普通的老百姓来讲，既满足我们的实用性，又满足我们一定的审美观，普通的门板材料就可以。

图15-7 门板材质选择（续）

15.3.4　五金配件选择

如果把橱柜比作人，五金就是骨骼，直接关系到橱柜使用的便利性，为什么很多顾客抱怨门板松动、倾斜，发出吱吱呀呀的声音，就是五金件质量不佳造成的。通常所说的厨柜五金配件主要有铰链、滑轨、阻尼、气撑、吊码、调整脚、踢脚板等。五金件的好坏往往决定了厨柜的使用寿命，五金配件的选择方法如图15-8所示。

（1）选择大品牌的五金产品（像海福乐HAFELE、海蒂诗HETTICH、格拉斯GRASS、百隆BLUM等都是大品牌）。大厂家的产品无论从质量上还是服务上都可以给我们更大的保证。在购买橱柜时，应留意五金功能配件的商标，看产品属于什么品牌。一般来说，五金件上面都有该品牌的防伪Logo，可供消费者辨别真伪。

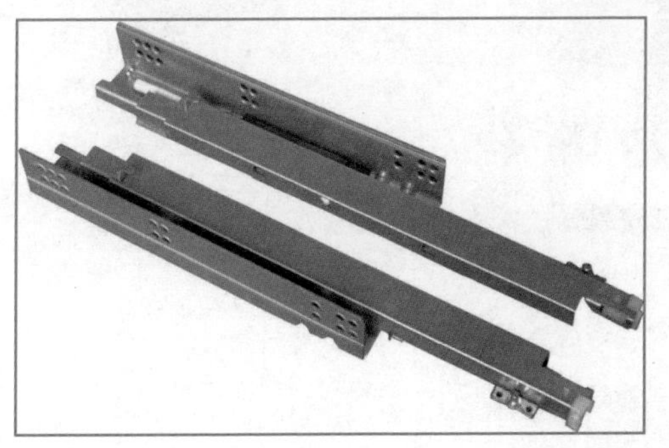

（2）滑轨、门把手。这些都是经常摩擦的五金件，应挑选密封性能好的合页、滑轨、锁具。选购时开合、拉动几次感觉其灵活性和方便性。

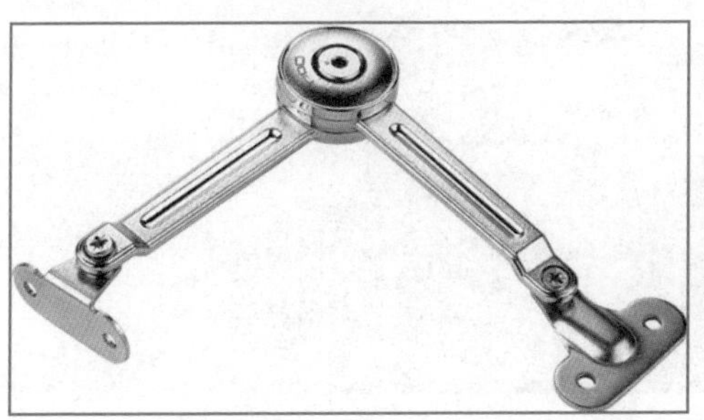

（3）挑选外观性能好的各类五金件。选购时主要是看外观是否有缺陷、电镀光泽如何、手感是否光滑等。

图15-8　五金配件的选择方法

15.4 橱柜安装施工要点

橱柜安装要在下水改造完毕、厨房地砖、墙砖铺贴完毕后才能进行，如果厨房的墙面有空心墙要及时告之橱柜厂商，因为空心墙体无法安装吊柜，施工队需要提前准备相关的安装工具。橱柜安装施工方法如图15-9所示。

❶ 地柜安装。安装地柜前，工人应该对厨房地面进行清扫。地柜如果是L形或者U形，需要先找出基准点。L形地柜从直角处向两边延伸；U形地柜则是先将中间的一字形柜体码放整齐，然后从两个直角处向两边码放，避免出现缝隙。

地柜码放完毕后，需要对地柜进行找平，通过地柜的调节腿调节地柜水平度。地柜之间的连接也是重要的步骤，一般柜体之间需要4个连接件进行连接，以保证柜体之间的紧密度。

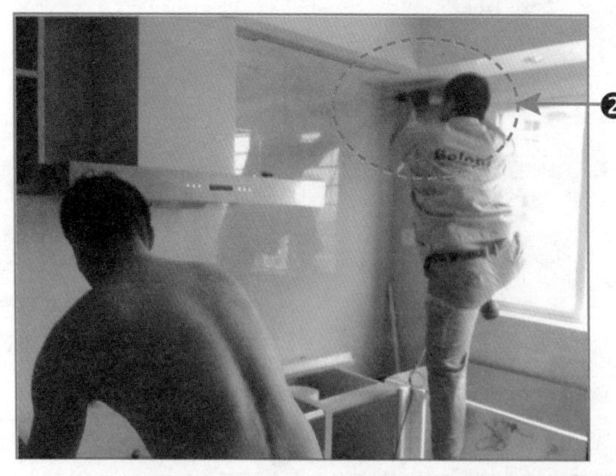

❷ 吊柜安装。安装吊柜时，为了保证膨胀螺栓的水平，需要在墙面画出水平线，一般情况下水平线与台面的距离为650mm，消费者可以根据自己身高的情况，向安装工人提出地柜与吊柜之间距离的调整，以方便日后使用。

图15-9 橱柜安装施工方法

安装吊柜时同样需要用连接件连接柜体，保证连接的紧密。吊柜安装完毕后，必须调整吊柜的水平，吊柜的水平与否将直接影响橱柜的美观度。

❸ 台面安装。目前消费者使用的橱柜台面多数为人造石或天然石材台面。石材台面是几块石材粘接而成，粘接时间、用胶量以及打磨程度都会影响台面的美观。一般夏季粘接台面需要半个小时，冬季需要1~1.5个小时。粘接时要使用专业的胶水进行粘接，并使用打磨机进行打磨抛光。此外，一些橱柜厂家为了避免因装修带来的误差，会在地柜与吊柜安装完成后的一段时间内再安装台面，中间会有一个量台面的过程。

❹ 五金安装。水盆、龙头、拉篮也是橱柜的重头戏。在安装吊柜和台面时，为了避免木屑落入拉篮轨道，应用遮盖物覆盖拉篮，以免影响日后使用。水盆安装则涉及下水问题。为了防止水盆或下水出现渗水，软管与水盆的连接应使用密封条或者玻璃胶密封，软管与下水道也要使用玻璃胶进行密封。

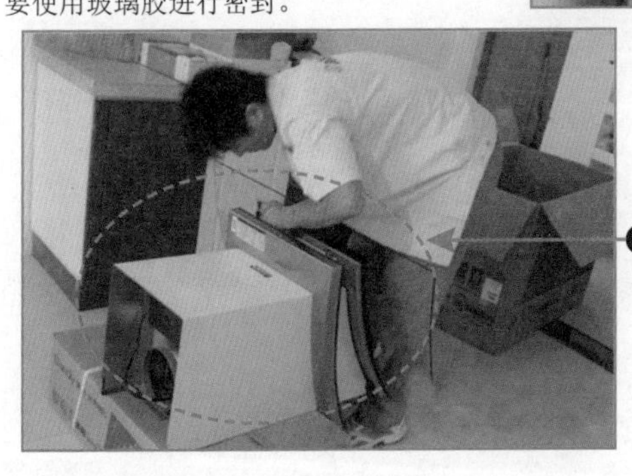

❺ 灶具电器安装。橱柜中嵌入式电器的安装只需要现场开电源孔，电源孔不能开得过小，以免日后维修时不方便拆卸。安装抽油烟机时为了保证使用和抽烟效果，抽油烟机与灶台的距离一般在750~800mm之间。安装抽油烟机时要与灶具左右对齐，高低可以根据实际情况进行调整。安装灶具最重要的是连接气源，要确保接气口不漏气，气源一般应由天然气公司派人连接，如果是装修工人安装，也需要让天然气公司上门检测是否漏气。

图15-9　橱柜安装施工方法（续）

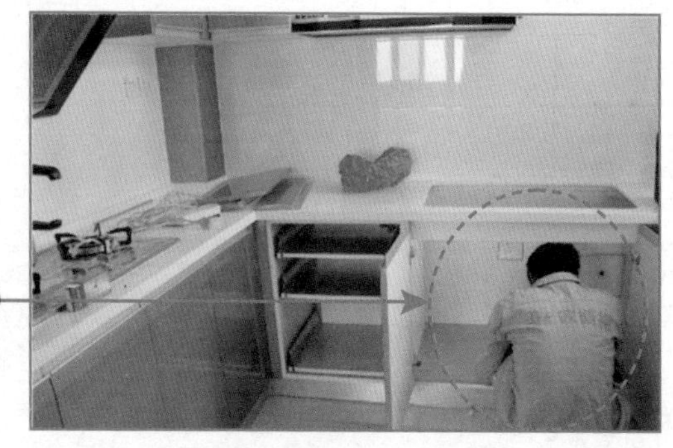
❻调整门板。调整门板是为保证柜门缝隙均匀及横平竖直。地柜进深一般为550mm，吊柜为300mm，提醒消费者也可以根据实际情况进行调整。调整完柜门后，工人还应该清理安装橱柜时留下的垃圾，保证业主厨房的清洁。

图15-9　橱柜安装施工方法（续）

15.5 别人的装修遗憾与体会

装修遗憾与体会1：开始设计的时候只想到了预留冰箱的位置，但却忘记量冰箱的宽度，除了换一个冰箱就只能忍耐了，所以橱柜设计前一定要先确定好购买冰箱的尺寸。

装修遗憾与体会2：在橱柜台面开孔时，太过信任工人，导致人造石台面开孔的位置有偏差，尤其是台下盆。台面窄、盆又大，工人说没法安装。重新改孔台面会很难看，重新买台面，心疼。

装修遗憾与体会3：安装橱柜时，工人先安装的橱柜，后安装抽油烟机，导致抽油烟机安装时麻烦了许多，而且与橱柜之间的缝也比较大，最好能同时安装。

第 16 章

水处理设备的选购与安装

水是生命之源，水关系到您和家人的健康，所以我们在装修中必须要关注“水”的问题。很多装修的业主都有这样的疑问：我家究竟该不该安装净水器呢？市场上这么多净水产品，价格和原理都有很大不同，怎么选才最合适呢？本章将详细解答这些问题。

16.1 家中是否需要安装净水器

家中是否需要安装净水器，主要根据自来水是否被污染来决定。下面详细分析一下家中自来水的污染源。

16.1.1 自来水水质如何

我们生活中饮用的自来水，水质如何，可以放心饮用吗？如图16-1所示。

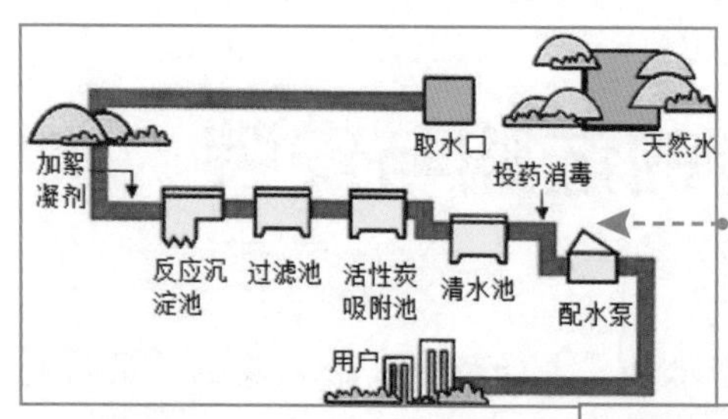
取水口
天然水
加絮凝剂
投药消毒
反应沉淀池
过滤池
活性炭吸附池
清水池
配水泵
用户

自然界中的水引入自来水厂后，将依次进行以下净化过程：

（1）加入絮凝剂，与水中的杂质进行反应和吸附；

（2）对反应后的大分子杂物进行沉淀；

（3）分别经过装有石英砂、活性炭等滤材的滤池进一步过滤；

（4）出厂前进行加氯消毒。

我国对自来水水质向来有着严格的要求，2012年实施的《生活饮用水卫生标准》（B5749—2006）中，一些关键指标的标准与欧盟、美国不相上下，对于自来水厂的出水水质我们完全可以放心，但大部分水质问题都出现在运输途中。

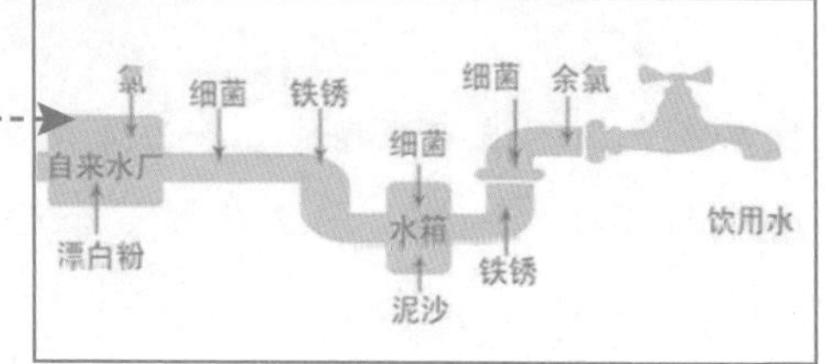
氯
细菌
铁锈
细菌
余氯
自来水厂
细菌
水箱
饮用水
漂白粉
铁锈
泥沙

图16-1　自来水净化过程

16.1.2 自来水水质污染的主要来源

自来水水质污染主要有三大来源，如图16-2所示。

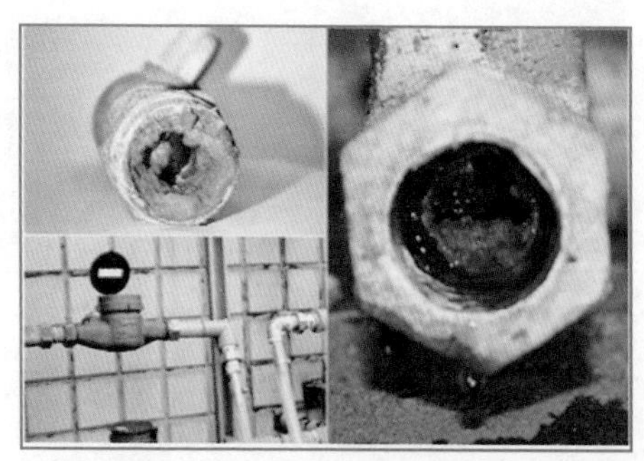

（1）输水管道污染。2000年之前，我国自来水管道主要以铸铁管和镀锌钢管为主，这种管道在使用几年后就会出现严重的锈蚀现象。2000年后开始更换和使用PP-R水管，不过还是有部分小区未能及时更换。如果你所在小区水管还是金属水管，那说明还没有更换，水管的污染问题肯定依然存在。

图16-2　自来水水质污染源

如果你住在高层，小区停电的时候你家的供水仍正常，那可能就是采用顶部水箱供水，需要注意水污染问题。

（2）小区二次供水污染。国家规定管网末端的水压要能将水送至约14m的高度，但现在好多高层的高度远远超过14m，这就会出现水压不足的问题。为了解决这个问题，开发商就会采用“二次供水”。有的开发商采用高压变频水泵加压处理来供水（用这种方式水质变化不大），而有的开发商采用顶部水箱（或蓄水池）供水（这种方式非常容易导致水源污染）。

氯
氯
氯
需要担心
自来水中的氯吗?

（3）水中残留氯。从理论上说，氯对人体是有一定危害的，但自来水中的氯含量并不足以构成威胁。不过这种对人体无益的元素，当然是越少摄入越好。

图16-2 自来水水质污染源（续）

16.2 净水设备选购技巧

16.2.1 净水器的种类

大家在选购净水器的时候，最关心的无非是这个净水器好不好，净水效果怎么样，但是你最应该考虑的其实应该是购买什么类型的净水器。按技术原理来分，净水器分为纯水机和直饮机。如图16-3所示。

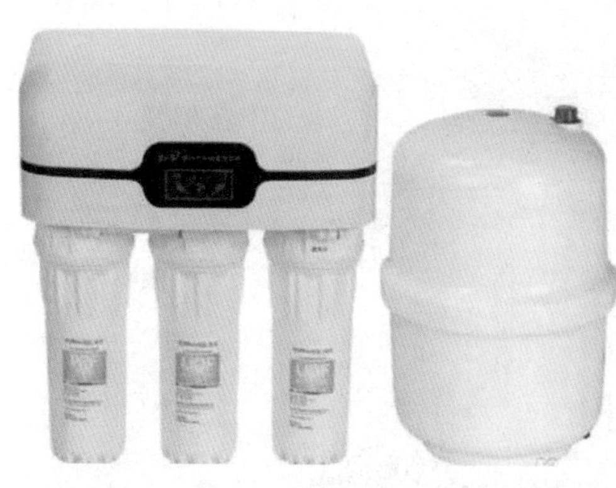

（1）纯水机。纯水机有三个特征：

- 需要供电。
- 有一个水罐。
- 会产生废水。

纯水机通过聚丙烯熔喷滤材、活性炭和RO反渗透膜，将水里面的重金属，矿物质等都过滤干净，安全性最高，喜欢泡茶喝的朋友尤其适合，纯水泡茶口感和色泽都非常棒。但是因为是不含任何杂质的纯净水，所以存在着长期喝这样的水是否对人体有害的争议。

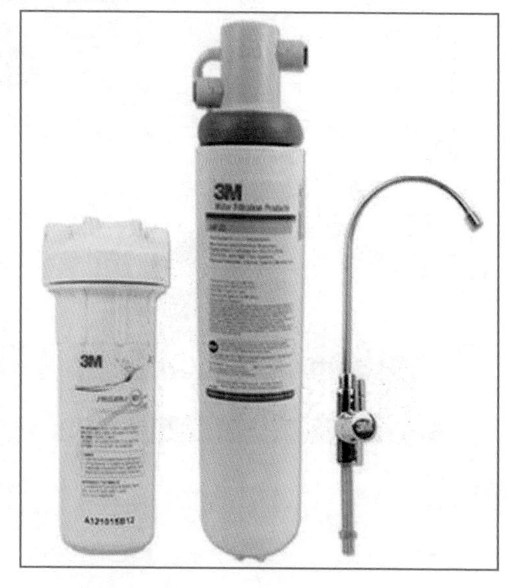
3M
3M
A121015B12

（2）直饮机。直饮机也有三个特征：

- 不需要供电电源。
- 不需要水罐。
- 不会产生废水。

直饮机通过60μm的超膜过滤将水中的细菌过滤掉，达到直饮的目的，保留了水中对我们身体有益的矿物质，但同时，去除不了水中残留的重金属，口感上比纯水机差一点，水质好的地方可以考虑购买。但是水质相对差的地方就最好不要选它。

图16-3　净水器的种类

16.2.2　纯水机和直饮机我该选谁

纯水机和直饮机之争实际上是过滤膜之争，即是否使用RO反渗透膜，那么到底该选谁呢？如图16-4所示。

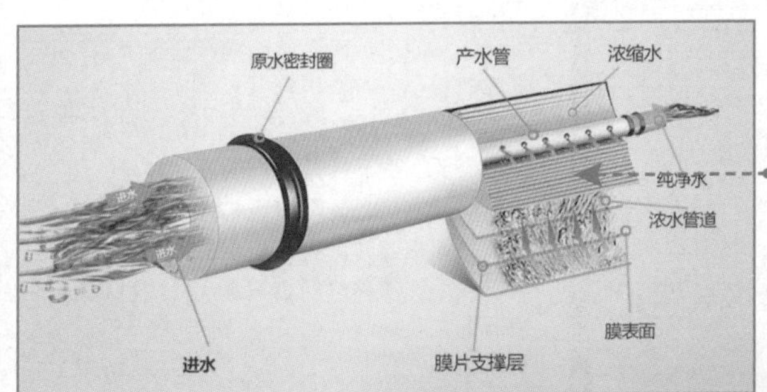
原水密封圈
产水管
浓缩水
纯净水
浓水管道
膜表面
进水
膜片支撑层

RO膜的全名是反渗透膜，RO膜的孔径仅有0.1nm，理论上来说0.5nm的水分子是无法通过的，但在一定压力下，水分子还是可以“挤过去”，RO净水器需要做的就是控制这个压力，使得水分子刚好能过去而其他离子过不去，从而彻底去除水中可能存在的重金属物质，也就实现了纯水的净化。

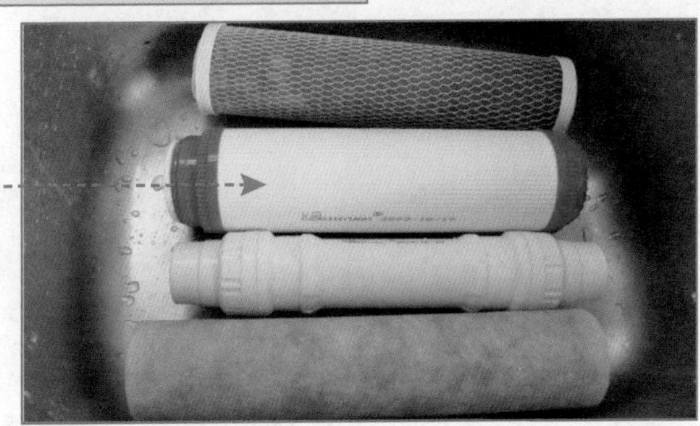

RO纯水机净化的纯水没有任何微量元素，同时会产生废水；而直饮机使用的超滤膜，水中的微量元素无论有害有益都会得以保留，且不会产生废水。

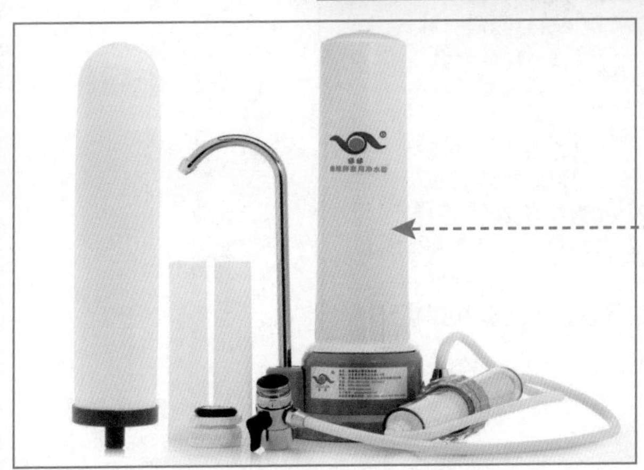

对于大部分家庭来说，直饮机已经足够用了，其净化后的水已经足够干净。但对于以下几类用户，还是建议选择有RO膜的纯水机。

（1）家中有婴幼儿，婴幼儿对水中的有害物质极其敏感，对他们来说，纯水更为安全。

（2）小区附近有工厂，尤其是化工厂。因为工厂废水一旦渗入地下，很可能造成水源的污染。

（3）附近为水污染高发地区。

图16-4　纯水机和直饮机我该选谁

16.2.3　净水机选购注意事项

根据自身情况确定了适合自己的净水器后，接下来就是如何选购的问题了，如图16-5所示。

中华人民共和国卫生部
国产涉及饮用水卫生安全产品卫生许可批件

产品名称	[illegible]
型号	RO-50G
产品类别	水质处理器
生产企业	济南安吉尔实业有限公司
地址	山东省济南市天桥区大桥镇桥北工业园西区308国道北侧
审批结论	经审核，该产品符合《生活饮用水卫生监督管理办法》的有关规定，现予批准。
批准文号	卫水字(2009)第0325号
批准日期	2009年12月22日
批件有效期	截至2013年12月21日
附件	产品说明、主要成分或部件、使用范围和注意事项

请于批件有效期届满前30个工作日提出[illegible]

❶ 净水器企业是否有产品卫生许可批件。用户购买净水器时必须选购经过技术监督部门鉴定，符合国家《生活饮用水水质标准》的产品才能购买。如果是国外品牌，需要了解其国外生产的厂家地址、规模等基本信息。进口税单：选购国外进口品牌机器时，有必要了解所谓国外进口产品的税单，确定其真实性，以保护消费者利益。

❷ 看滤芯材质。目前常用的净水材料主要有：PP棉、活性碳、KDF、超滤膜、RO膜（反渗透膜）、石英砂、小分子球、电气石、麦饭石、红外线矿化球等。一般采用PP棉+活性炭+RO反渗透膜或PP棉+活性炭+超滤膜

❸ 看滤芯筒体。目前常见的筒体有：不锈钢、PVC塑料、玻璃钢、铸铁、合成树脂塑料等。作为净水器材料，不锈钢一定要选用不锈钢304的，抗压性，耐腐性比较好。塑料一定要观察它的工艺材质，厚度、重量和硬度。

优质售后 品质保障
为您的净水保驾护航
法兰尼专业质保 品质保障
全国24小时免费售后服务热线
全国1000多家网点提供
免费安装和售后服务

❹ 企业是否具备完善的售后服务体系。净水器的售后服务很重要，不同于其他产品，净水器的滤芯要定期更换，需要联系售后及时替换滤芯，因此售后服务很关键。如果选的净水器厂家没有售后，换滤芯就会非常不方便，费时又费力，还不一定能选到合适的滤芯。

图16-5 净水机选购注意事项

16.3 净水器安装要点

购买净水器后，最好让厂家安装人员上门安装，尽量不要自行安装，以免出现漏水、堵塞等问题。安装方法如图16-6所示（以纯水机为例讲解）。

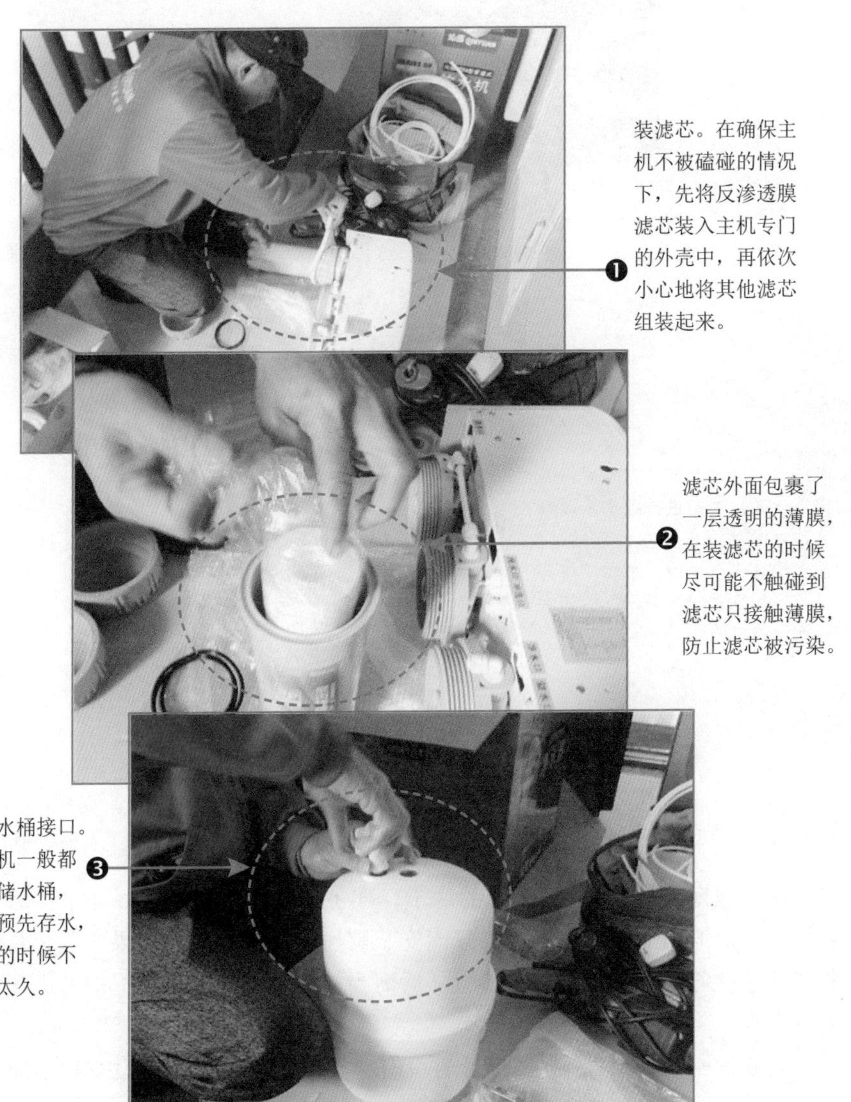
❶ 装滤芯。在确保主机不被磕碰的情况下，先将反渗透膜滤芯装入主机专门的外壳中，再依次小心地将其他滤芯组装起来。
❷ 滤芯外面包裹了一层透明的薄膜，在装滤芯的时候尽可能不触碰到滤芯只接触薄膜，防止滤芯被污染。
❸ 装储水桶接口。纯水机一般都配有储水桶，可以预先存水，在用的时候不用等太久。

图16-6　净水器安装要点

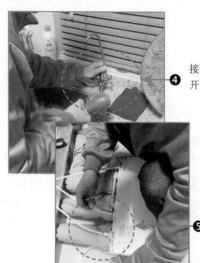

❹ 接水龙头。组装好净水器主机后，开始钻孔安装水龙头。

❺ 接水管。接着将净水器配备的专用水管，接入用户的自来水管，将净水器分别与水龙头、储水桶、自来水管、排水管相连。

❻ 插电放水。净水器安装完毕后，需要接上电源，才能过滤纯水。接着打开净水器水龙头放水约5分钟，待蓄水罐存满一桶纯净水后，将其放掉或者用来洗碗洗菜，之后的水即可饮用。

图16-6　净水器安装要点（续）

16.4 别人装修的遗憾与体会

装修遗憾与体会1：新装修的房子，准备安装净水器，买好净水器后，回家安装，施工的师傅会告诉我，只能安装厨房用的净水器，如果要安装其他饮水等净水设备，需要把墙破开才行。后悔当初装修设计时没有提前考虑预留净水的管线。

装修遗憾与体会2：装修设计时没有考虑安装净水设备，没有预留净水器的插座，导致后期安装净水器时只能拉一个插线板，特别难看。

附　录

常见装修项目及施工工艺

家庭装修过程中，有些装修公司，经常会通过漏报、少报装修项目，通过报低价来吸引用户。当用户签订合同后，实际装修时，又通过增加装修项目来增加装修费获利。用户发现最后结算时，增加了好多装修项目，总价比最初签订合同时的报价多出一倍甚至两倍。

出现这些问题，一般都是因为用户对总体的装修项目不是很了解，下面总结一下装修时常见的装修项目供用户参考。在签订合同时，可以对照装修项目，看看装修公司有无漏报。

常见装修项目及施工工艺

序号	装修项目	施工工艺
1	拆墙	确定拆除墙体位置、画线，使用专用墙体切割机按线准确切割，然后用铁锤沿切割位置进行拆除，拆除垃圾装袋，并打扫干净。写清砖墙和混凝土墙的价格
2	轻体砖砌墙	用水泥砂浆基底，通过挂线或掉线做标尺，轻体砖逐层砌，水泥砂浆双面抹平。墙厚8~10cm或15~30cm。
3	水改造（明管4分管）	材料：PP-R水管，包括等径弯头、等径三通、内外丝三通、内外丝弯头、等径直接等。 1．现场双方确定好位置，并画好位置，弹线找平，切割机开槽横平竖直（如走明线不需此项）。 2．按照规范从顶棚布管，横平竖直固定牢靠，冷热水的按照左热右冷开槽，间距在150mm ± 3mm，弯头的外沿要高于原来的墙面20mm左右，管子所有的连接处都要用专用的热熔机来焊接牢固。 3．安装完，打压试验为8个压力。 4．水表移位和下水改造费用要标明
4	水改造（明管6分管）	
5	水改造（暗管4分管）	
6	水改造（暗管6分管）	
7	包管防冷凝	
8	电改造（明管16Φ）	1．现场双方确定好位置，并画好位置，弹线找平，切割机开槽横平竖直（如走明管不需此项） 2．PVC管内不得超过3根独股线，电线在管内不得有接头，浴霸要走插座线，强电和弱电线严禁穿入一根管内，地面布管要走硬PVC管，有地热的不能地面开槽，顶面开浅槽埋护套线，分线处设分线盒，电器不得从照明线引出，必须从插座线引出。网线、电话线等不能有接头，须从配电箱引出。 3．线与线连接处至少要缠5圈，使用防水胶带至少缠绕3层，用绝缘胶带至少缠绕3层，使用快沾、石膏粉将管线的特殊位置加强固定。 4．过墙孔、暗盒、面板等的安装价格要标明
9	电改造（明管20Φ）	
10	电改造（暗管16Φ）	
11	电改造（暗管20Φ）	
12	刷防水清工	甲方提供所有材料，乙方提供清工
13	刷防水材料	1．开工前做24小时避水试验。 2．检查所有的阴角、下水管、管道与楼板接缝处，局部要用堵漏灵做处理。 3．均匀涂刷防水材料两遍，开槽处要做处理。 4．防水从地面延伸到墙面1.8m的位置，防水晾干后，表面要做保护处理
14	石膏板平顶	在墙面上弹出标高线，用电锤打眼，顶面倾斜打眼，下木塞，固定龙骨骨架和石膏板饰面，石膏预留缝隙。石膏粉加乳胶填补，贴牛皮纸或绷带做防裂处理
15	圆形顶石膏板	
16	造型顶石膏板	
17	直线造型石膏板	

续表

序号	装修项目	施工工艺
18	地面找平	首先水平找点，然后用水泥和中砂砂浆找平，保养、压光。水泥厚度不超过3cm
19	地面高低差找平	混凝土：水泥、沙子、石子按1：2：3混合
20	刷地锢（适合铺木地板）	首先将地面清扫干净，然后洒少量水润湿地面。接着刷一遍地锢
21	铺过门石	沙灰铺贴
22	烟道上移	上移后进行修补
23	铺地砖	1. 先把下水口及地漏用塑料袋封好，扫净、冲净地面泥土。 2. 了解瓷砖的色泽及尺寸，计算地面尺寸，合理排列瓷砖。 3. 按1：3的比例配比水泥砂浆直接铺贴，厚度不超过4cm（根据地面平整度来确定）。 4. 先铺半沙灰料，再抹素灰，拉线施工，保证横平竖直，水平尺测量。 5. 地砖铺贴有特殊要求的费用要标明
24	贴墙砖	1. 水泥砂浆找平改水电留下的线槽和水管槽。 2. 了解瓷砖的色泽和尺寸，计算地面尺寸，合理排列瓷砖，确定腰线及花片的位置。 3. 贴砖前瓷砖完全浸泡，无气泡冒出位置（玻化砖等无须浸泡）。 4. 按1:2的比例配比水泥砂浆。 5. 拉线施工，保证横平竖直，水平尺测量，在砖上面缺口处撒上干灰，阴角做到方角90°，阳角处瓷砖边缘切成45°斜角或使用阳角收边条。 6. 地砖铺贴有特殊要求的费用要标明
25	踢脚线	使用砂浆或腻子粘贴，踢脚线背面用素灰粘贴，然后用干净抹布擦干净瓷砖表面及缝隙
26	包立管	1. 使用砂浆砌墙（用红砖或轻体砖）。保留观察孔。 2. 单面水泥砂浆打底，抹平
27	铲墙皮	如果房子墙面之前做过处理，需要铲除原有表层腻子至基层
28	墙面基层处理	1. 对原墙面进行基层处理（清理浮灰、污垢）。 2. 刷一遍墙锢作为新老结合层。 3. 找补墙面和顶面，并堵上开过槽的地方，用嵌缝石膏堵上墙槽并抹平，外刷白乳胶，贴上抗裂绷带牛皮纸或的确良布条。布间距3~5cm。 4. 把墙面有裂缝的地方划开成“八”字形状，嵌入石膏，然后刷白乳胶，贴上抗裂绷带牛皮纸

续表

序号	装修项目	施工工艺
29	阴阳角找直	1．用石膏仔细修整阴阳角及墙面的平整度和垂直度。 2．对阴阳角进行定点弹线找直
30	墙面处理	1．刮粉状内墙耐水腻子2~3遍，用200W灯泡照亮，360#砂纸侧打磨，找平。 2．门窗洞口减半计算
31	刷乳胶漆	1．先刷一遍底漆，底漆要刷匀，确保墙面每个地方都刷到。 2．对于有瑕疵的墙面，要先找补打磨平整，然后再刷一次底漆。 3．刷两遍中层涂料。不要加过量的水，使用好的工具涂刷。 4．喷涂或滚涂乳胶漆面层。应预先在局部墙面进行试喷，以确定基层与涂料是否相容。乳胶漆在使用前要充分摇动容器使其混合均匀
32	粘贴石膏线	1．测量墙角的准确长度，确定石膏线下沿、上沿位置。 2．用快粘粉或腻子粉粘贴，合角处雕刻角。 3．用腻子粉填充石膏线的边缘，刷底漆一遍，面漆两遍
33	垃圾清运	从楼上运到楼下物业指定的地方
34	厨房和卫生间吊顶（塑钢板）	1．在可以使用木龙骨，也可以使用轻钢龙骨的情况下尽量使用轻钢龙骨。 2．设计和施工中注意伸缩缝。每道接缝处都应留有伸缩缝，并倒成45°角，以免应力累积。 3．轻钢龙骨或木龙骨安装平整，间距规范。 4．自攻钉要均匀分布，保证每颗自攻钉承受的力接近，否则易形成边锁反应使结构失去稳定性而产生变形裂缝
35	厨房和卫生间吊顶（铝扣板）	
36	电视背景墙	根据设计要求制作电视背景墙
37	包垭口	1．用环保大芯板衬底。 2．清油为三厘夹板饰面，混油为三厘奥松板饰面，实木线收口。 3．清油为色粉及腻子补打眼一遍，刮透明腻子一遍，混油用无苯原子灰把所有打眼和接缝的地方逐一填补刮平。等干后再进行打磨，批刮一遍腻子，干后用360#砂纸打磨，二次收光刮腻子，干后再用420#砂纸打磨。 4．机器喷涂底漆2遍，面漆2遍。每喷1遍做打磨处理1遍（垭口宽度不超过25cm）
38	包窗套	1．用环保大芯板衬底。 2．清油为三厘夹板饰面，混油为三厘奥松板饰面，实木线收口。 3．清油为色粉及腻子补打眼一遍，刮透明腻子一遍，混油用无苯原子灰把所有打眼和接缝的地方逐一填补刮平。等干后再进行打磨，批刮一遍腻子，干后用360#砂纸打磨，二次收光刮腻子，干后再用420#砂纸打磨。 4．机器喷涂底漆2遍，面漆2遍。每喷1遍做打磨处理1遍（窗套宽度不超过16cm）

续表

序号	装修项目	施工工艺
39	做衣柜	1．清油为色粉及腻子补打眼一遍，刮透明腻子一遍，混油用无苯原子灰把所有打眼和接缝的地方逐一填补刮平。等干后再进行打磨，批刮一遍腻子，干后用360#砂纸打磨，二次收光刮腻子，干后再用420#砂纸打磨。 2．柜体深度≤60cm，深度超过60cm价格应另行标明。衣柜内部不含刷漆处理。 3．内部背板用环保集成板材，计算方法是按每张板子的展开面积计算
40	灯具安装	清工，安装灯具（不含射灯和带灯安装，不含窗帘杆安装）。筒灯、灯带、管灯、吸顶灯、壁灯、花灯安装费用应详细标明
41	洁具安装	安装洁具和卫生间挂件的清工，浴霸、浴缸、水槽的安装费用应详细标明
42	橱柜安装	由橱柜公司负责安装，木工现打橱柜价格应另行标明
43	木门安装	由木门公司负责安装，木工现打木门价格应另行标明